Semantische Suche

Thomas Hoppe

Semantische Suche

Grundlagen und Methoden semantischer Suche von Textdokumenten

Mit Beiträgen von Bernhard G. Humm

Dr. Thomas Hoppe
Fraunhofer-Institut FOKUS
Berlin, Deutschland

ISBN 978-3-658-30426-3   ISBN 978-3-658-30427-0 (eBook)
https://doi.org/10.1007/978-3-658-30427-0

Die Deutsche Nationalbibliothek verzeichnet diese Publikation in der Deutschen Nationalbibliografie; detaillierte bibliografische Daten sind im Internet über http://dnb.d-nb.de abrufbar.

Springer Vieweg
© Springer Fachmedien Wiesbaden GmbH, ein Teil von Springer Nature 2020
Das Werk einschließlich aller seiner Teile ist urheberrechtlich geschützt. Jede Verwertung, die nicht ausdrücklich vom Urheberrechtsgesetz zugelassen ist, bedarf der vorherigen Zustimmung des Verlags. Das gilt insbesondere für Vervielfältigungen, Bearbeitungen, Übersetzungen, Mikroverfilmungen und die Einspeicherung und Verarbeitung in elektronischen Systemen.
Die Wiedergabe von allgemein beschreibenden Bezeichnungen, Marken, Unternehmensnamen etc. in diesem Werk bedeutet nicht, dass diese frei durch jedermann benutzt werden dürfen. Die Berechtigung zur Benutzung unterliegt, auch ohne gesonderten Hinweis hierzu, den Regeln des Markenrechts. Die Rechte des jeweiligen Zeicheninhabers sind zu beachten.
Der Verlag, die Autoren und die Herausgeber gehen davon aus, dass die Angaben und Informationen in diesem Werk zum Zeitpunkt der Veröffentlichung vollständig und korrekt sind. Weder der Verlag, noch die Autoren oder die Herausgeber übernehmen, ausdrücklich oder implizit, Gewähr für den Inhalt des Werkes, etwaige Fehler oder Äußerungen. Der Verlag bleibt im Hinblick auf geografische Zuordnungen und Gebietsbezeichnungen in veröffentlichten Karten und Institutionsadressen neutral.

Planung: Sybille Thelen

Springer Vieweg ist ein Imprint der eingetragenen Gesellschaft Springer Fachmedien Wiesbaden GmbH und ist ein Teil von Springer Nature.
Die Anschrift der Gesellschaft ist: Abraham-Lincoln-Str. 46, 65189 Wiesbaden, Germany

Vorwort

Seitdem Tim Berners-Lee 1989 die Idee des World-Wide-Webs (WWW) formulierte, hat sich die Welt drastisch verändert. Das Internet entwickelte sich nicht nur zum größten von Menschen geschaffenen Informationsspeicher, sondern auch zu einem Wirtschaftsfaktor, der unser aller Leben veränderte. Produkte und Dienstleistungen werden über das Internet angeboten, wir kaufen im Web ein, Nutzen es zur Kommunikation, steuern Haushalte und Maschinen und informieren uns. Mittlerweile kann man sich kaum noch vorstellen, wie man vor dem World-Wide-Web Reisen plante und buchte, in Bibliotheken nach aktuellen wissenschaftlichen Aufsätzen stöberte oder nach Bezugsquellen für bestimmte Produkte suchte.

Eng verbunden mit der Entwicklung des Internets und des WWWs ist die Entwicklung von Suchmaschinen, die seit Anfang der 1990er-Jahre die Inhalte des Internets zusammentragen, indexieren und durchsuchbar machen. Spätestens Ende der 1990er-Jahre, mit dem Beginn der Erfolgsgeschichte von Google als „der Suchmaschine", die den kommerziellen Durchbruch schaffte, ist Google aus dem Internet nicht mehr weg zu denken und die Mehrzahl aller Anfragen konzentriert sich auf Google.

Auf der Basis von Google ist der größte Internet-Konzern der Welt entstanden, der nicht nur weitere andere erfolgreiche Dienste kreierte, sondern auch durch den Zukauf von anderen Unternehmen Google zur größten Werbemaschine entwickelte. Einher mit dieser Entwicklung geht ein enormer Informationsbedarf, der sich nicht mehr nur allein auf die Suchanfragen und die Trefferauswahl durch die Suchmaschinen-Benutzer beschränkt, sondern auch durch diverse zusätzliche Dienste zusätzliche Nutzungsdaten erhebt.

1999 setzte Tim Berners-Lee einen weiteren Meilenstein in der Entwicklung des Webs: er schlug das **Semantic Web** vor. Bis zu diesem Zeitpunkt wurden Webseiten primär von Menschen für Menschen gestaltet. Computer jedoch hatten zu den Informationsbeständen in den Webseiten kaum einen Zugang. Lediglich strukturierte Daten konnten relativ sicher aus dem Web extrahiert, analysiert oder weiter genutzt werden. Mit dem Semantic Web griff Berners-Lee daher seine ursprüngliche Idee auf – die er bereits in seinem Vorschlag für ein Hypertext-basiertes Informationssystem am CERN dargestellt hatte (Berners-Lee 1989) –, Wissen nicht nur wieder auffindbar zu machen, sondern auch maschinell-verarbeitbar. Zwar war diese Idee bereits im Konzept des World-Wide-Webs verankert, dieses entwickelte sich jedoch zu einem rein von Menschen genutzten Informationsbestand.

Ende 2010 erwarb Google das Unternehmen Metaweb Technologies und damit *Freebase*.[1] Freebase war eine seit 2005 entwickelte „Wikipedia strukturierter Daten", im Grunde ein **Wissensnetz** von maschinell-verarbeitbaren Daten. Mit der Akquisition von Freebase legte Google die Grundlage für seinen **Knowledge Graph**, um nicht nur Suchergebnisse zu liefern, sondern auch Antworten auf Fragen, wie z. B. „Wie hieß der zweite Bundeskanzler?" oder „Welches ist der höchste Berg Österreichs?". Damit entwickelte sich Google von einer Internet-Volltextsuchmaschine zu einer

---

1 „Google kauft Metaweb", Jens Ihlenfeld, 19.07.2010, in: golem.de, ▶ https://www.golem.de/1007/76542.html, letzter Aufruf 22.02.2020.

semantischen Internet-Suchmaschine, die explizit beschriebenes Wissen nutzt. Mit der Veröffentlichung der Google Knowledge Graph Search API 2015 wurde die Freebase API eingestellt[2] und Freebase selber der *Wikimedia Foundation* zur Nutzung in *Wikidata* übertragen.[3] Seitdem wird Googles Knowledge Graph teilweise durch Wikidata gespeist.[4]

Warum braucht die Welt ein Buch über semantische Suche?

Befragt man einmal „Big Brother Google" zum Begriff *semantische Suche*, dann erhält man eine große Zahl von Treffern, die dem Gebiet der Search Engine Optimization (SEO) zuzuordnen sind. Sieht man sich diese Suchergebnisse genauer an, stellt man fest, dass es hierbei eigentlich nur um die Anreicherung von Webseiten durch zusätzliche **Schlagworte** geht, um die Seiten leichter findbar zu machen. Im engeren Sinn hat dies mit Suche nur indirekt zu tun, da davon ausgegangen wird, dass Suchmaschinen diese zusätzlichen Schlagworte auswerten und damit die jeweilige Webseite besser unter den Suchergebnissen positionieren.

Nur wenige Suchergebnisse zur Anfrage *semantische Suche* beschreiben **semantische Suche** etwas detaillierter und geben Hinweise darüber, was darunter verstanden werden könnte. Zu den beschriebenen Eigenschaften semantischer Suche zählen: die Suche mit „inhaltlich ähnlichen" Begriffen, die **Disambiguierung** mehrdeutiger Suchanfragen, Schlüsse aus den angefragten Begriffen zu ziehen, Fragen zu beantworten, natürlichsprachlich gestellte Anfragen zu „verstehen", die Suche nach Informationsquellen des Semantic Web oder das Stellen von **SPARQL**-Anfragen. Was aber nun genau unter einer semantischen Suche verstanden werden kann, wie dieser Begriff definiert ist, wie sich unterschiedliche Verfahren voneinander abgrenzen, wie entsprechende Suchfunktionen aufgebaut sind, welche Komponenten dazu notwendig sind und welche Eigenschaften eine semantische Suche von einer konventionellen Volltextsuche unterscheiden, darüber findet man kaum Informationen. Im Rahmen einer meiner Lehrveranstaltungen *Do-IT-Yourself: Semantische Suche* an der *Hochschule für Technik und Wirtschaft, Berlin* formulierte ein Student dies einmal so: „Ich habe zu *semantischer Suche* gegoogelt, da findet man ja nichts."

Selbst das Standardwerk *Suchmaschinen verstehen* (Lewandowski 2018) behandelt den Begriff *semantische Suche* kaum. Mit etwas Mühe findet man eine Publikation des Fraunhofer-Instituts IAO *Semantische Suche im Internet* (Horch et al 2013), die im Wesentlichen Grundprinzipien des **Semantic Web** und von **Linked Open Data**, deren Standards, formale Semantik und verfügbare technologische Komponenten darstellt. Methoden und Techniken semantischer Suche werden

---

2 „Google Launches Knowledge Graph Search API, Promises To Close Freebase API In Future", Barry Schwartz, 21.12.2015, in searchengineland.com, ▶ https://searchengineland.com/google-launches-knowledge-graph-search-api-promises-to-close-freebase-api-in-future-238949, letzter Aufruf 22.02.2020.
3 „Faktendatenbank für Wikipedia: Google gibt Freebase an Wikidata", Thorsten Klein, 17.12.2014, in: heise online, ▶ https://www.heise.de/newsticker/meldung/Faktendatenbank-fuer-Wikipedia-Google-gibt-Freebase-an-Wikidata-2498806.html, letzter Aufruf 22.02.2020.
4 „Wie funktioniert der Knowledge Graph von Google?", Olaf Kopp, 20.11.2017, ▶ https://blog.searchmetrics.com/de/knowledge-graph-funktionsweise/, letzter Aufruf 22.02.2020.

jedoch nur im Überblick dargestellt und lediglich drei semantische Suchsysteme etwas ausführlicher beschrieben. Wie man aber eine semantische Suche bauen könnte, erfährt man nicht.

Aber Google kann das doch schon. Warum ist semantische Suche überhaupt noch interessant?

Der Anwendungskontext von Google und anderen Internet-Suchmaschinen, wie *Bing*, *Quant*,[5] *DuckDuckGo*,[6] *Yandex* und *Baidu*, ist Suche im Internet, genauer gesagt die Suche über öffentlich zugängliche Inhalte des World-Wide-Webs. Inhalte des *Deep Web*, von **Extranets** oder auch **Intranets** sind Internet-Suchmaschinen nicht zugänglich. Insbesondere die Suche in Extranets und Intranets ist ein Marktsegment, das Google nicht ohne weiteres erschließen kann. Bis 2017 hat Google probiert, diese Marktsegmente mit der *Google Search Appliance* (einem Server mit eigenständiger Suchsoftware) zu erschließen, es ist mir jedoch kein Unternehmen bekannt, das dieses Angebot genutzt hat. Vor diesem Hintergrund ist es verständlich, dass sich auch kleinere Unternehmen behaupten können und Suchlösungen für dieses spezialisierte Segment anbieten. In dieser Nische finden semantische Suchlösungen dadurch, dass sie qualitativ hochwertige Lösungen bieten, die über eine konventionelle Volltextsuche hinausgehen, ihre Daseinsberechtigung.

Suche in Extranets und Intranets unterscheidet sich durch eine Eigenschaft wesentlich von der **Internet-Suche**: Der Anwendungsbereich ist in der Regel beschränkt. Während eine Internet-Suche alle möglichen Themenbereiche abdecken muss von *Aal räuchern* über *Dackelzucht*, *Getriebefertigung*, *Hausbau*, *Meeresverschmutzung durch Plastik*, *Parteien Polynesiens*, *Trumps Tweets* bis hin zu *Zylinderkopfdichtungen*, muss die Intra-/Extranet-Suche einer Organisation lediglich das Anwendungsgebiet abdecken, in dem diese Organisation, handle es sich nun um ein Unternehmen, Verband, Verein oder eine öffentliche Einrichtung, tätig ist.

Genau dieser Unterschied hat jedoch große Auswirkungen auf die Umsetzbarkeit einer semantischen Suche. Diese Unterschiede werden in der folgenden Tabelle gegenübergestellt.

◘ Tab. Unterschiede zwischen Internet- und Extranet-/Intranetsuche

Internet-Suche	Extranet-/Intranet-Suche
Enorme Anzahl von Webseiten	Moderate Anzahl von Seiten und Dokumenten
Große Diversität der Inhalte	Homogenere Inhalte
Vielfältige Anwendungsgebiete	Ein Anwendungsgebiet
Breite Suche über alle Anwendungsgebiete	Tiefe Suche über ein Anwendungsgebiet
Riesige, verteilte Serverfarmen	Geringere Serverkapazitäten nötig

---

5 ▶ http://www.quant.com.
6 ▶ http://www.duckduckgo.com.

Internet-Suche	Extranet-/Intranet-Suche
Verteilte Verarbeitung nötig	Zentralisierte Verarbeitung möglich
Konkurrenz muss mindestens gleiche Qualität der Suchergebnisse liefern wie Google	Spezialisierte Suchergebnisse mit hoher Qualität
Geschäftsmodell Googles kaum zu kopieren	Technische und Markteintrittsbarrieren für Internet-Suchmaschinen
Wenige große Anbieter	Einige kleine und mittelständige Unternehmen (KMU)
Einzig funktionierendes Geschäftsmodell: Werbung	Lizenzierung, SaaS oder Cloud-Solutions als Geschäftsmodelle möglich

Der wesentlichste Punkt ist: Organisationen haben einen mehr oder weniger klar definierten Geschäftszweck. Dieser bestimmt, mit welchen Informationen das Unternehmen umgehen muss, welche Informationen es produziert und verfügbar macht. Dieser Geschäftszweck grenzt gleichzeitig das Anwendungsgebiet ab, über das eine Suchfunktion Informationen verfügbar macht und für das eine semantisch Suche Hintergrundwissen benötigt.

Während eine semantische Internet-Suche nicht darum herum kommt, mehrdeutige Sucheingaben wie *Golf* oder *Jaguar* zu disambiguieren und mit den vermeintlichen Interessen des Benutzers abzugleichen, ist dies in einem eingegrenzten Anwendungsgebiet einer Organisation, wie z. B. eines Fahrzeugherstellers oder eines Autohauses, nicht unbedingt notwendig. Für einen Fahrzeughersteller oder ein Autohaus sind die Interpretation der Begriffe als *Meeresströmung*, *Sport*, *Küstenform* oder *Raubtier*, *Film* oder *Kinderschere* irrelevant und es kann sich darauf konzentrieren, die Zusammenhänge dieser Begriffe zu Fahrzeugmodellen, technischen Parametern, Ersatzteilen und funktionalen Komponenten abzubilden.

Semantische Suchen im Intranet müssen daher nicht alle potentiellen Anwendungsgebiete und damit Begriffsinterpretationen abdecken, semantische Internet-Suchmaschinen hingegen schon. Das Hintergrundwissen, über das eine semantische Suche in einem Extranet- oder Intranet verfügen muss, mag zwar groß sein, es ist aber auf jeden Fall begrenzbar.

Hinzu kommt, dass sich die Art des Wissens, welches eine semantische Internet-Suche benötigt, von der einer semantischen Suche für Intra-/Extranets unterscheidet. Werbefinanzierte Internet-Suchmaschinen wie Google, Bing, Quant oder DuckDuckGo müssen die Dinge in den Vordergrund rücken, die für die breite Masse von Nutzern interessant sind und die die meisten Werbeeinnahmen versprechen. Eine semantische Internet-Suche muss daher alle Lebensbereiche ihrer Nutzer abdecken, dies jedoch nur bis zu einer begrenzten Tiefe. Zudem wird sie sich auf das Wissen fokussieren, welches direkt mit Produkten bzw. der Werbung dafür in Verbindung steht und welches der Maximierung ihrer Werbeeinnahmen dient. Dies sind in der Regel benannte Entitäten wie Personen, Orte, Filme, Musik, Videos, Produkte, Produktkategorien, Bücher, Nachrichten, etc.

Organisationen aber haben einen anderen Fokus, der mehr in die Tiefe geht. Sie verfügen über Spezialwissen, das Benutzer nicht unbedingt kennen. Sie verwenden eine eigene Fachsprache, die Benutzern ebenfalls nicht unbedingt vertraut ist. Die Informationsmengen in Intra- und Extranets von Organisationen sind nicht nur kleiner und überschaubarer, auch sind sie nicht von den Internet-Suchmaschinen erschließbar. Eine Massendatenanalyse der Dokumente einer Organisation oder deren Suchanfragen, wie sie eine Internet-Suchmaschine einsetzen kann, ist begrenzt durch die geringeren Datenumfänge in der Regel kaum einsetzbar.

Extranet-/Intranet-Suche stellt damit eine von einer Internet-Suche grundsätzlich unterschiedliche Suchanwendung dar; nicht nur, was die Art und Umfänge der Inhalte, sondern auch, was die technischen Möglichkeiten und Notwendigkeiten zur Datenanalyse und zur Nutzung von anwendungsbereichs-spezifischem Wissen betrifft.

Ziel dieses Buches

Dieses Buch richtet sich an Leser, die die Grundlagen semantischer Suche (kennen-)lernen möchten und daran interessiert sind, unterschiedliche Funktionsprinzipien semantischer Suche unterscheiden zu können. Studierenden soll dieses Buch zum eigenständigen Studium dienen, Dozenten als Materialsammlung für Ihre Lehrveranstaltungen, Entwicklern als Überblick über das Methodenrepertoir zur Umsetzung eigener semantischer Suchverfahren, und Managern und Entscheidern als Grundlagenwissen für Entscheidungen über Weiterentwicklungsmöglichkeiten ihrer organisationsinternen Infrastruktur.

Ziel dieses Buches ist es, dem Leser einen Einblick in die Herausforderungen der Verarbeitung deutschsprachiger Texte zu geben und wichtige Grundprinzipien semantischer Suche zu vermitteln. Der Leser sollte nach dem Lesen grundlegende Bestandteile einer semantischen Suchfunktion kennen, diese umsetzen und – den entsprechenden Entwicklungsaufwand vorausgesetzt – selbständig zu einer funktionsfähigen semantischen Suche ausbauen können. Darüber hinaus sollte er durch die Kenntnis dieser Grundprinzipien in der Lage sein zu beurteilen, wann eine semantische Suche vorliegt und wie diese einzuordnen ist.

Die folgende Abbildung zeigt eine vorläufige Einordnung semantischer Suche in den Kontext von Information-Retrieval-Verfahren. Wir fokussieren in diesem Buch auf die (in Blau) hervorgehobene **Semantische Suche**. In ▶ Kap. 6 werden wir diese Darstellung zur genaueren Unterscheidung von Ansätzen semantischer Suche weiter verfeinern und deren Unterschiede herausarbeiten.

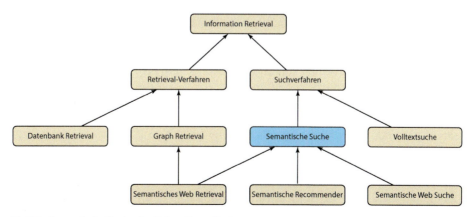

Abb. Semantische Suche der Fokus dieses Buches

In diesem Buch werden wir semantische Suche vornehmlich aus der Perspektive der Verarbeitung textueller Informationen betrachten. Auf die Betrachtung anderer Medienformate wie Bild, Ton, Video, 3D usw. verzichten wir größtenteils. Einerseits, da deren Aufbereitung Kompetenzen in der Bilderkennung und Signalverarbeitung erfordert, andererseits müssen auch diese Formate in textuelle **Annotationen** überführt werden, um sie über textuelle Anfragen erschließbar zu machen. Da für diese Annotationen wiederum die vorgestellten Grundprinzipien anwendbar sind, erfordern diese Formate aus meiner Sicht lediglich zusätzliche Vorverarbeitungsschritte.

Überblick

Zur Entwicklung von Suchmaschinen sind Kenntnisse aus unterschiedlichen Gebieten notwendig: Für klassische Suchmaschinen ist Grundwissen über die Verarbeitung natürlicher Sprache und des Information Retrievals notwendig; für semantische Suchmaschinen, die die Bedeutung von Begriffen berücksichtigen, werden zusätzlich Grundlagen der Computerlinguistik und der Wissensrepräsentation benötigt. Nach dem einführenden Kapitel sind daher die ersten drei Kapitel diesen Grundlagen gewidmet.

Erwarten Sie jedoch in diesem Buch keine vollständige Einführung in Textverarbeitung, Information Retrieval und Wissensrepräsentation. Wir werden sehr zielgerichtet vorgehen und aus diesen Bereichen lediglich die Inhalte einführen, die für die Entwicklung semantischer Suchmaschinen notwendig, hilfreich oder für das Verständnis späterer Kapitel nötig sind. Die anschließenden zwei Kapitel sind dann vollständig dem Thema semantische Suche gewidmet, in denen wir Komponenten semantischer Suchmaschinen kennenlernen werden, die Einordnung semantischer Suche in das Gebiet des Information Retrievals vornehmen und mehrere grundlegende Architekturformen diskutieren.

▶ Kap. 1 gibt eine Einführung in den generellen Kontext, in den semantische Suche einzuordnen ist. Es hebt die Notwendigkeit von Vorwissen hervor, um bessere Suchergebnisse liefern und die Sprachunterschiede zwischen Autoren und Suchenden ausgleichen zu können. Anhand eines Ausflugs in die Informationstheorie wird u. A. erläutert, weshalb Suche überhaupt effizient zur Identifikation von Dokumenten eingesetzt werden kann, ohne die Inhalte der Dokumente konkret verstehen zu müssen.

▶ Kap. 2 gibt einen Überblick, welche Verfahren und Techniken der Computerlinguistik für die Entwicklung von Suchfunktionen und insbesondere von semantischen Suchfunktionen nützlich sind und stellt dar, wie diese Verfahren zweckmäßigerweise kombinierbar sind. Hierbei konzentrieren wir uns auf Verfahren der *flachen Analyse*, da wir im Kontext der Suche lediglich daran interessiert sind, potentiell passende Dokumente zu identifizieren und eine *Tiefenanalyse* zum Verständnis der Dokumentinhalte nicht benötigen. Zudem konzentrieren wir uns auf die Verarbeitung deutschsprachiger Dokumente, da diese einige zusätzliche Herausforderungen an die Textverarbeitung stellen. Das Kapitel schließt mit einer Darstellung, wie diese Textverarbeitungs-Komponenten im Kontext von Suchverfahren zusammenspielen können.

Vorwort

▶ Kap. 3 gibt einen Überblick über den Aufbau von Datenstrukturen zur effizienten Suche von zu einer Suchanfrage passenden Dokumenten und geht auf die unterschiedlichen Parameter zur Bewertung der Passgenauigkeit und zum Ranking von Suchergebnissen ein. Das Kapitel schließt mit einer neueren Entwicklung im Information Retrieval, der Gewichtung von Begriffsähnlichkeiten im Soft-Kosinus-Maß und der Darstellung einiger mit der gängigen Vektorraumrepräsentation verbundener Probleme. Ein Überblick am Ende des Kapitels zeigt, wie diese Bestandteile mit einer Komponente zur Textverarbeitung kombiniert und zur Konstruktion einer Suchfunktion verwendet werden können.

▶ Kap. 4 führt in die Grundlagen der Wissensrepräsentation mit semantischen Netzen ein und arbeitet den Unterschied zwischen terminologischen und Entitätenbezogenen Wissensmodellen heraus. Neben einer Beschreibung der im Bereich semantischer Anwendungen genutzten Wissensorganisationsschemen werden die wichtigsten Standards des Semantic Webs kurz vorgestellt und deren wesentlichsten Charakteristika erläutert. Nach einer kurzen Darstellung, wie Wissensmodelle modelliert werden können, kennen die Lesenden alle Basistechnologien, die für die Umsetzung von Komponenten semantischer Suchfunktionen und für deren Konstruktion benötigt werden.

▶ Kap. 5 beschreibt Komponenten, die zur Umsetzung semantischer Suchfunktionen genutzt werden können: angefangen von Keyword-Tools, Verfahren zur semantischen Erweiterung von Suchanfragen und zur Filterung von Suchergebnissen über Komponenten zur Aufbereitung von Texten und Verfahren zur semi- und vollautomatischen Verschlagwortung von Dokumenten auf der Basis von Hintergrundwissen, der Indexierung von Annotationen, der Aufbereitung von Anfragen bis hin zu Benutzerschnittstellen-Komponenten, die das Hintergrundwissen zur Ergebnisdarstellung und -anreicherung nutzen. Für viele dieser Komponenten zeigen wir Beispiele von Systemen, die sich real im Einsatz befanden und befinden.

▶ Kap. 6 beschreibt, nach einer Abgrenzung und Einordnung semantischer Suchverfahren, unterschiedliche Design-Prinzipien semantischer Suche: angefangen von semantischer Suche durch Anfrageerweiterung, der semantischen Suche in Datenströmen, über die Suche in Annotationen eines kontrollierten Vokabulars, bis hin zum Design von fehlertoleranten semantischen Suchfunktionen durch die Kombination von semantischer Suche über Annotationen und konventioneller Volltextsuche.

Die einzelnen Kapitel enthalten Übungsaufgaben, deren Lösungen am Ende des Buches in einem separaten Kapitel zu finden sind. Sie sollten die Übungsaufgaben zunächst selber bearbeiten, bevor sie die Lösungen nachschlagen. Die Aufgaben selbst zu erarbeiten bringt schließlich einen größeren Lerneffekt, als das Ergebnis lediglich nachzulesen oder auswendig zu lernen.

Im gesamten Buch werden eine Reihe von Organisationen, Systemen, Bibliotheken, Standards und Ressourcen genannt, die nicht alle im Detail erläutert werden können. Die URLs[7] zu diesen werden in einem separaten Kapitel zusammengefasst, um redundante Verweise zu vermeiden. Sollten Sie auf eine dieser Bezeichnungen stoßen, über die Sie mehr Informationen benötigen, können Sie dieses Verzeichnis zum Nachschlagen nutzen. Das Kapitel bildet quasi den Ersatz für ein

---

7 Uniform Resource Locator, die bekannte Adressierung von Seiten im World-Wide-Web.

Abkürzungsverzeichnis. Natürlich können Sie auch gleich nach allem googeln, was nicht in diesem Verzeichnis oder dem Index genannt wird.

In diesem Buch verzichte ich auf eine durchgängige geschlechter-gerechte bzw. geschlechter-neutrale Sprache. Einerseits, da ein konsequent korrektes Gendern meiner Erfahrung nach die flüssige Lesbarkeit stark einschränken würde – siehe die Beispiele in (Rüger 2019) – und andererseits, da Personen in diesem Buch in der Regel lediglich in ihrer abstrakten Funktion bezeichnet werden. Verwendete **Bezeichnungen** wie *Autor*, *Suchender*, *Leser*, *Nutzer* oder *Benutzer* stehen daher nur stellvertretend für die durch sie bezeichneten abstrakten, inklusiven **Konzepte**: *Autor_innen*, *Suchenden*, *Leser_innen*, *Nutzer_innen* und *Benutzer_innen* etc., so wie dies auch im Bereich der Wissensrepräsentation üblich ist.[8]

Anmerkungen für Dozentinnen und Dozenten

Die Beispiele der ▶ Kap. 2, 3 und 4 entstammen größtenteils den vier Anwendungsbereichen *Stellensuche und Weiterbildung*, *Meldungen der Berliner Polizei*, *Medizin* und dem *Bundestag*. Gerne hätte ich durchgängig nur einen Anwendungsbereich verwendet, mir ist jedoch kein Bereich bekannt, mit dem sich alle in diesem Buch behandelten Fragestellungen und Problemlösungen darstellen lassen. *Stellensuche und Weiterbildung* umfasst viele Synonyme, Schreibvarianten und Schreibfehlermöglichkeiten. *Medizin* ist das Anwendungsbeispiel par excellence für umfangreiche Wissensmodelle. Der *Bundestag* bietet für Übungsaufgaben ein überschaubares, allgemein verständliches Anwendungsgebiet für die Wissensmodellierung. Die *Meldungen der Berliner Polizei* schließlich sind mit ihren derzeit insgesamt rund 11.000 Meldungen ein begrenzter Anwendungsbereich, der groß genug für Übungsaufgaben zum Bau semantischer Suchfunktionen ist und in dem der Nutzen von Hintergrundwissen bei der Suche einfach darstellbar ist.

Für Programmcode wird in diesem Buch *Python 3* und für Codebeispiele zur Wissensrepräsentation die *RDF-Turtle Notation* verwendet, um die Beispiele möglichst kompakt und ohne syntaktischen Ballast zu präsentieren. Die Code-Beispiele sollten auch ohne tiefergehende Kenntnisse verständlich sein. Nötigenfalls werden sie durch erläuternde Kommentare ergänzt. Im Text oder in den Beispielen werden Hinweise auf externe Python-Bibliotheken gegeben, die die Umsetzung einzelner Funktionalitäten vereinfachen. Auf weitergehende Erläuterungen dieser Bibliotheken wird jedoch verzichtet und an dieser Stelle auf deren Dokumentation verwiesen. Drei externe Bibliotheken sind an dieser Stelle jedoch hervorzuheben, da sie Grundlagen bereitstellen, die ansonsten aufwendige Programmierung erfordern würde.

- Die Bibliothek *NLTK* (*Natural Language Toolkit*) unterstützt Grundfunktionen der Textanalyse. Schwerpunktmäßig wird Englisch von ihr sehr gut unterstützt, die Unterstützung von Deutsch reicht für die Vermittlung von Grundlagen aus.
- *spaCy* ist derzeit die fortgeschrittenste Bibliothek für Textanalysen, die über umfangreiche, vortrainierte Modelle für die deutsche Sprache verfügt. Diese

---

8 Siehe zu dieser Unterscheidung insbesondere auch ▶ Abschn. 4.1.1.

Modelle wurden aus *Wikipedia*- bzw. Nachrichtentexten abgeleitet und sind daher für spezielle Anwendungsbereiche von eingeschränktem Nutzen.

– Für die effiziente Umsetzung von Textverarbeitungs-Modellen wird die Bibliothek *Gensim* empfohlen, da sie nicht nur den umfangreichsten Bestand an vektorbasierten Analysealgorithmen für Texte bereitstellt, sondern auch kontinuierlich weiterentwickelt und optimiert wird. Bedingt durch die häufigen Erweiterungen, hinkt ihre Dokumentation leider etwas nach, so dass sich Nutzer auf die Recherche nach Beispielen und aktuellen Diskussion ihrer Funktionalitäten einstellen sollten.

Im Github Repository ▶ https://github.com/ThomasHoppe/Buch-Semantische-Suche veröffentliche ich einige weiterführende *Jupyter Notebooks* zur Illustration weitergehender Funktionalitäten, die für eine Darstellung und Diskussion in diesem Buch zu umfangreich wären. Hierbei handelt es sich zwar nur um rudimentäre, aber durchaus funktionale Implementierungen, die für einen praktischen Einsatz der weiteren Überarbeitung und Optimierung bedürfen. Fehlerkorrekturen und Verbesserungsvorschläge nehme ich gerne und dankend entgegen.

Eins dürfte klar sein: alle Fehler in diesem Buch sind meine. Obwohl ich mich bemüht habe, möglichst alle auszumerzen, kann es doch sein, dass mir der eine oder andere durch die Lappen gegangen ist. Falls Sie einen dieser kleinen „Käfer" finden: Zögern Sie bitte nicht und senden Sie mir eine E-Mail mit dem Betreff „*Book Bug*" an die Adresse *buch-semantische-suche@berlin.de* oder kreieren Sie ein neues Issue mit dem Label „*Book Bug*" unter ▶ https://github.com/ThomasHoppe/Buch-Semantische-Suche, damit ich auch diesen bei der nächsten Gelegenheit tilgen kann. Vielen Dank im Voraus.

Identifizieren ist exponentiell einfacher als Dekodieren.

Gunter Dueck

Danksagung

Dieses Buch wäre niemals zustande gekommen wäre ich nicht bei der *Deutschen Telekom Berkom* – die später in die *T-Systems Nova* überführt wurde – durch ein studentisches Experiment auf etwas aufmerksam geworden, was meinen Studienschwerpunkt „Künstliche Intelligenz, Wissensrepräsentation und Maschinelles Lernen" mit meinen damaligen Arbeiten zu Suchmaschinen verband. In dem Experiment, das ein Student für die gerade neu gegründete *Infonie*, ein Spin-Off der *Technischen Universität Berlin*, heute bekannt unter dem Namen *Neofonie*, durchführte, experimentierte er mit einer Erweiterung normaler Volltextsuche. Seine Idee war es, die Indexierung der Texte um die Indexierung der **Linktexte** – die Textfragmente, mit denen HTML-Seiten über Links auf andere Seiten verweisen – zu erweitern, diese bei der Suche zu berücksichtigen und beim **Ranking** separat zu gewichten. Basierend auf den damals überraschend guten Ergebnissen, beauftragten wir die Entwicklung einer Intranet-Suchmaschine. Vor Google waren wir damit in der Lage, nicht nur textuelle Informationen, sondern auch Bilder und andere Medieninhalte zu finden und qualitativ hochwertigere Treffer zu liefern als andere Suchmaschinen, die damals, 1998, verfügbar waren. Leider war die Telekom damals nicht weitsichtig genug. Google ging ans Netz und der Rest ist Geschichte.

Der Effekt, den ich dort gesehen hatte, regte mich jedoch zum Nachdenken an und etwas später fand ich die Erklärung, weshalb unsere Suche so gute Ergebnisse lieferte. Die von Menschen erzeugten Linktexte stellen qualitativ hochwertige, inhaltliche Beschreibungen, bzw. **Metadaten** oder **Annotationen** der Inhalte dar, auf die die Links verwiesen. Wir hatten ohne es zu wissen eine einfache Suche über Annotationen gebaut.

Mein Dank geht daher an meinen damaligen Arbeitgeber, unseren Auftragnehmer, meine Kollegen und insbesondere Maria Lütje für die Freiräume, die sie mir boten, diese Intranet-Suche prototypisch umzusetzen und erste Erkenntnisse über den Einsatz von Suchmaschinen im Unternehmenskontext zu gewinnen.

Ein paar Jahre später, 2004–2007, haben wir das dann in einer anderen Division der T-Systems im Kontext des Wissensmanagements mit **Ontologien** und **Inferenzen** auf andere Art und Weise explizit, aber nicht besonders effizient weitergeführt. Da ich bei diesem Projekt u. a. mit der **Ontologie-Modellierung** betraut war, erfuhr ich einen weiteren wichtigen Impuls, der meine weitere Arbeit bestimmte: dass der **gelebte Sprachgebrauch** von Menschen doch viel unschärfer und mehrdeutiger ist, als sich Wissensingenieure dies in der Regel vorstellen. Diese Erkenntnis gab mir den Impuls, mein Augenmerk verstärkt auf die Unterstützung des gelebten Sprachgebrauchs von Benutzern zu legen.

Andreas Nierlich, der damals beim Unternehmen *Ontoprise* an dieser Lösung mitwirkte, danke ich, dass er mir nach all dieser Zeit noch einige Screenshots des *Findus-Systems* zur Verfügung stellen konnte.

Magnus Niemann und Ralf Heese, zwei meiner Partner in unserem Startup *Ontonym*, danke ich für die Umsetzung meiner Vision beide Ansätze auf der Basis einer effizienten Volltextsuche zu integrieren, die Exploration unterschiedlicher Methoden und die gemeinsame Entwicklung einer schnellen **semantischen Suche**. Viele der Erfahrungen, die ich in der Zeit zwischen 2008–2013 durch diese Arbeiten und unsere Kundenprojekte gewonnen habe, sind in praktische Erkenntnisse und Beispiele in diesem Buch eingeflossen. Die letzte, im Frühjahr 2019 abgeschaltete Instanz unserer Suchmaschine bei der *Weiterbildungsdatenbank Berlin-Brandenburg* liefert das eine oder andere Beispiel für dieses Buch.

Seit 2015 veranstalten Bernhard Humm, Anatol Reibold und ich jährlich einen gemeinsamen Workshop in *Schloss Dagstuhl* zu praktischen Anwendungen semantischer Technologien, aus dem bereits zwei Bücher und fünf Artikel im Informatik-Spektrum entstanden. Anwendungen semantischer Suche sind bei diesen Workshops mittlerweile zwar eher ein Randthema geworden, dennoch zeigen viele Beispiele, von denen wir gehört haben, dass semantische Suche ihren Weg in die praktische Nutzung gefunden hat. Insbesondere möchte ich Ulrich Schade und Melanie Siegel danken, die mir als Diskussionspartner halfen, mein Verständnis diverser Detailfragen im Bereich der Gestaltung von Benutzerschnittstellen und der Computerlinguistik zu schärfen.

Mein ganz besonderer Dank gilt aber Bernhard Humm, der in Darmstadt an facettierter, semantischer Suche arbeitet und einige Gastbeiträge zu diesem Buch beigesteuert hat. Unsere gemeinsamen Diskussionen im Rahmen der Dagstuhl-Workshops und während der Vorbereitung dieses Buchs sind immer wieder sowohl inspirierend als auch korrigierend gewesen. Ich hoffe, dass wir noch oft die Gelegenheit für eine Zusammenarbeit haben werden.

Mein Dank gilt auch Gero Scholz, für das einführende Beispiel über *musipedia* in der Einleitung und die Genehmigung seinen Text verwenden zu dürfen. Und wenn wir schon bei der externen Unterstützung angelangt sind, bedanke ich mich recht herzlich bei der *Ubermetrics Technologies GmbH* und der *Empolis Information Management GmbH* für die Erlaubnis, Screenshots ihrer Systeme nutzen zu dürfen.

Vielen Dank auch an Sybille Thelen und den Springer-Verlag für die Unterstützung und die wie immer gute und einfache Zusammenarbeit.

Meiner Tochter Sarah danke ich für das Gegenlesen aus der Perspektive einer Studierenden der Informatik und Jochen Adam für das Korrekturlesen und seine Formulierungsvorschläge. Und last but not least, möchte ich meiner Frau Regina für die Geduld danken, dass ich auch in meiner Freizeit an diesem Buch arbeiten konnte.

Berlin, Ostern 2020

Inhaltsverzeichnis

1	**Einführung**	1
1.1	Was ist Semantische Suche?	3
1.2	Wozu benötigt man Semantische Suche?	4
1.3	Notwendigkeit von Vorwissen	6
1.4	Sprachlücke zwischen Autoren und Nutzern	7
1.5	Probleme der Verarbeitung deutschsprachiger Texte	9
1.6	Evolution der Schriftsprache	10
1.7	Suche – eine informationstheoretische Sicht	10
1.8	Suchanfragen	12
1.9	Nutzung von Hintergrundwissen	13
1.10	Relevanzbewertung und Treffersortierung	14
1.11	Sichtbarkeit des Hintergrundwissens	15
1.12	Zusammenfassung	15
	Literatur	16
2	**Grundlagen der Textverarbeitung**	17
2.1	Token, Wörter, Terme, Entitäten, Benannte Entitäten	19
2.2	Tokenisierung	20
2.3	Bedeutungstragende Bezeichnungen	23
2.4	Nominalkomposita	23
2.5	Schreibfehlererkennung und -korrektur	25
2.5.1	Schreibfehlerkorrektur	26
2.5.2	Schreibfehlerkorrekturvorschläge	30
2.6	N-Gramme	31
2.7	Kookkurrenzen und Kollokationen	32
2.7.1	Kookkurrenzen auf der Basis gegenseitiger Information	33
2.7.2	Kookkurrenzen auf der Basis statistischer Tests	34
2.7.3	Übertragung auf Kollokationen	35
2.7.4	Vergleich für Nomen-Nomen Bi-Gramme	35
2.8	Part-of-Speech-Tagging	36
2.9	Nominalphrasen	43
2.10	Erkennung benannter Entitäten	45
2.11	Erkennung von anwendungsgebiets-spezifischen Entitäten	46
2.12	Stoppwortentfernung	47
2.13	Stammformableitung	49
2.13.1	Lemmatisierung	49
2.13.1.1	Morphologielexikon	50
2.13.1.2	Lemmatisierung auf Basis von POS-Tags	50
2.13.1.3	Online-Services	51
2.13.2	Stemming	52
2.14	Normalisierung	53
2.15	Phonetische Kodierung	54

2.16	**Und wie spielt das alles zusammen?**	56
2.16.1	Basisarchitektur	57
2.16.2	Tippfehlertolerante Architektur	58
2.16.3	Standardarchitektur für Volltextsuche	59
2.16.4	Substandard-Architektur	60
2.17	**Weiterführende Literatur**	60
	Literatur	61
3	**Grundlagen des Information Retrievals**	**63**
3.1	**Repräsentation von Dokumenten**	65
3.1.1	Term-Dokument-Inzidenzmatrix	65
3.1.2	Einfacher Invertierter Index	67
3.1.3	Invertierter Index zur Umsetzung eines Wildcard-Operators	68
3.1.4	Term-Dokument-Inzidenzmatrix (die Zweite)	69
3.2	**Interpretation von Suchanfragen**	72
3.3	**Anfrage-Operatoren**	73
3.4	**Boolesche Anfragen an einen invertierten Index**	75
3.4.1	AND-Operator über einem invertierten Index	75
3.4.2	Weitere Boolesche Operatoren im Selbstbau	77
3.5	**Erweiterte Anfragen an einen positionellen invertierten Index**	77
3.5.1	NEAR-Operator über positionellen invertierten Index	79
3.5.2	Komplexere Anfragen	81
3.6	**Ranking der Ergebnisse**	81
3.6.1	Dokumentfaktoren	82
3.6.1.1	Unterscheidung und Gewichtung von Inhalten	82
3.6.1.2	Termfrequenz	83
3.6.1.3	Inverse Dokumentfrequenz	84
3.6.1.4	Termfrequenz und Inverse Dokumentfrequenz kombiniert	85
3.6.2	Netzwerkfaktoren	86
3.6.2.1	PageRank	86
3.6.2.2	Distanz- und Ähnlichkeitsmaße auf Graphen	87
3.6.2.3	Pfadlänge	87
3.6.2.4	Gewichtung nach Tiefe	88
3.6.2.5	Gewichtung nach Kantentyp	88
3.6.3	Anfragefaktoren	89
3.6.3.1	Reihenfolge der Anfrageterme	89
3.6.3.2	Termhäufigkeit in Anfragen	90
3.6.4	Vektorraummodell	90
3.6.5	Kosinus-Ähnlichkeit	91
3.6.5.1	Vereinfachte Kosinus-Ähnlichkeit	92
3.6.6	Soft-Kosinus-Maß	93
3.6.6.1	Boolesches Synonym-Retrieval mit Soft-Kosinus-Ranking	94
3.7	**Probleme der Vektorraumrepräsentation**	95
3.7.1	Effekt der beharrlichen Dokumente	95
3.7.2	Kollabierende Bedeutungen	96
3.7.3	Verlust von Begriffsabhängigkeiten	98

3.8	Und wie spielt dies jetzt alles zusammen?	101
3.9	Weiterführende Literatur	105
	Literatur	106
4	**Grundlagen der Wissensrepräsentation**	**109**
4.1	**Begriffe und mehr**	111
4.1.1	Begriffe	111
4.1.2	Klassen und Instanzen	112
4.1.3	Beziehungen	113
4.1.4	Schema und Fakten	113
4.2	**Wissensorganisation: Vom Vokabular zur Ontologie**	114
4.2.1	Kontrolliertes Vokabular	115
4.2.2	Taxonomie	116
4.2.3	Thesaurus	116
4.2.4	Wortnetze	118
4.2.5	Ontologie	118
4.2.6	Knowledge Graph	121
4.2.7	Und was benötigten wir davon für eine semantische Suche?	121
4.3	**Wichtige Standards**	121
4.3.1	RDF	122
4.3.2	RDFa	124
4.3.3	RDFS	124
4.3.4	SKOS	126
4.3.5	Schema.org	127
4.3.6	OWL	128
4.3.7	SPARQL	129
4.4	**Linked Data**	130
4.5	**Technologien**	131
4.6	**Und woher kommt das Wissensmodell?**	131
4.7	**Weiterführende Literatur**	133
	Literatur	133
5	**Bausteine Semantischer Suche**	**135**
5.1	**Komponenten zur Semantifizierung konventioneller Suchfunktionen**	138
5.1.1	Keyword-Tools	138
5.1.2	Anfrageerweiterung	140
5.1.3	Ergebnisfilterung	141
5.1.3.1	Boolesche Filterung	142
5.1.3.2	Semantische Filterung	144
5.2	**Komponenten zur Textaufbereitung**	145
5.2.1	Zusammenfassung zusammengesetzter Ausdrücke	146
5.2.2	Vereinheitlichung von Schreibweisen	146
5.2.2.1	Kompositazerlegung	148
5.2.3	Rechtschreibfehlerkorrektur	150
5.2.4	Phonetische Kodierung	152
5.3	**Verschlagwortung von Dokumenten und Anfragen**	153

5.3.1	Manuelle Verschlagwortung	156
5.3.2	Automatische Extraktion von Schlagwörtern und Phrasen	157
5.3.3	Linktext-Analyse	158
5.3.4	Halbautomatische Verschlagwortung anhand von kontrolliertem Vokabular	159
5.3.5	Automatische Verschlagwortung anhand von kontrolliertem Vokabular	161
5.3.5.1	Verschlagwortung mit einem allgemeinen Wissensgraphen	162
5.3.5.2	Verschlagwortung mit spezialisiertem Hintergrundwissen	164
5.3.5.3	Technische Realisierung der Verschlagwortung mit spezialisiertem Hintergrundwissen	168
5.3.6	Verschlagwortung von Anfragen	171
5.3.7	Exkurs: Disambiguierung	172
5.4	**Indexierung von Annotationen**	174
5.4.1	Annotationen technisch betrachtet	174
5.4.1.1	Beziehungen zwischen Dokumenten, Annotationen und Wissensmodellen	174
5.4.1.2	Repräsentation von Annotationen	175
5.4.2	Invertierter Index über Annotationen	175
5.5	**Benutzerschnittstellen-Komponenten**	176
5.5.1	Semantische Auto-Vervollständigung	176
5.5.2	Facettierte Suche	181
5.5.3	Wissensbrowser	186
5.5.4	Erklärung von Suchanfrage-Erweiterungen	188
5.5.5	Hervorheben gefundener Begriffe in Snippets	190
5.5.5.1	Hervorheben gefundener Begriffe bei einer semantischen Suche	191
5.5.5.2	Technische Realisierung der Hervorhebung gefundener Begriffe	192
5.5.6	Hervorheben gefundener Begriffe in Dokumenten	195
5.6	**Weiterführende Literatur**	198
	Literatur	199
6	**Konstruktionsprinzipien semantischer Suchverfahren**	201
6.1	**Definitionsansätze**	202
6.2	**Abgrenzung**	203
6.2.1	Abgrenzung nach anderen Kriterien	206
6.2.2	Weitere Unterscheidungskriterien	207
6.3	**Referenz-Architektur semantischer Anwendungen**	207
6.4	**Semantische Suche**	209
6.4.1	Semantische Suche durch Anfrageerweiterung	209
6.4.2	Semantische Suche in Dokumentströmen	212
6.4.3	Semantische Suche über Annotationen	213
6.4.3.1	Triple-Store	215
6.4.3.2	Konventionelle relationale Datenbank	216
6.4.3.3	Konventionelle Volltextsuchmaschine	218
6.4.3.4	Beeinflussung des Rankings	219
6.4.3.5	Anreicherung von Annotationen um semantische Begriffsabstände	220
6.4.4	Hybride Semantische Suche über Annotationen und Volltext	224
6.5	**Weiterführende Literatur**	226
	Literatur	227

7		**Lösungen**	229
7.1		▶Kap. 2	230
7.2		▶Kap. 3	232
7.3		▶Kap. 4	236
7.4		▶Kap. 5	241
7.5		**▶Kap. 6**	244
		Literatur	246

Serviceteil

Web-Adressen	248
Weiterführende Literatur	251
Stichwortverzeichnis	253

Einführung

Inhaltsverzeichnis

1.1 Was ist Semantische Suche? – 3

1.2 Wozu benötigt man Semantische Suche? – 4

1.3 Notwendigkeit von Vorwissen – 6

1.4 Sprachlücke zwischen Autoren und Nutzern – 7

1.5 Probleme der Verarbeitung deutschsprachiger Texte – 9

1.6 Evolution der Schriftsprache – 10

1.7 Suche – eine informationstheoretische Sicht – 10

1.8 Suchanfragen – 12

1.9 Nutzung von Hintergrundwissen – 13

1.10 Relevanzbewertung und Treffersortierung – 14

1.11 Sichtbarkeit des Hintergrundwissens – 15

1.12 Zusammenfassung – 15

Literatur – 16

Die Einleitung dieses Kapitels basiert auf einem Text von Gero Scholz, der ihn freundlicherweise zur Verwendung zur Verfügung gestellt hat und der leicht modifiziert wurde.

© Springer Fachmedien Wiesbaden GmbH, ein Teil von Springer Nature 2020
T. Hoppe, *Semantische Suche*, https://doi.org/10.1007/978-3-658-30427-0_1

Suchmaschinen sind *die* globale Anwendung im WWW schlechthin. Über mehr als zwanzig Jahre hinweg ist ihre Technik verfeinert worden. Die Erwartungen der Benutzer an Geschwindigkeit, Einfachheit der Bedienung und Qualität der Treffer sind parallel dazu ständig gewachsen. Wer heute eine Suchmaschine konzipiert, wird automatisch mit *Google* verglichen. Was kann man da eigentlich noch besser machen?

Die Rechtfertigung für die Entwicklung einer Suchmaschine kann einerseits darin liegen, dass sie Dokumente erschließt, die nicht allgemein zugänglich sind, etwa im Intranet eines Unternehmens. Dafür gibt es inzwischen fertige Lösungen. Andererseits kann es darum gehen, ein Spezialthema gezielt zu erschließen. Man kann dann Verfahren einsetzen, die von dem Anwendungsgebiet abhängen und der Maschine einen klaren Vorteil gegenüber einer allgemeinen Suchlösung verschaffen.

Stellen wir uns eine solche Suchmaschine für das Spezialthema *Musik* vor: Sie soll eine gesummte Melodie entgegennehmen und dann passende Stücke liefern. Da nur wenige Menschen beim Vorsummen die absolute Tonhöhe treffen werden und viele auch Schwierigkeiten mit musikalischen Intervallen haben, muss diese Suchmaschine tolerant gegenüber Fehlern sein. Für einen fehlertoleranten Vergleich können beispielsweise Tonhöhenänderungen, kodiert nach dem einfachen Schema „gleicher Ton (R), aufwärts (U), abwärts (D)" (*Denys Parsons* Code) verwendet werden. Ob die Suchmaschine das Notenmaterial bereits beim Aufbau des Index passend transformiert oder ob sie die Umrechnung erst während der Suchanfrage durchführt, ist zwar theoretisch egal, hat jedoch Auswirkungen auf die Antwortzeiten. Da Benutzer aber ungeduldige Wesen sind, ist der erste Weg der bessere.

Nehmen Sie sich eine Minute Zeit und geben Sie einmal „*RUURDDDDRU-URDRRUURDDD" in der Kategorie *Klassik* in die *Contour Search* der *Musipedia* ein! Wenn Sie ein musikalisches Genie sind, dann können Sie hinter dieser Buchstabenfolge bereits die passende Melodie hören. Andernfalls warten Sie einfach auf das Suchergebnis.[1] Wenn Sie rhythmisch sicher sind, dann können sie die Melodie auch mit einem Bleistift auf den Schreibtisch klopfen und ganz ohne Tonhöhe danach suchen. Die *Musipedia* verfügt über mehrere Matching-Verfahren, die auf das Anwendungsgebiet Musik spezialisiert sind.

Suchmaschinen benötigen nicht nur ausgefeilte Matching-Algorithmen, sondern sie verwalten zu jedem Dokument auch eine Reihe von **Metadaten**. Leicht zu gewinnen sind die Größe einer Datei, ihr technisches Format oder ihr Zeitstempel. Manchmal kommen noch **Schlagworte** hinzu, die bei bestimmten Dateiformaten explizit hinterlegt werden können. Das prominenteste Beispiel sind Schlüsselbegriffe im Header von HTML-Dateien. Bei dem oben erwähnten Musipedia-Beispiel kann man zusätzlich zu Tonfolge oder Rhythmus den *Charakter* des Musikstücks auswählen (*Klassik, Pop, Folk, …*). Woran mag die Suchmaschine erkannt haben, zu welcher Stilrichtung ein Musikstück gehört? Möglicherweise wurde bestimmtes Material von einer Webseite namens *sheetmusic_for_country_and_folk.org* importiert. Dann liegt es nahe, alle diese Dokumente als <*folk*> zu kategorisieren (zu **taggen**). Vielleicht

---

1 Alternativ: Suchen Sie nach der *Gross Contour* UUSDDDDUUSDS bei ▶ http://themefinder.org. Das sich diese Kodierung leicht vom obigen Parsons Code unterscheidet, liegt daran, dass *Themefinder* auf einem anderen Notensatz basiert.

steckt im Namen der Musikdatei ein Hinweis auf den Komponisten oder Interpreten? Sehr zuverlässig sind solche Hinweise allerdings nicht. Zudem erfordern sie Maßschneiderei beim Import des Rohmaterials.

Wenn man nicht nur klassifizierende **Tags (Schlagworte)** verwendet, sondern eine präzise Vorstellung davon hat, welche Attribute es geben darf, was sie inhaltlich bedeuten und wie sie miteinander in Beziehung stehen, dann landet man bei semantischen Modellen (**Ontologien**). Oft sind nur Experten in der Lage, ein Dokument auf der Basis einer gegebenen Ontologie korrekt einzuordnen.

Manchmal enthält das Rohmaterial bestimmte Eigenheiten, die auf semantische Attribute hinweisen. So könnte man aus dem Satz „*Immanuel Kant wurde 1724 in Königsberg geboren*" ableiten, dass *Immanuel Kant* der Name einer *Person* ist, *Königsberg* ein *Ort*, und dass zwischen beiden eine Beziehung der Art „*Mensch <Name> wurde geboren am <Datum> in <Ort>*" besteht. Je nach der Struktur der Ontologie könnten auch zwei Aussagen daraus werden, die *Geburtsort* und *Geburtsdatum* einer *Person* jeweils getrennt zuordnen. Ontologien sind kompliziert, wenn man versucht, sehr genau zu sein. Genaugenommen lässt sich aus unserem Satz nur ableiten, dass es im Jahr 1724 einen *Ort* gab, der damals *Königsberg* genannt wurde. Noch schwieriger wird es, wenn ein anderes Dokument behauptet, im Taufregister stünde nicht der Name *Immanuel* sondern *Emanuel* …

Wer einen qualitativ hochwertigen Datenbestand einigermaßen rasch aufbauen will, erzeugt u. U. mit maschinellen Parsern Vorschläge zur semantischen Einordnung und überlässt Menschen dann die Endkontrolle. So macht es auch *WikiData* mit seinen Bots.[2]

Wenn eine Suchmaschine ein semantisches Modell verwendet, dann kann sie den Benutzer bei der Abfrage besser führen. Sie kann beispielsweise **Schreibfehlerkorrekturen** anhand des Modells vorschlagen, Vorschläge zur Verfeinerung von Begriffen machen, verwandte Begriffe in die Suche einbeziehen oder Treffermengen in semantisch verwandte Untergruppen gliedern. Der Benutzer kann dann im Idealfall bereits während der Anfrage erfahren, wie der Suchraum gegliedert ist.

1.1 Was ist Semantische Suche?

In einer ersten Näherung verstehen wir unter **semantischer Suche** Suchfunktionen, die ein explizites semantisches Modell eines Anwendungsbereichs (alternativ auch als **Wissensmodell** oder **Domänenmodell** bezeichnet) nutzen um neben syntaktisch ähnlichen, auch inhaltlich verwandte Treffer zu finden.

Explizit, bedeutet in diesem Zusammenhang, dass das Wissensmodell unabhängig vom Code vorliegt, der mit dem Modell arbeitet, und jederzeit ausgetauscht werden kann, ohne den Code verändern zu müssen. Eine semantische Suche ist somit im Sprachgebrauch der Künstlichen Intelligenz **wissensbasiert**.

Das Modell des Anwendungsbereichs beschreibt begrifflich Zusammenhänge, die Struktur des Anwendungsbereichs, dessen Objekte und deren Beziehungen. Je nach Schwerpunktsetzung der semantischen Suche stehen entweder die Terminologie des

---

[2] Robot-Skripte, die nach charakteristischen Textpassagen suchen und daraus semantische Hypothesen ableiten.

Anwendungsbereichs oder Informationen über die Entitäten des Anwendungsbereichs und deren Beziehungen im Vordergrund. Beispielsweise steht bei einer Suchanwendung über medizinische Dokumente die medizinische Terminologie und die unterschiedlichen Symptom- und Krankheitskategorien im Vordergrund. Eine Suche im Kontext eines Krankenhaus-Informationssystems, würde hingegen die Patienten, deren konkrete Symptome und Erkrankungen in den Fokus stellen.

Eine semantische Suche soll neben direkt passenden Treffern auch inhaltlich ähnliche Treffer finden. Inhaltlich ähnliche Treffer sind Treffer, die in definierten Beziehungen zu der Anfrage stehen. Neben syntaktischer Ähnlichkeit zählen hierzu Treffer, die **Synonyme**, Verfeinerungen der Anfragebegriffe (**Unterbegriffe**) oder **assoziierte Begriffe** enthalten.[3] Eine wesentliche Frage hierbei ist natürlich: „Wie ähnlich müssen Begriffe sein um als ähnlich zu gelten?" Oder anders ausgedrückt: „Wo liegt die Grenze zwischen ähnlichen und unähnlichen Treffern?"

Unter die obige, noch vage Definition fallen sowohl **Semantisches Retrieval** und **Semantische Recommender Syteme** als auch „natürlichsprachliche Suche" und **semantische Suche** über Volltexten, die die Funktionalität einer Volltextsuche, um die Interpretation der Anfrage in Begriffen des Wissensmodells erweitert.

Nach dem in den folgenden drei Kapiteln die wichtigsten Grundlagen gelegt wurden, werden wir die Unterschiede dieser Suchfunktionen im ▶ Kap. 6 genauer aufzeigen und eine genauere Einordnung dieser Klassen vornehmen. Der Schwerpunkt dieses Buchs liegt jedoch auf *semantischer Suche über Volltexten*.

1.2 Wozu benötigt man Semantische Suche?

Das Hauptproblem konventioneller Volltextsuchen besteht darin, dass sie Suchbegriffe rein syntaktisch und statistisch auswerten.

> ▶ **Textbeispiel**
>
> Stellen Sie sich folgende Situation vor: Aus persönlichen Gründen müssen Sie als Süddeutscher nach Norddeutschland ziehen und sind auf der Suche nach einer neuen Anstellung. Sie konsultieren eine Jobbörse, wie z. B. *StepStone* oder *Monster*, und starten Ihre Suchanfragen zu Ihrem Lehrberuf *Spengler*. Vielleicht finden Sie direkt ein paar Stellen, wundern sich jedoch, dass es so wenige sind, obwohl doch allseits vom Fachkräftemangel die Rede ist.
>
> Nach der Konsultation weiterer Stellenmärkte fällt Ihnen vielleicht noch ein, dass *Spengler* in Norddeutschland auch als *Klempner* bezeichnet werden. Nach einer Suche mit diesem Begriff finden Sie eine größere Anzahl von Anzeigen, jedoch keine der ursprünglichen Anzeigen. Wäre Ihnen der zweite Suchbegriff nicht eingefallen, hätten Sie diese Stellen auch nicht finden können. Und wenn Ihnen die in Baden-Württemberg und Franken verwendete Bezeichnung *Flaschner* nicht einfällt, übersehen Sie unter Umständen weitere passende Angebote.
>
> Darüber hinaus fällt Ihnen vielleicht auch auf, dass Ihnen mitunter auch unpassende Stellen als *Gas-/Wasserinstallateur* oder *Anlagenmechaniker für Sanitär-, Heizungs- und*

---

[3] An dieser Stelle sollte die Charakterisierung zunächst ausreichen, in ▶ Kap. 4 werden wir diese Beziehungen genauer definieren. Hierzu müssen wir jedoch zuerst noch ein paar Grundlagen legen.

1.2 · Wozu benötigt man Semantische Suche?

Klimatechnik präsentiert werden, in deren Anzeigentexten die umgangssprachliche Bezeichnung *Klempner* verwendet wird. ◄

Offensichtlich würde Ihnen eine semantische Stellensuche, die weiß, dass *Spengler*, *Klempner* und *Flaschner* **Synonyme** sind, Mühe ersparen, da sie nur einmal suchen müssten. Auch wären alle Ergebnisse gleich in einer einzigen Liste vergleichbar gewesen und Sie hätten einen vollständigen Überblick über die Stellensituation gewinnen können. Wäre die Suche noch schlauer gewesen, hätte sie anhand ihrer Anfrage eine **Disambiguierung** von *Spengler* vornehmen können, dass sie gar nicht an Stellen als *Installateur* interessiert sind.

Nebenbei bemerkt: Ist Ihnen gerade aufgefallen, dass ich in den letzten Absätzen die austauschbaren Begriffe *Jobbörse*, *Stellenmärkte* und *Stellenbörse* verwendet habe? Sie hatten sicherlich kein Verständnisproblem. Aus dem Kontext heraus haben Sie diese Begriffe wahrscheinlich als gleichwertig interpretiert ohne diese weiter zu differenzieren. Als Menschen haben wir in der Regel keine großen Probleme, solche Synonyme zu verstehen.

> **Tipp**
>
> Dieses sollten Sie im Kopf behalten: Oft variieren Autoren ihren Sprachgebrauch, damit die von ihnen geschriebenen Texte nicht langweilig oder monoton klingen. Dies ist eine der Hürden, die wir bei der Verarbeitung textueller Dokumente zu berücksichtigen haben.

Mit Hintergrundwissen über die obigen Begriffe können inhaltlich naheliegende Begriffe bei der Suche berücksichtigt werden und mehrdeutige Begriffe können – sofern der Anwendungskontext verfügbar ist – genauer interpretiert werden. Das Hintergrundwissen semantischer Suchfunktionen hilft daher einerseits,
- den Suchprozess zu vereinfachen: Nutzer müssen nicht mehrfach Anfragen stellen, um nach verwandten Begriffen zu suchen.
- die Suchergebnisse verwandter Suchanfragen zu einem Ergebnis zu integrieren. Nutzer erhalten hierdurch einen vollständigeren Überblick.
- Nutzer bei der Suche zu unterstützen, indem auch Begriffe verwendet werden, die sie u. U. nicht kennen oder die Ihnen gerade nicht parat sind.

Andererseits kann das Hintergrundwissen dazu genutzt werden,
- mehrdeutige Suchanfragen zu disambiguieren, um den Nutzer auf unterschiedliche Interpretationen der Begriffe hinzuweisen.
- den variierenden Sprachgebrauch von Autoren auszugleichen.
- anhand des Nutzungskontextes die richtige Interpretation zu wählen.

Natürlich hängt der Grad der Verbesserung der Suchergebnisse von der Qualität des Hintergrundwissens selbst ab und unterliegt dem GIGO-Prinzip: „garbage-in, garbage-out".

1.3 Notwendigkeit von Vorwissen

Das Erkennen der Bedeutung von Worten stellt eine wichtige Voraussetzung für die richtige Beantwortung einer Anfrage dar, bzw. für das Finden der richtigen Treffer. Die Bedeutung ist den Worten jedoch nicht inhärent. Das heißt, wir können nicht allein anhand der Zeichenfolge eines Wortes (seiner Syntax) auf seine Bedeutung (Semantik) schließen. Für uns Menschen stellt dies in der Regel kein Problem dar, da wir im Lauf unserer Entwicklung und unseres Lebens so viel Wissen erworben haben, dass uns mit der Nennung eines Wortes oft das dahinterstehende Konzept präsent ist oder wir eine Hypothese über seine Bedeutung bilden können. Für Computersysteme, die eine eingegebene Zeichenfolge interpretieren müssen, ist dies jedoch ein nicht triviales Problem.[4]

Machen wir hierzu ein kleines Experiment, das die Notwendigkeit von Hintergrundwissen veranschaulicht. Bevor Sie weiterlesen, bitte ich Sie, sich die folgenden sechs Abbildungen anzusehen und zu überlegen, was die dargestellten Begriffe verbindet. Bitte nehmen Sie sich Zeit, zuerst darüber nachzudenken, bevor Sie weiterlesen.

Sind Sie zu einer Hypothese gekommen? Falls nicht, sehen Sie sich die ◘ Abb. 1.1 bitte nochmal an, bevor Sie fortfahren.

Dieses Experiment habe ich in zahlreichen Vorträgen benutzt und bisher sind nur wenige Zuhörer – ich schätze bestenfalls 5–10 % – auf die Lösung gekommen. Oft kommen die Zuhörer zu dem Ergebnis, dass die gezeigten Begriffe etwas mit *Natur* zu tun haben oder mit *Mengen*. Offensichtlich sind dies verbindende Ideen zwischen den Bildern. Eine *Computermaus* hat aber wenig mit *Natur* zu tun, so dass diese Idee widerlegbar ist. Bei den zwei Mäusen von einer Menge zu reden, ist mathematisch zwar korrekt, widerstrebt aber unserer intuitiven Vorstellung von einer Menge, zumal beide Mäuse sehr unterschiedlich sind.

◘ **Abb. 1.1** Bedeutungsexperiment (Quellen: SXC.hu, 123rf)

---

4 Dieser und der folgende Abschnitt sind leicht verändert (Hoppe 2015) entnommen.

Wenn Sie noch nicht auf die Lösung gekommen sind, hilft es vielleicht, wenn Sie sich die dargestellten Begriffe noch einmal ansehen und – sofern Sie alleine sind – laut vorlesen. Falls dies noch nicht reicht, fällt der Groschen vielleicht jetzt. Oder wenn ich Ihnen noch mit den Worten *Pinkepinke*, *Zaster* oder *Mammon* aushelfe.

Dies ist eines der wenigen Beispiele, mit dem sich das Konzept „synonymer Begriffe" rein bildlich veranschaulichen lässt. Das Wesentliche bei diesem Experiment ist, dass die Information, dass diese Bilder **Synonyme** des Begriffs *Geld* darstellen, nicht in den Bildern selbst enthalten ist, sondern sich nur als Vorwissen in Ihrem Gedächtnis befindet. Ohne Zuhilfenahme dieses Vorwissens ist diese Information allein durch die Interpretation der Bilder nicht erschließbar. Dieses Vorwissen oder Hintergrundwissen haben wir im Lauf unseres Lebens erworben. Einem Computersystem jedoch muss dieses Hintergrundwissen heutzutage immer noch mitgeteilt werden.

Als weiteres Beispiel können wir die Bezeichnungen *Boulette*, *Fleischpflanzerl*, *Fleischkücherl* oder *Frikadelle* betrachten oder – um wieder in den Unternehmenskontext zu wechseln – *Klempner*, *Flaschner* und *Spengler*. Auch in diesen Zeichenketten verbirgt sich kein Hinweis, dass diese Bezeichnungen synonym sind. Nur durch unsere Erfahrungen und unser Vorwissen betrachten wir diese Bezeichnungen als synonym.

Ohne dieses Hintergrundwissen können wir lediglich die Ähnlichkeit der Begriffe anhand ihrer bildlichen oder textuellen Darstellung bestimmen (was Sie vermutlich auch versucht haben). In dieser Hinsicht verhalten wir uns wie ein Computersystem, dem es am nötigen Hintergrundwissen mangelt.

Was lernen wir aus diesem Experiment?
- Die Bedeutung einer Objektrepräsentation steckt nicht in der Repräsentation selbst, sondern in unseren Köpfen.
- Ohne zusätzliches Wissen haben wir Schwierigkeiten, die Bedeutung der Objektrepräsentation zu ermitteln.
- Dieses Hintergrundwissen muss entweder explizit vorgegeben oder ableitbar sein.

1.4 Sprachlücke zwischen Autoren und Nutzern

Die Suchfunktion der BMW-Webseiten liefert seit 2007 ein weiteres Beispiel,[5] auf das ich bei einer Analyse der Top 500 Suchanfragen von BMW gestoßen bin. In anderer Form lassen sich ähnliche Beispiele auch bei anderen Suchfunktionen finden, dennoch halte ich das BMW-Beispiel für immer noch am anschaulichsten, um die Problematik der Sprachlücke zwischen Autoren und Nutzern aufzuzeigen.

Ich lade Sie nochmals zu einem weiteren, kleinen Experiment ein. Haben Sie einen Computer, ein Tablet oder ein Smartphone zur Hand? Wenn ja, öffnen Sie doch bitte einmal die Webseite ▶ www.bmw.de.

Rechts oben auf der Seite findet sich eine stilisierte Lupe über die die Suchfunktion geöffnet wird.[6] Suchen Sie bitte einmal nach *Rußfilter*, *Rußpartikelfilter* oder *Dieselrußfilter*, wie auch andere Benutzer dies im Rahmen der Top 500 Suchen be-

---

[5] Mittlerweile hat BMW die Funktionalität durch eine Auto-Vervollständigungsfunktion verbessert, so dass einige der damaligen Beispiele leider nicht mehr so anschaulich funktionieren.
[6] Bis Frühjahr 2020 war dies noch so.

reits vor Ihnen taten. Und? Sind Sie mit diesen Begriffen fündig geworden? Sehr wahrscheinlich nicht. Vermutlich aber haben Sie schon ein Bild davon im Kopf, was wir bei diesem Experiment suchen, oder?

Bedingt durch unser Hintergrundwissen über Anwendungsbereiche und Wortbildungsregeln fällt es uns relativ leicht, allein aus einem oder sehr wenigen solcher Begriffe auf das gesuchte Konzept zu schließen.

Probieren Sie nun noch einmal die Variante *Partikelfilter* oder tippen Sie *Dieselpartikel* langsam, so dass die **Auto-Vervollständigung** aktiv wird. Jetzt sehen Sie die Ergänzungsvorschläge *Partikelfilter* oder *Dieselpartikelfilter*. Wenn Sie nach diesen Vorschlägen suchen, werden Sie zwar fündig; beide Suchen liefern jedoch unterschiedliche Ergebnisse, obwohl sie doch denselben Begriff bezeichnen.

Bei der initialen Analyse der Top 500 Suchanfragen wurde ersichtlich, dass lediglich unter der Bezeichnung *Dieselpartikelfilter* Informationen gefunden werden konnten. *Dieselpartikelfilter* ist quasi die normative Bezeichnung für den Begriff im Sprachraum des Unternehmens. Ohne die korrekte Bezeichnung jemals gehört zu haben, würde man als firmenexterner Benutzer jedoch Schwierigkeiten haben, die Suchanfrage korrekt zu formulieren und die gewünschte Information zu finden.

Wir können bei der Formulierung unserer Anfragen nur auf uns bekannte Bezeichnungen zurückgreifen oder auf Benennungen, die wir selbst aus dem gesuchten Begriff ableiten und kreieren. Als Suchender drücken wir uns damit aber mit Bezeichnungen aus unserem Sprachraum aus und können nur fündig werden, wenn diese auch zum Sprachraum des Unternehmens gehören.

Wenn das Unternehmen jedoch nur Bezeichnungen aus seinem eigenen Sprachraum verwendet, müssen wir unsere Anfragen solange reformulieren, bis wir eine Bezeichnung treffen, die auch das Unternehmen kennt oder bis wir unsere Suche vorzeitig abbrechen, da wir zu dem voreiligen Schluss gelangt sind: „Dazu gibt es ja nichts".[7]

Zwar entschärft eine syntaktische Auto-Vervollständigung – wie im obigen Beispiel für *Partikelfilter* und *Dieselpartikelfilter* – die Problematik etwas, da wir als Nutzer bereits beim Tippen eine Rückmeldung über die Unternehmenssprache erhalten; dennoch verbleibt das Problem, dass wir mit den vom Unternehmen vorgeschlagenen Bezeichnungen jeweils nur einen Bruchteil der passenden Informationen finden und diese nicht mit den Informationen integriert werden, die über eine andere Bezeichnung gefunden werden können. Wenn wir jedoch eigene Begriffe verwenden, andere Schreibvarianten wählen oder geringfügige Tippfehler machen, werden wir niemals fündig.

Was lernen wir aus diesem Beispiel?
- Wie viele andere Informationssysteme auch, bilden Suchfunktionen einen asynchronen Kommunikationskanal vom Autor zum Nutzer.
- Autoren schreiben ihre Dokumente ohne den Sprachgebrauch der Nutzer zu kennen, der sich durch den Zeitversatz auch verändern kann.
- Nutzer kennen den Sprachgebrauch der Autoren nicht unbedingt und können im Gegensatz zu synchroner Kommunikation unterschiedliche Bedeutungen nicht direkt klären.

---

7 Dies entspricht auch der Beobachtung von (Schlachter 2018) „..., dass die von Anwendern verwendeten Suchbegriffe häufig nicht der in Fachdokumenten gebräuchlichen Fachterminologie entsprachen und die auf dem Vergleich von Zeichenketten basierende Suchmaschine so häufig keine oder zu wenige Treffer lieferte".

1.5 Probleme der Verarbeitung deutschsprachiger Texte

In Lehrveranstaltungen wird beim Thema Textverarbeitung häufig auf englischsprachige Texte zurückgegriffen. Einerseits, da viele größere Textsammlungen zu spezifischen Themengebieten in Englisch vorliegen, andererseits, da viel Lehrmaterial in Englisch verfasst wurde. Auch wenn Englisch sich langsam zur Unternehmenssprache von weltweit agierenden Unternehmen und Start-Ups mit mehrsprachigen Belegschaften entwickelt, gibt es immer noch eine Reihe von Organisationen, die mit deutschsprachigen Texten arbeiten müssen. Anwaltskanzleien, Handelsunternehmen, Buch- und Zeitungsverlage, Bibliotheken, Archive, Vereine und Verbände, regierungsnahe Organisationen, Behörden und die Regierung selbst verarbeiten nicht nur deutschsprachige Texte, sie produzieren sie auch und kommunizieren damit.

Gegenüber dem Englischen jedoch ist die Verarbeitung deutschsprachiger Texte durch die kompliziertere Grammatik und Rechtschreibung des Deutschen aufwändiger. Zusammen-, Getrennt- und Bindestrichschreibung, Beugungen (**Flexionen**), zusammengesetzte Begriffe (**Komposita**) und der Satzbau des Deutschen unterscheiden sich vom Englischen. Englische Begriffe werden eingedeutscht und ergeben teilweise Denglisch, wie *Back-Shop, gegoogelt, kontakten*. Dies stellt einige Herausforderungen an die Verarbeitung deutschsprachiger Texte.

Existierende Textsammlungen (**Korpora**) zum Training linguistischer Analyseverfahren haben den Nachteil, dass sie statisch sind. Eine einmal erhobene Textsammlung kann daher kaum die gesamte Bandbreite der Formulierungen erfassen, die Autoren verwenden. Hinzu kommt, dass sich Sprache und der Sprachgebrauch verändern und sich dies in einer einmal erhobenen Textsammlung kaum widerspiegeln kann. Zwar sind auch Korpora nicht vollständig fehlerfrei, wenn man aber kurzlebige Dokumentarten, wie *Nachrichtenmeldungen, Stellenanzeigen, E-Mails, Kurznachrichten* oder *Suchanfragen* betrachtet, stellt man fest, dass diese eine ganz andere Qualität besitzen: nur wenige dieser Texte werden überhaupt fehlerfrei sein.

Für intelligentere Suchmaschinen bedeutet dies, dass sie nicht nur zwischen dem unterschiedlichen Sprachgebrauch von Autoren und Suchenden vermitteln müssen, sondern auch berücksichtigen müssen, dass Tipp- oder Rechtschreibfehler sowohl in den Dokumenten als auch in den Suchanfragen auftreten. Während offensichtliche Tippfehler mit Algorithmen zur **Rechtschreibfehlererkennung** erkannt und ggf. korrigiert werden können, gibt es eine Reihe subtilerer Fehler, die sich im Gebrauch der Schriftsprache schleichend verbreiten. Hierzu zählen fehlerhafte Bindestrichsetzung,[8] **Leerzeichen in Komposita**[9] (mitunter auch als **Deppenleerzeichen** oder illustrierend als *Deppen Leer Zeichen* bezeichnet) und das sich im Deutschen breitmachende **Genitiv-Apostroph**[10] (auch als **Deppenaprostroph** oder bildlich als *Deppen's Apostroph* bezeichnet).

Was lernen wir daraus?

---

8 „Das Elend mit dem Bindestrich", Bastian Sick, 26.03.2003, im: Spiegel Zwiebelfisch, ▶ http://www.spiegel.de/kultur/zwiebelfisch/zwiebel-fisch-das-elend-mit-dem-binde-strich-a-274613.html, letzter Aufruf 22.02.2020.

9 „Dem Wahn Sinn eine Lücke", Bastian Sick, 22.11.2004, im: Spiegel Zwiebelfisch, ▶ http://www.spiegel.de/kultur/zwiebelfisch/zwiebel-fisch-dem-wahn-sinn-eine-luecke-a-333774.html, letzter Aufruf 22.02.2020.

10 „Deutschland, deine Apostroph's", Bastian Sick, 27.01.2004, im: Spiegel Zwiebelfisch, ▶ http://www.spiegel.de/kultur/zwiebelfisch/zwiebelfisch-deutschland-deine-apostroph-s-a-283728.html, letzter Aufruf 22.02.2020.

- Es reicht bei weitem nicht aus, lediglich die reguläre Rechtschreibung zu verarbeiten,
- vielmehr muss mit der gelebten Schriftsprache umgegangen werden,
- die abhängig ist von der Dauerhaftigkeit der Dokumente und
- dem Bildungsgrad der Autoren und der Nutzer einer Suchfunktion.

1.6 Evolution der Schriftsprache

Sprache und deren Gebrauch unterliegt einer natürlichen Evolution. Bis sich der gelebte Sprachgebrauch soweit verbreitet hat, dass er quasi zum Standard wird und Einzug in die Rechtschreibung hält, benötigt es jedoch eines gesellschaftlichen Selektionsprozesses, bis sich eine mehr oder weniger verbindliche Schreibweise etabliert.

Dieser Prozess findet seit einiger Zeit auf dem Gebiet der geschlechter-neutralen bzw. geschlechter-gerechten Schreibweisen statt (Rüger 2019). Unterschiedliche Schreibweisen werden hier von unterschiedlichen Interessengruppen propagiert. Aus der herkömmlichen Paarform (*Mitarbeiterinnen und Mitarbeiter*) über Einklammerung, Schrägstrich-Variante und Binnen-I-Variante: *Schüler(innen)*, *Arbeiter/-innen*, *MigrantInnen*, bis hin zu Sternchen-, Unterstrich-, und Doppelpunkt-Variante (*Abteilungsleiter*innen, Abteilungsleiter_innen, Abteilungsleiter:innen*) und weiteren Varianten ergeben sich jeweils unterschiedliche Vor- und Nachteile.[11] Eine intelligente Suche sollte unabhängig von einer konkreten Schreibweise sein und mit allen Varianten umgehen können.

Wir lernen daraus, dass:
- auch Textanalysefunktionen einer Suchfunktion der Evolution des Sprachgebrauchs Rechnung tragen und von Zeit zu Zeit angepasst werden müssen.
- Um diese Anpassungen nicht jedes Mal im Quellcode selbst durchführen zu müssen, ist ein wissensbasierter Ansatz, der zwischen explizit repräsentiertem Wissen über den Sprachgebrauch und der Anwendung dieses Wissens unterscheidet, hilfreich.

1.7 Suche – eine informationstheoretische Sicht

Autoren schreiben Dokumente für Leser. Leser lesen die geschriebenen Dokumente zu einem späteren Zeitpunkt. Das kann – etwas unkonventionell betrachtet – als eine Form einseitiger Kommunikation über den **Kanal** *Dokument* aufgefasst werden. Das Schreiben von Texten und das Lesen erfolgt hierbei asynchron. Das Schreiben der Texte kann als eine Form der **Kodierung** betrachtet werden, bei der Autoren ihre Gedanken, Ideen, Erkenntnisse oder ihr Wissen in einer Sequenz von Worten kodieren. Das Lesen andererseits kann als eine Form der **Dekodierung** angesehen werden, bei der die Leser aus der Sequenz der Worte zu rekonstruieren versuchen, was der Autor ausdrücken wollte. Hierbei entstehen Interpretationsfehler, einerseits durch den Autor, der Worte unabsichtlich oder absichtlich mit einer leicht verschobenen Bedeutung verwendet. Andererseits interpretiert auch der Leser einige der Worte mitunter fehlerhaft, da er einen anderen Sprachraum verwendet, die Bedeutung bestimmter

---

11 ▶ https://geschicktgendern.de/schreibweisen/, letzter Aufruf 22.02.2020.

1.7 · Suche – eine informationstheoretische Sicht

Worte nicht genau kennt, missversteht oder den Kontext, in dem der Autor eine Aussage machte, nicht nachvollziehen kann. In Begriffen der **Informationstheorie** kann ein Dokument daher als *verrauschter Kanal* betrachtet werden und die Fehler auf beiden Seiten als das *Rauschen*.

> ▶ **Textbeispiel**
>
> Stellen Sie sich vor, Sie suchen ein Buch zu einer bestimmten Fragestellung. Sie gehen in eine Bibliothek oder eine Buchhandlung. Dort suchen sie das Regal, in dem sie das Buch vermuten. Glücklicherweise sind die Regale schon in Themenbereiche unterteilt, die Sie dabei unterstützen, das vermutlich richtige Regal zu identifizieren. Natürlich lesen Sie jetzt nicht jedes Buch in diesem Regal komplett durch und *dekodieren* es, um zu verstehen, wovon es handelt. Sondern Sie schauen sich nur bestimmte Stellen an, wie Titel, Klappentext, Zusammenfassung, Inhaltsverzeichnis, Index oder den Anfang oder ein paar Seiten in einem vermeintlich passenden Kapitel, um zu entscheiden, ob sie das Buch interessiert. Das heißt, Sie probieren anhand weniger Kriterien zu *identifizieren*, ob das Buch hilfreich für die Lösung ihrer Fragestellung ist. ◀

Stellen wir uns jetzt eine Suchfunktion vor, die zwischen Dokumenten und Lesern vermittelt. Diese macht das obige Szenario zwar ein wenig, aber nicht wesentlich komplexer. Auch die Nutzung der Suchfunktion durch den Leser kann als Kommunikation betrachtet werden. Der Leser kodiert in der Rolle eines Suchenden seinen Informationsbedarf in Form einer Anfrage. Die Suchfunktion selbst muss die Anfrage interpretieren und dafür passende Dokumente liefern. Im Fall einer Anfrage, die nur aus einem Wort besteht, ist dies offensichtlich einfacher als im Fall einer natürlichsprachlichen Frage, wie z. B. *„Alexa, gibt es einen Zusammenhang zwischen Margarinekonsum und Scheidungsrate?"*[12]

Um zu entscheiden, ob ein Dokument als Ergebnis auf eine Anfrage zurückgeliefert werden soll, muss die Suchfunktion natürlich nicht das ganze Dokument *dekodieren* – „durchlesen" wäre hier der falsche Begriff. Vielmehr überprüft sie, ob die Dokumente auf die Anfrage passen, d. h. sie *identifiziert*, welche Dokumente die in der Anfrage genannten Stichworte enthalten.

Herkömmliche Suchfunktionen liefern in der Regel eine Trefferliste zurück, die die Suchenden solange inspizieren bis sie entweder einen auf den Informationsbedarf passenden Treffer finden oder sie ihre Anfrage verändern. Im ersten Fall geht der Suchende – wie auch in dem Bibliotheksbeispiel – die Trefferliste sequentiell durch und probiert anhand der Trefferliste, die in der Regel mindestens den Titel und eventuell noch Metadaten wie Textauszüge mit hervorgehobenen Stichworten oder Datumsangaben enthält, zu *identifizieren*, ob der Treffer seinen Informationsbedarf erfüllt. Er wird jedoch nicht die gesamte Trefferliste durchsehen (*dekodieren*), um zu entscheiden, ob seine Suche erfolgreich war.

Eine wesentliche Erkenntnis der Informationstheorie, die besagt „Identifizieren ist exponentiell einfacher als Dekodieren" (Dueck 2003, 2006), stellt einerseits die Begründung dar, warum die beschriebenen Prozesse überhaupt in vertretbarer Zeit

---

12 Nebenbei: In Form einer Korrelation kann man diesen Zusammenhang zwar finden, daraus aber einen kausalen Zusammenhang abzuleiten, wäre offensichtlich falsch. ▶ https://blog.eoda.de/2018/04/01/aufgepasst-der-konsum-von-margarine-beeinflusst-scheidungsraten/, letzter Aufruf 22.02.2020.

zu Ergebnissen führen, andererseits beschreibt sie, dass die iterative Suche nach Indizien mit einiger Sicherheit nach kurzer Zeit überhaupt zu einem Ergebnis führt.

Eine semantische Suchfunktion übernimmt aus dieser Perspektive einen Teil der Interpretationsarbeit, die zur Dekodierung der Bedeutung von Worten in Dokumenten und Anfragen notwendig ist. Um jedoch nicht für jedes Dokument alle seine n Worte mit ihren k_n synonymen Bezeichnungen gegen die m Worte der Anfrage mit ihren k_m Synonymen vergleichen zu müssen, erweist es sich als effizienter, alle Worte der Dokumente und Anfragen auf ein **kontrolliertes Vokabular** abzubilden (das heißt, durch eine ausgewählte Bedeutung zu kodieren) und Dokumente und Anfragen nur noch im Sprachraum dieses kontrollierten Vokabulars zu vergleichen.

1.8 Suchanfragen

Insbesondere wenn es um die Erkennung und Verarbeitung von fremdsprachlichen Ausdrücken geht, machen sowohl Erwachsene als auch Kinder den gleichen Fehler. Im Rahmen der Vorbereitung einer semantischen Suche für den Internetauftritt von *toggo*, einem Sendeformat von *superRTL* für Kinder im Grundschulalter, zeigten uns Experimente, dass Bezeichnungen wie *Hanna Montana, Woozle Goozle, Phineas & Ferb* weder von Kindern noch von Erwachsenen bei Diktaten auf Anhieb korrekt geschrieben wurden. Sowohl Kinder als auch Erwachsene fielen zurück auf lautgetreue Schreibung (so wie sie es in ihren ersten Schuljahren gelernt hatten), die dabei entstehenden Schreibvarianten waren nur noch durch eine **phonetische Kodierung** korrekt identifizierbar. Für eine Suchfunktion bedeutet dies, dass je nach Zielgruppe und sprachlichen Inhalten zusätzliche Mechanismen vorgesehen werden müssen, um die eingegebenen Zeichenketten interpretieren zu können.

Wertet man die Struktur von Suchanfragen aus, zeigt sich, dass ein Großteil der Anfragen aus ein bis zwei Begriffen besteht (siehe ◘ Abb. 1.2). Anfragen mit weiteren Begriffen werden zunehmend seltener. Die Anzahl der Anfragen folgt hierbei einer Potenz- (oder auch Pareto-)Verteilung.

Boolesche Operatoren, wie **AND, OR, ANDNOT**, oder weitergehende logische Operatoren, wie **NEAR**, werden in Suchfunktionen so gut wie nie verwendet, ebenso wie Anfragen in ganzen Sätzen. Etwas häufiger werden sogenannte **Wildcard-Operatoren** verwendet (* am Ende eines Begriffs), um auch nach allen unterschiedlichen Endungen zu suchen und „" zur expliziten Markierung zusammenhängender **Phrasen**.

Analysiert man die Suchanfragen weiter, fällt auf, dass Nutzer dazu tendieren, Namen und zusammenhängende Begriffe in Suchanfragen wie *Angela Merkel, Regierender Bürgermeister, Berliner Weiße* in der richtigen Reihenfolge zu schreiben. Solche Sequenzen als **implizite Phrasen** zu identifizieren, schränkt die Menge der Treffer ein und kann Nutzer wesentlich unterstützen. Um solche impliziten Phrasen in Anfragen überhaupt identifizieren zu können, ist es notwendig, diese Phrasen erkennen zu können. Das heißt Hintergrundwissen über **Nominalphrasen** wird benötigt.

In herkömmlichen und semantischen Suchfunktionen treten natürlichsprachliche Anfragen in Form von ganzen Sätzen bisher so gut wie nie auf. Benutzer sind es auf Grund der existierenden Suchmaschinen nicht gewohnt, Anfragen in dieser Art und

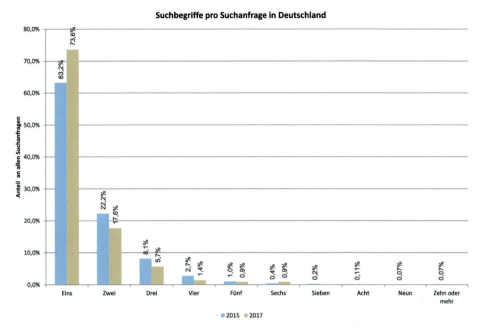

● **Abb. 1.2** Verteilung der Anzahl der Suchbegriffe pro Suche (Datenquelle: statista)

Weise zu formulieren. Zum anderen gelangen Nutzer bereits mit der Eingabe einer kleinen Zahl von Worten und der Inspektion der Treffer zu passablen Ergebnissen, ohne diese Worte in einer „umständlicheren" Frage ausformulieren zu müssen. Es bleibt zu vermuten, dass sich dies mit dem Aufkommen und der breiteren Nutzung von Sprachassistenzdiensten, wie *Siri*, *Alexa*, *Cortana*, *Google Assistant*, etc. und Chatbots verändern wird.

1.9 Nutzung von Hintergrundwissen

Die obigen Beispiele und Ausführungen zeigen, dass durch die Verwendung von Hintergrundwissen die Treffermenge einer Suche verbessert werden kann. Einerseits, um zusätzliche Treffer zu identifizieren, die Nutzer ansonsten nur durch wiederholte Anfragen mit verwandten Begriffen erhalten könnten, andererseits, um durch eine präzisere Interpretation der Anfragen und der Dokumente bessere Ergebnisse zu liefern.

Natürlich stellt sich die Frage, woher dieses Hintergrundwissen stammt, wie es gewonnen und im Kontext semantischer Suche genutzt werden kann?

Das Hintergrundwissen selber kann aus mehreren unterschiedlichen Quellen stammen, aus:
1. existierenden **Wissensorganisationssystemen**, wie: **Klassifikationen, Taxonomien, Thesauri, Wortnetzen, Ontologien**
2. **Wissensgraphen** der **Linked Open Data Cloud**, wie: *DBpedia*, *Wikidata*, *Google Knowledge Graph*
3. organisationsinternen Wissensquellen, wie: organisationsinternen Strukturen, Produktklassifikationen und -katalogen

4. der Verwendung von Worten in Dokumenten und daraus errechneten Wortbedeutungen

Für dieses Buch gehen wir davon aus, dass Hintergrundwissen in der einen oder anderen Form zur Verfügung steht. Auf den Erwerb und den Aufbau dieses Hintergrundwissens werden wir in ▶ Kap. 4 nur kurz eingehen, da dies den Rahmen dieses Buches sprengen würde. Im Vordergrund steht für uns die Nutzung dieses Wissens.

1.10 Relevanzbewertung und Treffersortierung

Herkömmlicherweise werden die Treffer von Suchfunktionen nach ihrer „Relevanz" in absteigender Reihenfolge präsentiert, Relevanteste zuerst. In diese Bewertungsfunktion (als **Ranking** bezeichnet) fließen unterschiedliche Faktoren ein, siehe ◘ Abb. 1.3. Am augenscheinlichsten und wichtigsten sind hierbei natürlich Faktoren, die sich aus den Dokumenten selbst ergeben, die deren Inhalte und Dokumentenstrukturen bewerten und gewichten.

Die Suchanfragen und deren Interpretation liefern einen ebenso wichtigen Satz an Faktoren, die die Interessen der Suchenden beschreiben. Für Internet-Suchmaschinen kommen noch Faktoren hinzu, die sich aus der Struktur des WWWs und dessen Verlinkung ergeben, wie beispielsweise die Wichtigkeit einer Webseite, deren Verlässlichkeit, etc. Weitere Faktoren, die von Seiten der Nutzer in das Ran-

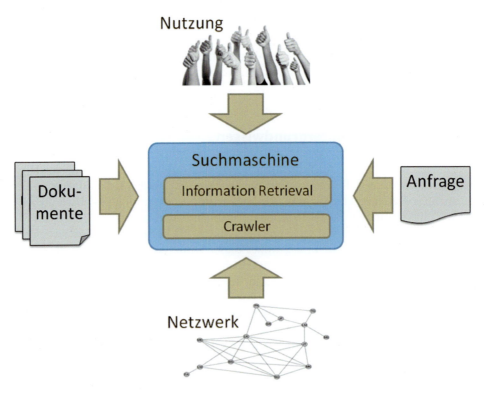

◘ Abb. 1.3 Einflussfaktoren auf das Ranking

king mit einfließen, beziehen sich auf die Nutzung der Suchergebnisse, wie das Click-Verhalten, die Lesedauer oder Nutzenbewertungen durch die Benutzer, usw.

Da wir in diesem Buch primär an semantischen Suchverfahren interessiert sind, liegt unser Fokus auf den Bewertungsfaktoren, die sich aus den Dokumenten, den Anfragen und dem in **Wissensnetzen** gespeichertem Hintergrundwissen, das zur Interpretation von **Begriffen** notwendig ist, ergeben. Hierbei handelt es sich einerseits um konventionelle Faktoren, wie die Begriffshäufigkeit (auch als **Termfrequenz** bezeichnet), dem **Informationsgehalt** von Begriffen oder unterschiedliche Gewichtungen unterschiedlicher Dokumententeile (Titel, Text, etc.), und andererseits um die semantische Ähnlichkeit von Begriffen zueinander. Insbesondere das Hintergrundwissen steuert hier den entscheidenden Beitrag zur Bestimmung der Begriffsähnlichkeiten bei, indem es ermöglicht, die **semantische Distanz** bzw. **semantische Ähnlichkeit** anhand struktureller oder räumlicher Maße – je nach verwendetem Ansatz – zu ermitteln.

1.11 Sichtbarkeit des Hintergrundwissens

Ebenso wie bei einem *Ferrari F40* die Leistung seines *V8 Bi-Turbo-Ottomotors* nicht ohne weiteres von außen sichtbar ist, ist der Grad der Intelligenz einer Suche nicht ohne weiteres direkt sichtbar. Um die Leistung des Ferrari-Motors erfahrbar zu machen, muss er beschleunigen oder Sie müssen ihn zu mindestens hören. Der Grad der Intelligenz einer Suchmaschine wird, wenn überhaupt, nur über deren Suchergebnisse sichtbar. Leider aber sind die Begriffe eines Dokuments, die dazu führten, es als Treffer auszuwählen, nicht gleich in der Ergebnisliste sichtbar, insbesondere dann nicht, wenn Synonyme, ähnliche oder verwandte Bezeichnungen zur Auswahl führten. Daher müssen zusätzlich Visualisierungen verwendet werden, um das Hintergrundwissen überhaupt sichtbar zu machen, wie:

- Unterstützung der Eingabe durch eine semantische **Auto-Vervollständigung**, die neben den eigentlichen Begriffen auch deren Synonyme und Unterbegriffe anzeigt und letztere auswählbar macht.
- Anzeige zusätzlicher Begriffe, die in die Suchanfrage mit einflossen.
- **Hervorhebungen** von Begriffen, etwaiger Synonyme oder Unterbegriffe, die zur Auswahl des Suchtreffers führten.
- Darstellung des begrifflichen Kontextes der Treffer, z. B. durch **Breadcrumb Navigation**, **Facettierung** mit Ober- und Unterbegriffen der Suchanfrage.
- Manuelle Navigation durch diesen begrifflichen Kontext, analog zu einer Facettierung, mithilfe eines **Wissensbrowsers**.

1.12 Zusammenfassung

In diesem ersten Kapitel haben wir gesehen, was eine semantische Suche sein und welchen Nutzen sie bringen kann. Damit dürfte das Ziel, das wir anstreben, umrissen sein: wir wollen eine Suchfunktion kreieren, die intelligenter ist – was auch immer dies heißen mag – als herkömmliche Volltextsuchen. Diese Suchfunktion soll zwischen den unterschiedlichen Sprachwelten von Autoren und Suchenden vermitteln, tolerant gegenüber dem gelebten Sprachgebrauch sein und somit mit Fehlern und eigenwilligen Ausdrucksweisen umgehen können, um so einem Nutzer, mit möglichst wenig Aufwand, umfassende und passende Suchergebnisse zu liefern.

Wir haben in diesem Kapitel auch gelernt, dass eine Suchfunktion weitaus mehr können muss, als ein einfaches *grep* über den Inhalten durchzuführen, da Nutzer sich nicht unbedingt klar ausdrücken und Sprache ohnehin niemals etwas Endgültiges darstellt, sondern permanentem Wandel unterliegt.

Ich hoffe, mir ist es gelungen ihnen plausibel zu machen, dass eine solche Suchfunktion, bzw. jedwedes Informationssystem, dass zwischen den Sprachwelten vermitteln muss, nicht ohne Zusatzwissen in Form von Hintergrundwissen auskommen kann. Wir werden im Folgenden erfahren, wie das Hintergrundwissen gestaltet sein sollte, damit es für eine semantische Suche sinnvoll nutzbar ist. Die Frage jedoch von wo dieses Hintergrundwissen kommt, lassen wir in diesem Buch bewusst im Raum stehen. Ich bin mir sicher, dass Sie nach der Lektüre des Buchs so viel Information über die eingesetzten semantischen Technologien besitzen werden, dass Sie eine Recherche nach geeigneten Quellen für Hintergrundwissen ihres Anwendungsbereichs auch eigenständig durchführen können.

Literatur

(Dueck 2003) Omnisophie, Gunter Dueck, Springer 2003.
(Dueck 2006) "Switsch! Mensch als Schaltkreis", Gunter Dueck, Dueck-β-Inside, Informatik Spektrum, Band 29, Heft 2, April 2006.
(Hoppe 2015) "Modellierung des Sprachraums von Unternehmen - Was man nicht beschreiben kann, kann man auch nicht finden", Thomas Hoppe, in: "Corporate Semantic Web", Börtecin Ege, Bernhard Humm, Anatol Reibold (Hrsg.), Springer-Vieweg, 2015.
(Rüger 2019) "Ein Prototyp zur Unterstützung geschlechtergerechter Schreibweisen", Lotta Rüger, Bachelorarbeit, Hochschule für Technik und Wirtschaft, Fachbereich IV, Studiengang Angewandte Informatik, April 2019.
(Schlachter 2018) "Ein neues Konzept für die semantische Suche in heterogenen Informationssystemen zu Fragestellungen aus Umwelt und Energie", Thorsten Schlachter, Dissertation, Karlsruher Institut für Technologie (KIT), 2018, https://publikationen.bibliothek.kit.edu/1000087829/19788170 (letzter Aufruf 10.4.2020)

Grundlagen der Textverarbeitung

Inhaltsverzeichnis

2.1 Token, Wörter, Terme, Entitäten, Benannte Entitäten – 19

2.2 Tokenisierung – 20

2.3 Bedeutungstragende Bezeichnungen – 23

2.4 Nominalkomposita – 23

2.5 Schreibfehlererkennung und -korrektur – 25
2.5.1 Schreibfehlerkorrektur – 26
2.5.2 Schreibfehlerkorrekturvorschläge – 30

2.6 N-Gramme – 31

2.7 Kookkurrenzen und Kollokationen – 32
2.7.1 Kookkurrenzen auf der Basis gegenseitiger Information – 33
2.7.2 Kookkurenzen auf der Basis statistischer Tests – 34
2.7.3 Übertragung auf Kollokationen – 35
2.7.4 Vergleich für Nomen-Nomen Bi-Gramme – 35

2.8 Part-of-Speech-Tagging – 36

2.9 Nominalphrasen – 43

2.10 Erkennung benannter Entitäten – 45

2.11 Erkennung von anwendungsgebiets-spezifischen Entitäten – 46

2.12 Stoppwortentfernung – 47

© Springer Fachmedien Wiesbaden GmbH, ein Teil von Springer Nature 2020
T. Hoppe, *Semantische Suche*, https://doi.org/10.1007/978-3-658-30427-0_2

2.13	**Stammformableitung – 49**	
2.13.1	Lemmatisierung – 49	
2.13.2	Stemming – 52	
2.14	**Normalisierung – 53**	
2.15	**Phonetische Kodierung – 54**	
2.16	**Und wie spielt das alles zusammen? – 56**	
2.16.1	Basisarchitektur – 57	
2.16.2	Tippfehlertolerante Architektur – 58	
2.16.3	Standardarchitektur für Volltextsuche – 59	
2.16.4	Substandard-Architektur – 60	
2.17	**Weiterführende Literatur – 60**	
	Literatur – 61	

In diesem Buch steht semantische Suche über Textdokumente im Vordergrund. Dies hat mehrere Gründe:
1. Textdokumente stellen zahlenmäßig noch den Großteil der digitalen Informationen dar.
2. Die Verarbeitung deutschsprachiger Texte steht nur selten im Vordergrund.
3. Bereits bei der Aufbereitung von Texten unterstützen einige Operationen und Funktionen die intelligentere Auswahl von Treffern.
4. Die Lücke zwischen den Ausdrucksweisen von Autoren und Nutzern manifestiert sich am deutlichsten in Texten.
5. Setzen semantische Suchverfahren in der Regel auf begrifflichen Annotationen der Inhalte auf.

Das zentrale Problem bei der Verarbeitung natürlichsprachlicher Texte ist das Verständnis der Inhalte. Will man dies erreichen, ist man gleich mit allen Herausforderungen des Verstehens natürlicher Sprache, der Linguistik und der Computerlinguistik konfrontiert. Sich diesen Herausforderungen zu stellen, wird wichtig, wenn Computer die „Inhalte verstehen", „die Texte zusammenfassen oder übersetzen" oder „Fragen beantworten" sollen. Die intelligente Suche nach Textdokumenten gehört hierbei noch zu den einfacheren Problemen.

Bei der intelligenten Suche von Textdokumenten geht es darum, Dokumente zu identifizieren, an denen der Benutzer interessiert sein könnte, unter der Maßgabe der von ihm gestellten Anfrage und einem nicht, oder – wenn überhaupt – nur rudimentär bekannten Nutzungskontextes. Hierfür ist es ausreichend, die Dokumente hinlänglich gut zu beschreiben und zu prüfen, ob und welche Dokumente zu der Suchanfrage des Nutzers passen könnten. Das Problem reduziert sich daher gegenüber dem „Verstehen von Inhalten" auf ein „Identifizieren von Inhalten".

Ziel dieses Kapitels ist es, einen Einblick in die wichtigsten Fragestellungen und Methoden der Verarbeitung deutschsprachiger Texte im Kontext von Suchfunktionen zu geben. Die Methoden, die in diesem Kapitel vorgestellt werden, dienen hierbei insbesondere der Aufbereitung von Dokumenten für die Indexierung und der Bearbeitung von Suchanfragen. Damit stellt dieses Kapitel keine eigenständige Einführung in die Verarbeitung natürlicher Sprache oder die Computerlinguistik dar, sondern lediglich eine Einführung und Zusammenstellung der für Suchverfahren wichtigsten Sprachtechnologien.

2.1 Token, Wörter, Terme, Entitäten, Benannte Entitäten

Suche basiert auf Suchanfragen, diese bestehen in der Regel aus Wörtern. Wörter stellen damit die zentrale bedeutungstragende Informationseinheit von Suchanfragen dar. Dokumente, die gesucht werden, beinhalten Worte. Aber manchmal auch Zeichenketten, die man nicht unbedingt als Wort bezeichnen würde. Diese Zeichenketten und Worte fassen wir im Folgenden unter dem Begriff **Term** zusammen.

Betrachten wir einen Text wie z. B.:

> ▶ **Textbeispiel**
>
> „**SAP ERP** ist das wesentliche Hauptprodukt des deutschen Software-Unternehmens SAP SE, das es seit 1993 vertreibt. ERP steht für Enterprise-Resource-Planning oder Unternehmens-Informationssystem, womit alle geschäftsrelevanten Bereiche eines Unternehmens im Zusammenhang betrachtet werden können.
>
> Bis Dezember 2003 wurde das Produkt unter dem Namen **SAP R/3** vermarktet, bis 2007 unter **mySAP ERP**. Die letzte angebotene R/3-Version heißt *R/3 Enterprise 4.70 Extension Set 2.00*.
>
> Die aktuelle Version ist *SAP ERP [Central Component (ECC)] 6.0 Enhancement Package 8*. [Verwirrenderweise ist derzeit bei SAP teilweise auch die alternative Schreibweise Enterprise Core Component (ECC) zu finden.]
>
> Der Name *SAP R/3* entstand aus der Konzeption als Client-Server-System (System, Anwendungen und Produkte), wobei das „R" für *realtime* („Echtzeit") steht und die „3" für die Programmgeneration, aus der ein R/3-System besteht (siehe unten). Der Vorgänger SAP R/2 war für den Betrieb auf Großrechner-Anlagen konzipiert. Dessen Vorgänger wurde ab 1972 entwickelt, das **System R**."
>
> Quelle Wikipedia ◄

Neben eindeutigen **Worten** wie *Hauptprodukt, Software-Unternehmen, vertreibt, steht* usw. finden sich reine Zahlen wie *1993, 2.00, 8* oder *„3"*, aber auch andere Zeichenketten wie *R/3, 2.00, (ECC), („Echtzeit")* etc. Einige der Terme repräsentieren **Entitäten** wie *Hauptprodukt, R/3, deutschen Software-Unternehmens, R/3-Version*. Andere Terme wiederum bezeichnen Eigennamen wie *SAP, SAP SE* oder *SAP ERP*. Entitäten mit Eigennamen bezeichnen wir als **benannte Entitäten** (engl. **named entity**, **NE**).

Um einen solchen Text überhaupt analysieren zu können, muss er zunächst in seine einzelnen Bestandteile (**Token**) zerlegt werden. Dieser Prozess wird als **Tokenisierung** (engl. **tokenizing**) bezeichnet.

2.2 Tokenisierung

Für die Analyse von Texten stellt sich als erstes die Frage, welche Token im Analyseprozess berücksichtigt werden müssen. Wählen wir die Token zu fein granular, lediglich aus Buchstaben, Ziffern oder Sonderzeichen bestehend, wie z. B. *Die, SAP, /, R, 1972, -,* würden viele zusammengehörende Zeichenketten wie *R/3, Client-Server-System, R/3-System* auseinandergerissen und müssten umständlich rekonstruiert werden. Um diese zusammenhängenden Zeichenketten beizubehalten, können wir den Text grobgranular an den Leerzeichen bzw. Zwischenraumzeichen (**whitespace**) wie TAB (Tabulator), NL (newline), RT (return), LF (line feed), etc. auftrennen (**whitespace tokenization**).

> ❓ **Aufgabe 2.1**
>
> Welche Konsequenzen hat die Tokenisierung anhand von whitespace für die weitere Verarbeitung? Überlegen Sie welche Token aus obigem Textbeispiel entstehen würden und wie diese ggf. weiterverarbeitet werden müssten.

Um die Probleme mit dieser Tokenisierung an Leerzeichen zu umgehen, macht es Sinn, sich Gedanken darüber zu machen, welche Token im Kontext der Textverarbeitung für eine Suchfunktion überhaupt von Interesse sind. Einerseits sind dies sicherlich Wörter, Abkürzungen und Bezeichnungen, die nur aus Buchstaben und Ziffern bestehen, die u. U. mit Bindestrich (-), Schrägstrich (/) oder Punkt (.) verbunden werden,[1] wie z. B. *Dezember, R, 2.00, R/3, Client-Server-System, 30-jährige, R2D2, CO_2*, usw. Andererseits können dies je nach Anwendungsgebiet auch Zeichenketten sein, die eine spezielle Funktion haben. Wie z. B. *#hashtags, @useraccounts, Email-Adressen*, oder *URLs*.

? Aufgabe 2.2
   a) Entwerfen Sie in Python jeweils einen **regulären Ausdruck (regular expression)** mit denen Terme der folgenden Struktur identifiziert werden können:
      - *Dezember, R, R/3, Client-Server-System, R2D2, CO_2*
      - *2.00, 30-jährige*
   b) Tokenisieren Sie mit dem *Regular Expression Tokenizer* von *NLTK* das Textbeispiel des vorausgegangenen Abschnitts und inspizieren Sie das Ergebnis.

Offensichtlich, erzeugen diese regulären Ausdrücke für das gegebene Textbeispiel bereits gute Terme. Wenden wir diese regulären Ausdrücke jedoch auf den folgenden Text aus einem IT-Forum an, dann wird ersichtlich, dass es allgemeingültige reguläre Ausdrücke zur Extraktion von Termen aus beliebigen Texten kaum geben wird.

▶ **Textbeispiel**

Quelle ▶ https://www.tutorials.de/threads/wo-ist-der-unterschied-zwischen-c-und-c.187723/
„C++ ist Hardcore. Man kann im Prinzip alles machen, und gerade deswegen kann man sich auch leicht selber reinreiten. Dafür hat man aber die volle Kontrolle.

C# ist das, was Java hätte sein können/wollen. Es setzt auf die .NET-Plattform auf, behält aber eine C++-Syntax bei. C# ist wahrscheinlich einfacher, da einem viele Dinge abgenommen werden. Auch musst du nicht auf Speicherlecks achten (oder kaum).

Ein Nachteil: Der Benutzer muss die .NET-Runtime installiert haben. Ab XP ist schon die 1.0 dabei, ansonsten fällt da ein ca. 20 MB-Download an.

C# ist nicht komplett kompiliert, wird bei Programmstart nochmal übersetzt und hat gegenüber C++ ca. 5 % Leistungsabfall. Das ist so wenig, das fällt kaum auf. Dafür bekommst du mächtige Grundklassen, die du in C++ selbst erst erstellen müsstest." ◀

In diesem Text fallen uns Bezeichnungen wie *C#, C++, .NET-Plattform, C++-Syntax* auf, die als Terme mit den regulären Ausdrücken der Aufgabe 2.2 nicht erkannt werden. Solche Term-Neuschöpfungen sind nicht nur in der Informatik verbreitet, auch in anderen Branchen kann man sie finden, wie z. B. die Marken *Joop!* oder *Guess?* in der Modebranche. Insbesondere die Sonderzeichen der letzten beiden Bezeichnungen können bei der Textverarbeitung Probleme bereiten, da sie schwer von regulären Satzzeichen unterscheidbar sind.

In anderen Anwendungsgebieten, wie z. B. Fußball, kann es durchaus andere Spezialfälle geben, wie den Namen des kamerunischen Spielers Samuel Eto'o Fils, die

---

[1] Und je nach geschlechter-gerechter Schreibweise zusätzlich auch Stern (*), Unterstrich (_) oder Doppelpunkt (:).

anwendungsgebiets-spezifische Anpassung der Tokendefinitionen erfordern. Oder wie im Ingenieurswesen, der Nautik oder Mathematik, z. B. *30°-Winkel, 10°-Neigung*, oder um Firmennamen korrekt erkennen zu können, wie z. B. die *]init[AG*.

Wir könnten natürlich in den obigen regulären Ausdrücken neben alphanumerischen Zeichen auch beliebige Sonderzeichen zulassen, damit aber würden wiederum auch Zeichenketten als Terme erkannt, die wir gerne separiert hätten. Einfacher und besser ist es, solche Bezeichnungen explizit als Ausnahmen zu deklarieren und zu verarbeiten, da solch exotische Bezeichnungen meist auf ein Anwendungsgebiet begrenzt sind und ihre Anzahl in der Regel klein ist.

Kommen wir nochmal auf die whitespace tokenization zurück. Das Problem damit bestand ja darin, dass die Token aus Termen und Satzzeichen bestanden. Reguläre Satzzeichen selber treten normalerweise nur an bestimmten Positionen auf: ‚(' beispielsweise vor Buchstaben oder Ziffern, ‚,' nach einem Zeichen und vor einem Leerzeichen, etc. Diese Eigenschaften von Satzzeichen können wir nutzen, um sie als Präfix oder Suffix von Token zu erkennen und nach der whitespace tokenization zu entfernen.

❓ Aufgabe 2.3
a) Konstruieren Sie einen regulären Ausdruck mit dem reguläre Satzzeichen als Präfix oder Suffix an Token erkannt und entfernt werden können.
b) Welche Probleme handeln wir uns mit dieser Nachverarbeitung ein?

Über die reine Tokenisierung hinaus macht es daher Sinn, sich nicht nur Gedanken darüber zu machen, wie die Worte in einem Anwendungsgebiet beschaffen sind, sondern auch, welche Terme als informationstragende Entitäten erhalten bleiben sollten.

> **Tipp**
>
> Wie die obigen Beispiele zeigen, ist Tokenisierung anwendungsabhängig. Im Kontext von Suchfunktionen macht es Sinn, die verfügbaren, exemplarischen Texte zunächst zu tokenisieren (hierfür bietet sich die whitespace tokenization an), eine Häufigkeitsverteilung der Terme zu ermitteln und diese Verteilung nach ungewöhnlichen oder ggf. fehlerhaften Token zu inspizieren. Hieraus lässt sich in der Regel ableiten, ob und wie die Tokenisierung für das Anwendungsgebiet anzupassen ist.

Am Ende dieses Kapitels werden wir sehen, dass Tokenisieren oft der erste Verarbeitungsschritt eines Dokuments ist. Bei diesem Schritt ist die Originalposition der Terme – in Form ihrer Startposition und ihrer Länge – noch vollständig verfügbar, bevor andere Operationen diese Position u. U. verändern. Daher ist es sinnvoll, diese Positionen und Termlängen zusammen mit den Token zu extrahieren und zu speichern, um sie ggf. für spätere Verarbeitungsschritte verfügbar zu haben.

2.3 Bedeutungstragende Bezeichnungen

In der Linguistik werden Worte in **Autosemantika (Inhaltsworte)** und **Synsemantika (Funktionsworte)** unterschieden. Inhaltsworte besitzen eine eigenständige, vom lexikalischen Kontext unabhängige Bedeutung, während die lexikalische Bedeutung von Funktionsworten kontextabhängig ist und von anderen Worten abhängt, auf die sie sich beziehen. Diese dienen in der Regel der Strukturierung von Sätzen.[2] Zu den Inhaltsworten zählen die Substantive, Akronyme, Verben (bis auf Hilfsverben), Adjektive und Adverbien. Artikel, Konjunktionen, Subjunktionen, Hilfsverben, Modalverben, Präpositionen, Negationen bilden die Funktionsworte.

Diese Unterscheidung ist im Kontext von Suchmaschinen von Bedeutung, da Suchanfragen in der Regel aus Inhaltsworten gebildet werden. Eine Suche nach einem Funktionswort, wie *in*, *der*, *für* oder *ein* – sofern es sich hierbei nicht um ein Akronym oder einen Namen handelt –, macht wenig Sinn.

Da Funktionsworte in der Regel in einer Vielzahl von Dokumenten verwendet werden, besitzen sie für eine Suche nur eine sehr geringe inhaltliche Unterscheidungskraft. Es ist daher zweckmäßig, sie aus den Dokumenttexten und den Anfragen zu entfernen bzw. zu ignorieren. Solche Funktionsworte werden als **Stoppworte** bezeichnet und üblicherweise in Stoppwortlisten gepflegt.

Darüber hinaus gibt es zwei weitere Klassen von Wörtern, bei denen es sich zwar um Inhaltsworte handelt, die – in Abhängigkeit vom Anwendungsgebiet – jedoch so allgemein sind, dass auch sie kaum eine Unterscheidungskraft besitzen. Hierzu zählen beispielsweise

- **Generische Bezeichnungen**, wie *Ding*, *Eigenschaft*, *Objekt*, *Zeit*, *Ort*, *Methode*, *Technik*, *Verfahren*, *Anfang*, *Ende* oder *Verlauf*, die erst in Kombination mit anderen Begriffen eine anwendungsbereichs-spezifische, konkrete Bedeutung erhalten.
- **Anwendungsbereichs-abhängige Bezeichnungen**. Hierbei handelt es sich um Bezeichnungen, die in einem Anwendungsbereich so häufig auftreten, dass sie ihre Unterscheidungskraft für die Dokumente dieses Anwendungsbereichs verlieren. Hierzu zählen beispielsweise für den Anwendungsbereich *Berliner Nachrichten* die Worte *Berlin* oder *Nachricht*, für den Anwendungsbereich *Einsatzmeldungen der Polizei* die Bezeichnungen *Polizei*, *Mann*, *Einsatz*, *Person* oder *Tat*, oder im Anwendungsbereich *Stellenanzeigen* die Worte *Stelle*, *Position*, *Bewerbung*.

Anfragen mit Termen dieser beiden Klassen führen bei anwendungsbereichs-spezifischen Suchen in der Regel zu einer Vielzahl von Treffern. Da sie einen geringeren Informationsgehalt besitzen als spezifische Begriffe, wie *Senatssitzung*, *Raubüberfall* oder *Vertriebsposition* macht es Sinn, solche Terme ebenfalls als **anwendungsbereichs-spezifische Stoppworte** anzusehen.

2.4 Nominalkomposita

Zusammengesetzte Worte, insbesondere **Nominalkomposita**, bilden für Suchanwendungen den größten Unterschied zwischen dem Englischen und dem Deutschen.

---

2 ▶ https://www.dwds.de/wb/Funktionswort, letzter Aufruf 22.02.2020.

Nominalkomposita sind für Suchanwendungen aus mehreren Gründen von Interesse. In ▶ Abschn. 1.5 hatten wir bereits einige der Schwierigkeiten kennen gelernt, die sich aus dem gelebten Sprachgebrauch mit Komposita im Deutschen ergeben. Generell werden im Deutschen zwar Worte wie der *Rindfleischetikettierungsverordnungserlass* oder die berühmte *Donaudampfschifffahrtskapitänsmütze* zusammengeschrieben, jedoch können in solchen Komposita Bindestriche gesetzt werden, um die Lesbarkeit zu erhöhen.

Bei Aneinanderreihungen von Wörtern, die zusammengesetzt einen neuen Sinn ergeben, wie den *Ost-West-Beziehungen*, dem *Justin-Bieber-Konzert*, *Gewinn-und-Verlust-Rechnung* und *In-den-Tag-hinein-Leben*, die auch als **Durchkopplung** bezeichnet werden, ist die Bindestrichsetzung nicht nur hilfreich, sondern auch notwendig, um unbeabsichtigte Mehrdeutigkeiten innerhalb eines Satzes zu vermeiden.[3]

Bei Durchkopplungen, wie *Gewinn-und-Verlust-Rechnung* oder *Industrie-und-Handels-Kammer*, handelt es sich um grammatikalisch richtige Schreibweisen. Dennoch finden sich selbst in offiziellen Quellen fehlerhafte Schreibweisen, wie *Gewinn- und Verlust-Rechnung*[4] oder *Industrie- und Handels-Kammer*.

Von solchen einfachen Fehlern ist es nur ein kleiner Schritt zur Verwendung von bedeutungsverfälschenden **Leerzeichen in Komposita**, wenn z. B. *Trinkwasser für Hunde* zu *Trink Wasser für Hunde* wird oder aus der *Frischbackstube* eine *Frisch Back Stube*.[5]

❓ Aufgabe 2.4
Wenn Sie das nächste Mal in Ihrer Stadt unterwegs sind, achten Sie einmal bei Werbeplakaten, Produktnamen oder Geschäftsbezeichnungen auf solche Fehler. Mit hoher Wahrscheinlichkeit werden Sie schnell fündig. (ohne Lösung)

Für eine einfache konventionelle Volltextsuche stellen diese Fehler und Variationen kein Problem dar. Es wird einfach nur das gefunden, was auch gesucht wurde. Wenn die Suchanfrage Fehler enthält, werden eben nur fehlerhafte Dokumente gefunden, wenn die Suchanfrage fehlerfrei ist, werden fehlerhafte Dokumente nicht gefunden.

Will man jedoch sowohl den Benutzern als auch den Autoren das Leben etwas einfacher machen und Dokumente für Suchanfragen zurückliefern, unabhängig davon, ob sie richtig geschrieben sind oder nicht, stellen insbesondere die Komposita in der deutschen Sprache eine Herausforderung dar.

Darüber hinaus besitzen einige Komposita, insbesondere **Determinativkomposita**, eine Eigenschaft, die sie für eine intelligente Suchfunktion interessant machen: Sie korrespondieren zu **Nominalphrasen**. Ob wir nun von *Trinkwasser* sprechen oder von *Wasser zum Trinken*, von der *Lackdicke* oder der *Dicke des Lacks*, von der *Donaudampfschifffahrtskapitänsmütze* oder der *Mütze des Donaudampfschifffahrtskapitäns*, immer meinen wir das gleiche. Eine intelligente Suche sollte daher die Bedeutungen von Determinativkomposita und Nominalphrasen als semantisch gleich betrachten.

Kompositazerlegungen sind nicht immer eindeutig. Das Standardbeispiel in der Linguistik ist die *Mädchenhandelsschule*. Auch wenn die Interpretation als *Schule für*

---

3 ▶ https://de.wikipedia.org/wiki/Durchkopplung, letzter Aufruf 22.02.2020.
4 ▶ https://de.wikipedia.org/wiki/Gewinn-_und_Verlustrechnung, letzter Aufruf 22.02.2020.
5 ▶ https://de.wikipedia.org/wiki/Leerzeichen_in_Komposita, letzter Aufruf 22.02.2020.

Mädchenhandel nicht sehr plausibel ist, wäre eine dazu korrespondierende Kompositazerlegung durchaus korrekt. In anderen Fällen ist die Zerlegung kontextabhängig, wie z. B. der *Wachstube*, die sowohl in Wach-Stube als auch Wachs-Tube zerlegt werden kann.

Für die Zerlegung von Komposita in ihre einzelnen Bestandteile existieren bisher nur wenige Implementierungen, die auf rekursiven Verfahren basieren und versuchen, ein Kompositum in seine einzelnen Wortbestandteile zu zerlegen, die einem Wörterbuch entnommen werden.

Eine solche Implementierung ist *jWordSplitter* von Daniel Naber.

2.5 Schreibfehlererkennung und -korrektur

Menschen machen Fehler, wie wir oben gesehen haben. Beim Schreiben von Texten, ebenso wie bei der Formulierung von Suchanfragen. Zum Glück gibt es Verfahren zur Schreibfehlererkennung, die einen beim Schreiben von Texten auf **Schreibfehler** direkt aufmerksam machen.

Das einfachste Verfahren zur Erkennung von Rechtschreibfehlern besteht im Nachschlagen der eingegebenen Wörter in einem Wörterbuch. Offensichtlich können mit diesem Verfahren nur Wörter als fehlerhaft erkannt werden, die auch in dem Wörterbuch enthalten sind. Das Erkennen von orthografischen Fehlern wie *Auslasungen, Einpfügungen, Verdauschungen* und *Buchstabnedrehern* ist damit möglich.

Durch Wortneuschöpfungen, wie die Eindeutschung fremdsprachlicher Worte, Kofferworte[6] oder Komposita-Bildung ergibt sich das Problem, dass ein solches Wörterbuch niemals vollständig sein kann und von Zeit zu Zeit aktualisiert werden muss. Fehler in Neologismen, wie z. B. *gegoogelt* oder *taggen*, in Kofferworten, wie *Smog, Sitcom, Denglisch, Brexit*, oder in *neukreierten* Komposita wie *Motorkettensägeschein* oder *Rollstuhlschiebeschein*, sind daher mit einem wörterbuch-basierten Ansatz nicht ohne weiteres erkennbar.

Eine Alternative hierzu bilden stochastische (wahrscheinlichkeitsbasierte) Verfahren zur Vorhersage der Zeichenfolgen richtig geschriebener Worte. Diese Verfahren basieren auf Methoden des unüberwachten maschinellen Lernens – sogenannte Hidden-Markow-Modelle – und werden mit größeren Textmengen trainiert. Die erlernten Modelle erlauben es, die Wahrscheinlichkeit eines richtig geschriebenen Wortes anhand bedingter Wahrscheinlichkeiten aufeinanderfolgender Zeichensequenzen, sogenannter N-Gramme, zu ermitteln.

Diese Verfahren können auch mit bisher unbekannten Worten oder Komposita umgehen, sie arbeiten jedoch nicht fehlerfrei. Mit ihnen können zwar orthografische Fehler erkannt werden, mitunter jedoch klassifizieren sie korrekt geschriebene Worte als fehlerhaft. Bei semantischen Fehlern, richtig geschriebenen Worten, die inhaltlich unsinnig sind, versagen sie jedoch in der Regel, da sie nur mit der syntaktischen Struktur der Terme arbeiten. Das heißt, sie erzeugen Fehler, die **falsch positiv**[7] **(false**

---

6 ▶ https://de.wikipedia.org/wiki/Kofferwort, letzter Aufruf 22.02.2020.
7 Auch als Fehler 1. Art (oder auch Typ-1 Fehler) bekannt. Fehler 2. Art resp. Typ-2 Fehler sind **falsch negativ (false negative)**, bei denen fälschlicherweise falsch geschriebene Worte als richtig betrachtet und damit nicht erkannt würden. Diese Fehler sind in der Regel schwerer zu identifizieren, da man als Autor in der Regel auf die nicht als fehlerhaft markierten Textstellen weniger achtet als auf fehlerhaft markierte Passagen.

positive) sind. Ihre Qualität hängt darüber hinaus vom Umfang und den Inhalten der Textmenge ab, mit der sie trainiert wurden.

In Suchanfragen an die *Weiterbildungsdatenbank Berlin-Brandenburg* fanden sich beispielsweise die folgenden Suchbegriffe:

> ▶ **Textbeispiel**
>
> Steuerbrater
> Fliegenleger
> Altenbereuer
> medizinische Schreinkraft
> Zerspannungsmechaniker ◀

Offensichtlich sind diese Begriffe syntaktisch richtig geschrieben. Inhaltlich jedoch sind sie, bezogen auf das Anwendungsgebiet *Weiterbildung*, unsinnig. Um solche **semantischen Schreibfehler** erkennen zu können, bedarf es eines Wörterbuchs des Anwendungsgebietes, also Vorwissen über die korrekte Schreibweise der Begriffe des Anwendungsgebietes.

Schreibfehler in den Dokumenten automatisch zu korrigieren, ist in der Regel keine Funktion von Suchmaschinen. Einerseits würden durch automatische Korrekturen die Dokumente verändert, was in bestimmten Fällen nicht passieren darf, z. B. bei rechtsverbindlichen Dokumenten oder wenn Urheberrechte zu beachten sind. Andererseits kann hierdurch unbeabsichtigt der Inhalt verfälscht werden.

Eine Korrektur von Schreibfehlern vor der **Indexierung** ist jedoch sinnvoll, da hierdurch selbst Schreibfehler das Finden der betreffenden Dokumente nicht behindern. Die Identifikation von Schreibfehlern in Anfragen, deren Korrektur, bzw. der Vorschlag von sinnvollen Korrekturen, stellt hingegen eine Vereinfachung für die Nutzer dar. Hierdurch können Suchen vermieden werden, die mit hoher Wahrscheinlichkeit ohnehin zu keinem Ergebnis führen würden.

2.5.1 Schreibfehlerkorrektur

Um Schreibfehler korrigieren zu können, muss entschieden werden, welche Korrekturen die Schreibfehler beseitigen. Mitunter kann ein falsch geschriebenes Wort durch unterschiedliche Korrekturen unterschiedlich korrigiert werden. Darüber hinaus können mehrere Schreibfehler in einer Eingabe auftreten, so dass es notwendig ist, unterschiedliche Korrekturmöglichkeiten zu betrachten. Entsprechend dem Sparsamkeitsprinzip[8] ist es sinnvoll, nur diejenigen Korrekturen in Betracht zu ziehen, für die die wenigsten Änderungen notwendig wären. Um die unterschiedlichen Korrekturmöglichkeiten bewerten zu können, muss daher der Abstand zwischen der Eingabe und den potentiellen Korrekturen bestimmt werden. Dieser Abstand ergibt sich als Summe

---

8 Auch als Ockhams Rasiermesser (Ockham's razor) bezeichnet. Dieses Grundprinzip rationalen Handelns in der Wissenschaft besagt, dass von unterschiedlichen Hypothesen diejenige am plausibelsten ist (zu bevorzugen ist), welche die wenigsten Annahmen macht.

2.5 · Schreibfehlererkennung und -korrektur

aller ggf. gewichteten Änderungsoperationen, die notwendig sind, einen Term in einen anderen Term zu überführen. Betrachtet werden hierbei die Änderungsoperationen:
1. Auslassung von Zeichen
2. Einfügung von Zeichen
3. Vertauschung eines Zeichens durch ein anderes
4. Buchstabendreher zweier nebeneinander stehender Zeichen

Das einfachste Maß zur Berechnung des Abstands zweier gleich langer Zeichenketten ist die **Hamming-Distanz**. Sie entspricht der Anzahl unterschiedlicher Zeichen zweier Zeichenketten.

Aufgabe 2.5
Warum ist die Hamming-Distanz zur Ermittlung potentieller Rechtschreibfehler ungeeignet?

Die **Levenshtein-Distanz**, auch als **Editierdistanz** bezeichnet, ist eine Erweiterung der Hamming-Distanz und verwendet lediglich die ersten drei Änderungsoperationen, die jeweils mit 1 gewichtet werden. Sie betrachtet die 4. Operation als eine aus den Operationen 1 und 2 zusammengesetzte Operation. Buchstabendreher werden daher mit 2 gewichtet.

```
>>> import textdistance as td
>>> print(td.levenshtein("Auslasung","Auslassung"))
1
>>> print(td.levenshtein("Einpfügung","Einfügung"))
1
>>> print(td.levenshtein("Verdauschung","Vertauschung"))
1
>>> print(td.levenshtein("Buchtsabenderher","Buchstabendreher"))
4
```

Aufgabe 2.6
Welche Nachteile besitzt die Levenshtein-Distanz?

Es erweist sich als zweckmäßig, Buchstabendreher entgegen der Levenshtein-Distanz nicht als zwei Operationen zu gewichten, sondern sie nur als eine Operation zu betrachten und damit nur mit dem Gewicht 1 zu bewerten. Diese Variante ist bekannt unter dem Namen **Damerau-Levenshtein-Distanz**.

```
>>> import textdistance as td
>>> print(td.damerau_levenshtein("Auslasung","Auslassung"))
1
>>> print(td.damerau_levenshtein("Einpfügung","Einfügung"))
1
>>> print(td.damerau_levenshtein("Verdauschung","Vertauschung"))
1
>>> print(td.damerau_levenshtein("Buchtsabenderher","Buchstabendreher"))
2
```

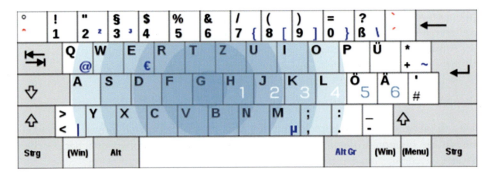

Abb. 2.1 Schreibmaschinendistanz zum Buchstaben G bei einer deutsch/österreichischen Tastaturbelegung T1

Beim Tastatur- oder Schreibmaschineschreiben sind Vertauschungen von Buchstaben und Buchstabendreher mit auf der Tastatur angrenzenden Buchstaben in der Regel wahrscheinlicher als Vertauschungen und Dreher mit weiter entfernt liegenden Buchstaben. Dies kann in die Levenshtein- und Damerau-Levenshtein-Distanz über die sogenannte **Schreibmaschinendistanz (typewriter distance)**, mit der Vertauschung von Buchstaben anhand ihrer Distanz auf einer Tastatur gewichtet werden (siehe Abb. 2.1), einfließen. Hierdurch können Rechtschreibfehlerkorrekturen und -vorschläge von vertauschten, enger beieinander liegenden Buchstaben priorisiert werden.

Die Schreibmaschinendistanz kann sehr einfach ermittelt werden. Hierzu muss lediglich das Tastatur-Layout in Form eines Graphen abgebildet werden. Knoten dieses Graphen repräsentieren die Tasten, resp. deren Buchstaben. Kanten dieses Graphen verbinden direkt benachbarte Tasten. Für eine reine Rechtschreibkorrektur reicht es aus, diesen Graphen lediglich für die Buchstaben der Tastatur zu konstruieren. Mit Hilfe des **Dijkstra-Algorithmus** können aus diesem Nachbarschafts-Graphen die kürzesten Distanzen zwischen allen Tasten bzw. Buchstaben effizient ermittelt werden.

Um die Distanzen für die Ermittlung naheliegender Schreibfehlerkorrekturvorschläge zu verwenden, muss aus den Distanzen eine Gewichtung abgeleitet werden, so dass bei der Ermittlung von Korrekturvorschlägen kleinere Schreibmaschinendistanzen größeren Distanzen vorgezogen werden. Eine mögliche Gewichtung *twg* ist mit folgender Formel berechenbar, wobei *twd* eine Funktion zur Ermittlung der Schreibmaschinendistanz zwischen zwei beliebigen Buchstaben c_i und c_j darstellt:

$$twg(c_i, c_j) = 1 - \frac{1}{2^{twd(c_i, c_j)}}$$

Diese Gewichtung hat den Effekt, dass Buchstaben, die auf einer Tastatur maximal weit voneinander entfernt liegen (twd = 10), eine Gewichtung nahe 1 erhalten.

Das Jupyter Notebook ‚Schreibmaschinendistanz.ipynb'[9] enthält zur Illustration zwei Versionen der **Levenshtein-Distanz** und der **Damerau-Levenshtein-Distanz**, die vertauschte Zeichen durch ihre Schreibmaschinendistanz zum richtigen Zeichen anhand der obigen Formel gewichten.

Mit der **Jaro-Ähnlichkeit** (Winkler 1990) kann die allgemeine Ähnlichkeit zweier Zeichenketten ermittelt werden.

---

9 ▶ https://github.com/ThomasHoppe/Buch-Semantische-Suche.

2.5 · Schreibfehlererkennung und -korrektur

$$jaro(s_i, s_j) = \begin{cases} 0 & m = 0 \\ \dfrac{1}{3}\left(\dfrac{m}{|s_i|} + \dfrac{m}{|s_j|} + \dfrac{m-t}{m}\right) & m > 0 \end{cases}$$

Hierbei wird die Ähnlichkeit beider Zeichenketten anhand der Anzahl der in den Zeichenketten vorkommenden übereinstimmenden Buchstaben m jeweils bezogen auf deren Länge $|s|$ errechnet. Hierbei werden gleiche Buchstaben als übereinstimmend betrachtet, wenn sie in beiden Zeichenketten weniger als die halbe Länge der längsten Zeichenkette voneinander entfernt sind. Hinzu kommt ein Faktor t, der die Hälfte der Buchstabendreher (Transpositionen) berücksichtigt.

Für einfache Tippfehler erscheinen die Werte der Jaro-Ähnlichkeit sehr plausibel, für Worte, die nichts miteinander zu tun haben, erscheinen die berechneten Ähnlichkeiten – obwohl sie korrekt sind – jedoch teilweise eigenartig.

```
import textdistance as td
td.jaro("Steuerberater","Steuerbrater")
>>> 0.9188034188034188
td.jaro("Fliesenleger","Fliegenleger")
>>> 0.8686868686868686
td.jaro("Steuerberater","Bürste")
>>> 0.4102564102564103
```

Eine Abwandlung der Jaro-Ähnlichkeit, die **Jaro-Winkler-Ähnlichkeit** (Winkler 1990), berücksichtigt Abweichungen am Anfang der Zeichenketten, in den ersten vier Zeichen, stärker und gewichtet diese mit einem konfigurierbaren Faktor p

$$jaro-winkler(s_i, s_j) = jaro(s_i, s_j) + lp\left(1 - jaro(s_i, s_j)\right)$$

Der Faktor l bezeichnet hierbei die Anzahl der Unterschiede in den ersten vier Zeichen beider Zeichenketten. p sollte 0,25 nicht überschreiten, da der Gesamtwert ansonsten größer als eins werden kann.

❓ Aufgabe 2.7

Berechnen Sie für die folgenden Wortpaare
- buck – back
- Prof. – Professor
- Steuerbrate – Steuerberater
- Fliegenleder – Fliesenleger
- Altenbereuer – Altenbetreuerin
- Zerspannungsmechaniker – Zerspanungsmechaniker
- Motorsägeführerschain – Motorsägenführerschein

die Levensthein-, Damerau-Levensthein-, Jaro- und Jaro-Winkler-Distanz.

> **Tipp**
>
> Obwohl die Jaro- und Jaro-Winkler-Ähnlichkeit effizienter zu berechnen sind, hat die Erfahrung gezeigt, dass diese für das Deutsche oft unintuitive Vorschläge, insbesondere bei längeren Termen, ergeben. Dies liegt vermutlich daran, dass sie primär für das Englische und für den Vergleich von Namen im Kontext von Volkszählungen entwickelt wurden. Darüber hinaus berücksichtigen diese Maße die korrekte Zeichenreihenfolge nur sehr eingeschränkt.

2.5.2 Schreibfehlerkorrekturvorschläge

Zur Ermittlung von Vorschlägen zur Schreibfehlerkorrektur muss entschieden werden, worin eigentlich der Schreibfehler besteht und welche Korrekturen zu korrekt geschriebenen Wörtern führen.

Betrachten wir noch einmal die Schreibfehler *Steuerbrater, Fliegenleger, Altenbereuer, medizinische Schreinkraft* und *Zerspannungsmechaniker*. Anhand gesunden Menschenverstands oder mit einem domänenspezifischen Wörterbuch können wir entscheiden, dass diese Anfragen am besten zu *Steuerberater, Fliesenleger, Altenbetreuer, medizinische Schreibkraft* und *Zerspanungsmechaniker* korrigiert werden könnten. Alle diese Fehler haben eine Editierdistanz von 1 zur richtigen Schreibweise.

> **Tipp**
>
> Die Erfahrung hat gezeigt, dass insbesondere bei Worten, die länger als 4 Buchstaben sind, Fehler der Editierdistanz 1 in der Regel automatisch korrigiert werden können. Bei längeren Wörtern, wie z. B. *Motorsägeführerschain,* sind selbst zwei Fehler noch fehlerfrei korrigierbar, da durch die zusätzlichen Zeichen die Wahrscheinlichkeit sinkt, sie falsch zu korrigieren.

In den Anwendungsgebieten *Berufsausbildung, Stellensuche* oder *Weiterbildung* könnte bei einer Editierdistanz von 1 *Fliegenleger* neben *Fliesenleger* auch sinnvoll zu *Fliegenleder* (Leder einer als Querschleife gebundenen Krawatte) korrigierbar sein. Lässt man Korrekturen mit Editierdistanz 2 zu, sind darüber hinaus auch *Fliesenlaser* (Laser zum Ausrichten von Fliesen), *Fliesenlager* oder *Fliesenlader* (Person oder Fahrzeug zum Beladen mit Fliesen) plausible und sinnvolle Korrekturmöglichkeiten. Selbst der Begriff *Fliegenleger* könnte eine sinnvolle Bedeutung haben, als eine Person, die Fliegen bindet oder als Stellen- bzw. Funktionsbezeichnung für eine Person mit dieser Aufgabe.

Wenn es somit mehrere Korrekturmöglichkeiten gibt, kommen wir nicht umhin, dem Nutzer die Auswahl zu überlassen, da wir die Intention seiner Eingabe nicht kennen.

2.6 N-Gramme

Als **N-Gramme** werden bei der Verarbeitung natürlicher Sprache n aufeinanderfolgende Textfragmente bezeichnet. N-Gramme können sowohl auf der Basis einzelner Buchstaben gebildet werden, als auch auf der Basis ganzer Worte, in dieser Form werden sie mitunter auch als **Shingles** (zu Deutsch *Schindeln*) bezeichnet.

Die 1-Gramme eines Wortes, n-Gramme der Länge 1, entsprechen seinen Buchstaben. Die eines Satzes seinen Worten. Die 2-Gramme (**Bi-Gramme**) eines Wortes entsprechen allen Teilzeichenketten der Länge 2, die eines Satzes der Menge aller direkt aufeinander folgenden Worte.

▶ **Textbeispiel**

Die 2-Gramme des Wortes *Frischbackstube* sind {*fr,ri,is,sc,ch,hb,ba,ac,ck,ks,st,tu,ub,be*}

Die 2-Gramme des Satzes „*Du rufst mich an und du fragst mich wie 's mir geht*" sind {„*Du rufst*", „*rufst mich*", „*mich an*", „*an und*", „*und du*", „*du fragst*", „*fragst mich*", „*mich wie*", „*wie 's*", „*'s mir*", „*mir geht*"} ◀

❓ **Aufgabe 2.8**

Bilden sie die 3-Gramme des Wortbeispiels und des Satzbeispiels. Offensichtlich enthalten die 3-Gramme (**Tri-Gramme**) mehr Sequenz-Informationen als die 2-Gramme. Überlegen Sie, was mit den einzelnen N-Grammen bzw. N-Shingles passiert, wenn N weiter erhöht wird? Warum sollte N nicht zu groß gewählt werden?

Die wichtigste Eigenschaft von N-Grammen besteht darin, dass sie Sequenz-Informationen über die Aufeinanderfolge von Zeichen bzw. Wörtern erfassen. Diese Eigenschaft kann im Kontext von Suchverfahren in vielfältiger Weise von automatischen Verarbeitungsverfahren genutzt werden:

— Die Häufigkeitsverteilung der N-Gramme eines einsprachigen (monolingualen) **Korpus** ist für jede Sprache unterschiedlich und kann zur Ermittlung der Korpussprache genutzt werden.
— Wahrscheinlichkeitsmodelle über den N-Grammen der Worte eines fehlerfreien Korpus können zur Ermittlung der Wahrscheinlichkeit, dass ein bisher unbekanntes Wort, welches nicht im Korpus vorkommt, korrekt geschrieben wurde, verwendet werden.
— Die N-Gramme von Worten können zur Identifikation und zum Clustern (Gruppieren) von ähnlich geschriebenen Worten verwendet werden.
— Die N-Shingles von Texten und Textfragmenten können zur Identifikation von Dubletten und Plagiaten verwendet werden.

Mit der in der Software *OpenRefine*[10] verwendeten **N-Gram Fingerprint** Methode[11] lassen sich beispielsweise **Durchkopplungen** und Bezeichnungen mit **Leerzeichen in**

---

10 Ursprünglich von Google unter dem Namen *Google Refine* entwickelt.
11 ▶ https://github.com/OpenRefine/OpenRefine/wiki/Clustering-In-Depth, letzter Aufruf 22.02.2020.

Komposita in Begriffen wie *Frischbackstube, Frisch-Backstube* und *Frisch Back Stube* über deren gleiche N-Gramme als inhaltlich identisch identifizieren (siehe auch ▶ Abschn. 5.2.2). Mit dem MinHashing-Ansatz (Leskovec et al. 2010), der Ende der 1990er-Jahre von (Broder et al. 1998) erfunden und in der Suchmaschine *AltaVista* eingesetzt wurde, lassen sich, mit einem Fingerprint ähnlichen Verfahren, nahezu identische Dokumente und Dubletten identifizieren.

2.7 Kookkurrenzen und Kollokationen

Im Kontext von Suchfunktionen ist eine Teilmenge von N-Grammen von besonderem Interesse: **N-Gramme** von Wörtern, die eine eigene Bedeutung tragen. Hierzu zählen zusammenhängende Ausdrücke, Eigennamen und **benannte Entitäten**, wie *Information Retrieval, Regierender Bürgermeister, Rotes Rathaus, Medizinisch-technische Assistenten, Europäische Union, Vereinigte Staaten von Amerika*, usw.

Zusammenfassend werden diese Begriffe auch als Kookkurrenzen bezeichnet: „Wenn mehrere Elemente eines Textes (z. B. lexikalische Elemente, d. h. Wörter) signifikant häufiger zusammen auftreten, als es ihre kombinierte individuelle Auftretenshäufigkeit erwarten ließe, dann liegt eine **Kookkurrenz** vor." (Hess 2005)

Durch die Einschränkung, dass Kookkurrenzen signifikant häufiger zusammen auftreten als ihre einzelnen Terme, können sie von anderen häufig auftretenden N-Grammen unterschieden werden, die hohe absolute Auftretenshäufigkeiten besitzen, wie z. B. *in der, mit einem, ab und zu*, usw., und die für Suchfunktionen in der Regel nicht von Interesse sind.

Da bei der Tokenisierung solche zusammenhängenden Ausdrücke in ihre Einzelterme zerlegt werden, verlieren Kookkurrenzen ihre zusammenhängende Bedeutung und es wird notwendig, sie im Nachhinein zu identifizieren und sie wieder zu einem zusammenhängenden Ausdruck zusammenzufügen (siehe hierzu auch ▶ Abschn. 5.2.1).

Zur Identifikation von Kookkurrenzen schlagen (Mikolov et al. 2013) mit der folgenden Formel

$$score(w_i, w_j) = \frac{count(w_i, w_j) - \delta}{count(w_i) * count(w_j)}$$

einen einfachen Ansatz vor. Bei diesem Ansatz dient der Parameter δ dazu, die Gewichtung von gemeinsam auftretenden Termen, die seltener auftreten, herabzusetzen. Der Ansatz bewertet N-Gramme lediglich anhand der Häufigkeiten, ohne dabei den Informationsgehalt der Terme zu berücksichtigen.

Oft umfassen die mit dieser Formel ermittelten Phrasen auch Wortsequenzen, die im Korpus häufig gemeinsam auftreten, die aber inhaltlich nicht besonders aussagekräftig sind. Hierzu zählen beispielsweise N-Gramme, die **Synsemantika** enthalten. Durch Löschung der Synsemantika, bzw. durch Ignorieren entsprechender N-Gramme, kann die Qualität der automatisch ermittelten, häufig auftretenden N-Gramme zwar im Nachhinein erhöht werden. Um aber diese nachträgliche Filterung zu vermeiden, erweist es sich als zweckmäßiger, gleich auf andere Bewertungs-

2.7.1 Kookkurrenzen auf der Basis gegenseitiger Information

Punktuell gegenseitige Information (auf Englisch **pointwise mutual information, PMI**) ist ein informationstheoretisches Maß, das die Abweichung des statistischen Zusammenhangs zweier voneinander abhängiger Zufallsgrößen von der erwarteten Unabhängigkeit beider Größen beschreibt.

$$pmi(w_i, w_j) = \log_2 \frac{P(w_i, w_j)}{P(w_i)P(w_j)}$$

Die PMI basiert auf der Wahrscheinlichkeit der Terme w_i und w_j und setzt sie in Bezug zum gesamten Text (bzw. Korpus), indem sie auf den Termwahrscheinlichkeiten P basiert. Hierdurch erhalten häufig auftretende Terme wie z. B. Synsemantika eine höhere Wahrscheinlichkeit als seltener auftretende bedeutungstragende Begriffe. Hieraus resultiert im Gegensatz zum Ansatz von (Mikolov et al. 2013), dass **N-Gramme**, die Synsemantika enthalten, durch den größeren Nenner geringer bewertet werden als N-Gramme, die aus seltener auftretenden **Autosemantika** bestehen.

❓ Aufgabe 2.9
Weisen Sie nach, dass PMI der Informationsgehalt der bedingten Wahrscheinlichkeit ist, dass w_i auf w_j folgt, bzw. dass w_j w_i voraus geht.

Die untere und obere Grenze des PMI ist nicht fixiert und liegt zwischen $-\infty$ und $\min(-\log(w_i), -\log(w_j))$. Um die Grenzen des PMI zu fixieren, kann er mit dem Informationsgehalt des gemeinsamen Auftretens beider Terme normalisiert werden und ergibt die normalisierte, punktuelle gegenseitige Information (englisch **normalized pointwise mutual information, NPMI**) (Bouma 2009):

$$npmi(w_i, w_j) = \frac{pmi(w_i, w_j)}{-\log_2 P(w_i, w_j)}$$

Hierdurch liegt der NPMI im Intervall $[-1, 1]$.[13] Hierbei besagt ein NPMI von -1, dass beide Terme niemals zusammen auftreten, 0, dass sie voneinander unabhängig sind, während 1 angibt, dass beide Terme nur gemeinsam auftreten. Für Kookkurrenzen gibt somit das Teilintervall $[0, 1]$ den Grad des gemeinsamen Auftretens beider Terme an.

---

12 Eine Gegenüberstellung unterschiedlicher Verfahren zur Identifikation von Kollokationen ebenso wie Code zur Umsetzung mit dem NLTK finden sich in ▶ https://medium.com/@nicharuch/collocations-identifying-phrases-that-act-like-individual-words-in-nlp-f58a93a2f84a, letzter Aufruf 22.02.2020.

13 (Bouma 2009) beschreibt die Normalisierung nur für den NPMI von Bi-Grammen. (deCruys 2011) beschreibt zwei Generalisierungen des PMI auf mehreren Variablen. Eine naive Übertragung des NPMI auf n-Gramme, z. B. der Normalisierung von 3-Grammen durch $-\log_2(P(w_i, w_j, w_k))$, kann der NPMI auch Werte > 1 annehmen, so dass bei n-Gramme mit n > 2 der Normalisierungsfaktor anzupassen wäre.

Der Grad des gemeinsamen Auftretens ist zwar zur Sortierung von Kookkurrenzen geeignet, es existiert jedoch kein Kriterium, bis zu welchem Grad N-Gramme noch als zusammengehörig zu betrachten sind. Hierzu muss ihr Grad gegen einen Schwellwert verglichen werden, dessen genauer Wert im Voraus unbekannt ist und nur durch Inspektion der N-Gramme und ihres NPMI festgelegt werden kann.

2.7.2 Kookkurenzen auf der Basis statistischer Tests

Um eine solche manuelle Inspektion zu vermeiden, kann auf statistische Tests zurückgegriffen werden, die über ein vorher definiertes Signifikanzniveau steuerbar sind. Hierzu beschreiben (Manning und Schütze 1999) den Student t-Test und den χ^2-Test. Details zur Durchführung dieser Tests finden sich (Manning und Schütze 1999).

Der **Student t-Test** wird unter der Null-Hypothese H_0 durchgeführt, dass beide Terme unabhängig voneinander sind, d. h. dass die Differenz der Wahrscheinlichkeiten ihres gemeinsamen Auftretens und des Produkts aus ihren Einzelwahrscheinlichkeiten gleich Null ist.

$$t = \frac{\bar{x} - \mu}{\sqrt{\frac{\sigma^2}{N}}} = \frac{P(w_i, w_j) - P(w_i)P(w_j)}{\sqrt{\frac{\sigma^2}{N}}} = \frac{P(w_i, w_j) - P(w_i)P(w_j)}{\sqrt{\frac{P(w_i, w_j)}{N}}}$$

Hierbei kann σ^2, die Varianz der Bernoulli-Verteilung, durch p approximiert werden ($\sigma^2 = p(1-p) \approx p)^2$, da in der Regel die Wahrscheinlichkeit $P(w_i, w_j)$, dass beide Terme gemeinsam auftreten, klein ist.

Da der Student t-Test in der Regel für normalverteilte Zufallsgrößen und kleine Stichprobenzahlen verwendet wird, ist aus statistischen Gründen der Peirce'sche χ^2-**Test** über der Kontingenztabelle der Kombinationsmöglichkeiten des Auftretens beider Terme vorzuziehen.

Die Kontingenztabelle kann aus den Auftrittshäufigkeiten beider Terme wie in ◘ Tab. 2.1 gezeigt ermittelt werden.

$$\chi^2 = \sum_{i,j} \frac{O_{i,j} - E_{i,j}}{E_{i,j}}$$

Beim χ^2-Test wird als Null-Hypothese H_0 angenommen, dass es keine Unterschiede in der Verteilung der beobachteten (O) und der erwarteten Kombinationen (E) in der Kontingenztabelle (i,j) beider Terme gibt.

◘ **Tab. 2.1** Kontingenztabelle der Auftrittshäufigkeiten

	w_i	nicht w_i
w_j	count(w_i, w_j)	count(w_i) − count(w_i, w_j)
nicht w_j	count(w_i) − count(w_i, w_j)	N − (count(w_i) − count(w_i, w_j)) − (count(w_i) − count(w_i, w_j))

Tab. 2.2 Kollokationsmuster für Suchfunktionen

Muster	Beispiel
Nomen + Nomen	*Herr Müller*
Verb + Nomen	*Regierender Bürgermeister*
Adjektiv + Nomen	*Rotes Rathaus*
Nomen + Verb	*Drachen fliegen*
Nomen + Präposition + Nomen	*Haus am See*

2.7.3 Übertragung auf Kollokationen

Auch wenn in der Praxis die Begriffe **Kollokation** und **Kookkurrenz** – selbst in der Linguistik – nicht immer sauber unterschieden werden, so sind die Bedeutungen dennoch lt. (Hess 2005) voneinander zu unterscheiden. Kollokationen sind Kookkurrenzen, deren zusammen auftretende Terme zusätzliche linguistische oder semantische Bedingungen erfüllen. Kollokationen sind damit eine Teilmenge der Kookkurrenzen.

Da für Anfragen an Suchfunktionen, insbesondere auch semantische Suchfunktionen, in der Regel **Autosemantika** verwendet werden und diese sich häufig auf Nomen beziehen, sind im Kontext von Suchfunktionen bestimmte Wortarten-Muster für die Identifikation zusammengesetzter Ausdrücke von besonderem Interesse. Wie wir in ▶ Abschn. 2.9 sehen werden, zählen zu diesen Mustern u. a. auch **Nominalphrasen** (siehe ◘ Tab. 2.2)

Durch Filterung anhand solcher Muster lässt sich einerseits die Anzahl der zu betrachtenden Kookkurrenzen reduzieren, als auch deren Qualität steigern. Hierzu ist es jedoch notwendig, die Wortarten der einzelnen Terme zu ermitteln (siehe ▶ Abschn. 2.8).

Wir haben in diesem Abschnitt die Darstellung von Kookkurrenzen und Kollokationen auf den Fall von 2-Grammen beschränkt. Natürlich lassen sich die in diesem Abschnitt beschriebenen Verfahren und Muster zur Beurteilung und Eingrenzung von Kookkurrenzen und Kollokationen auch auf zusätzliche Terme ausdehnen.

2.7.4 Vergleich für Nomen-Nomen Bi-Gramme

Diese Methoden, Kookkurrenzen und Kollokationen zu ermitteln, haben unterschiedliche Eigenschaften, die sich am einfachsten anhand eines Beispiels darstellen lassen. Hierfür verwenden wir rund 10.660 Meldungen der Berliner Polizei[14] zwischen 01.07.2014 und 23.01.2019 mit insgesamt 1.405.349 Termen (ohne **Stoppworte**). Für die Texte dieser Dokumente bestimmen wir die Häufigkeiten der einzelnen Terme (in den folgenden Tabellen nicht dargestellt) und aller 1710 **Bi-Gramme**, die dem Muster *Nomen+Nomen* entsprechen. Für die Berechnung des Maßes von (Mikolov et al. 2013) wurde ein $\delta = 5$ verwendet. Für den **Student t-Test** und χ^2-**Test**

---

14 ▶ https://www.berlin.de/polizei/polizeimeldungen/, letzter Aufruf 22.02.2020.

wird ein Signifikanzniveau α = 0,01 angenommen (was einer Konfidenz von 99 % entspricht), so dass die Null-Hypothese des Student-t Tests bei Werten > 2,576 und beim χ^2-Test mit einem Freiheitsgrad bei Werten > 6,63 verworfen werden muss.

◘ Tab. 2.3 zeigt, dass alle Maße häufig auftretende Bi-Gramme positiv bewerten, d. h. Werte oberhalb des Signifikanzniveaus bzw. positive Werte liefern, und diese dann auch als zusammengesetzte Orts-, Organisations- oder Produktnamen Sinn ergeben. Lediglich *Straße Ecke* und *Landeskriminalamtes Berlin* fallen hierbei raus. Bei beiden handelt es sich um Kollokationen, die mit weiteren Termen komplexere Kollokationen bilden dürften, wie z. B. *Berliner Straße Ecke Blissestr.* oder *Mitarbeiter des Landeskriminalamtes Berlin*.

◘ Tab. 2.4 zeigt, dass **PMI** und **NPMI** seltener auftretende Eigennamen und fremdsprachige Ausdrücke favorisieren und sich analog zum χ^2-Test verhalten. Die negativen Werte von Mikolov und die geringen Werte des Student t-Tests zeigen, dass beide selten auftretende Bi-Gramme ausschließen würden. Interessanterweise sind auch 2 Bi-Gramme unter den Top 10, die eigentlich zusammengehören und das **Tri-Gramm** *East Side Gallery* bilden.

◘ Tab. 2.5 Der Student t-Test favorisiert häufiger auftretende Ausdrücke und verhält sich damit analog zu einer reinen Bewertung nach Häufigkeit.

◘ Tab. 2.6 Der χ^2-Test bevorzugt seltener auftretende Ausdrücke und verhält sich damit analog zu PMI und NPMI.

Dieser Vergleich deutet darauf hin, dass sich
— der Ansatz von (Mikolov et al. 2013) nicht besonders gut zur Identifikation von Kollokationen eignet,
— die Bewertung nach Häufigkeiten und der Student-t Test ähnlich verhalten,
— PMI, NPMI und χ^2-Test ähnlich verhalten, allerdings seltenere Kollokationen mit einem größeren Informationsgehalt bevorzugen.

2.8 Part-of-Speech-Tagging

Wir hatten bereits in ▶ Abschn. 2.3 die Unterscheidung zwischen Autosemantika und Synsemantika kennen gelernt, um Inhaltsworte von Funktionsworten zu unterscheiden. Computerlinguisten kennen jedoch nicht nur diese Unterscheidung, sondern benötigen darüber hinaus mitunter auch Informationen über die Wortart, zu der ein Wort gehört. Aus einer abstrakten Perspektive betrachtet, lässt sich die Oberflächenstruktur eines Satzes durch eine Abfolge ihrer Wortarten beschreiben.

> ▶ **Textbeispiel**
>
> In der vergangenen Nacht kam es zu einem Brand in einem Platzwarthäuschen auf einem Sportplatz im Märkischen Viertel. Gegen 2:30 Uhr bemerkte ein Zeuge ein Feuer in einem Platzwarthäuschen auf einem Sportplatz an der Finsterwalder Straße und alarmierte die Feuerwehr, die die Flammen löschen konnte. Betroffen von dem Brand waren Gegenstände, die in dem Haus lagerten. Wie es zu dem Brand kam, ist nun Gegenstand der Ermittlungen eines Brandkommissariates des Landeskriminalamtes.
> (Quelle: Meldung Nr. 2485 der Berliner Polizei vom 28.11.2018)[15] ◄

---

15 ▶ https://www.berlin.de/polizei/polizeimeldungen/pressemitteilung.761740.php, letzter Aufruf 22.02.2020.

2.8 · Part-of-Speech-Tagging

Tab. 2.3 Bi-Gramme Maße sortiert nach Häufigkeit

Kollokation	Häufigkeit	Mikolov et al.	PMI	NPMI	Student-t	χ^2
Polizei Berlin	747	0,00	7,14	0,66	27,14	104.229,35
Prenzlauer Berg	468	0,00	11,27	0,98	21,62	1.151.686,15
Landeskriminalamt Berlin	306	0,00	7,91	0,65	17,42	73.139,05
Staatsanwaltschaft Berlin	235	0,00	9,07	0,72	15,30	126.453,00
Straße Ecke	159	0,00	5,41	0,41	12,31	6497,87
Landeskriminalamtes Berlin	114	0,00	6,27	0,46	10,54	8609,51
Rigaer Straße	109	0,00	7,82	0,57	10,39	24.505,60
Mariendorfer Damm	90	0,00	10,66	0,77	9,48	145.513,91
VW Golf	78	0,00	9,81	0,69	8,82	69931,66
Prenzlauer Allee	64	0,00	7,69	0,53	7,96	13.116,15

Tab. 2.4 Bi-Gramme Maße sortiert nach NPMI

Kollokation	Häufigkeit	Mikolov et al.	PMI	NPMI	Student-t	χ^2
Side Gallery	2	−0,75	19,42	1,00	1,41	1.405.349,00
Audemars Piguet	2	−0,75	19,42	1,00	1,41	1.405.349,00
Thoma Simmroß	2	−0,75	19,42	1,00	1,41	1.405.349,00
New York	2	−0,75	19,42	1,00	1,41	1.405.349,00
East Side	2	−0,75	19,42	1,00	1,41	1.405.349,00
Karsten Lorenz	2	−0,75	19,42	1,00	1,41	1.405.349,00
Police Pipe	2	−0,75	19,42	1,00	1,41	1.405.349,00
Norbert Drude	2	−0,75	19,42	1,00	1,41	1.405.349,00
Public Viewing	2	−0,75	19,42	1,00	1,41	1.405.349,00
Yosi DAMARI	2	−0,75	19,42	1,00	1,41	1.405.349,00

2.8 · Part-of-Speech-Tagging

◘ Tab. 2.5 Bi-Gramme Maße sortiert nach Student-t

Kollokation	Häufigkeit	Mikolov et al.	PMI	NPMI	Student-t	χ^2
Polizei Berlin	747	0,00	7,14	0,66	27,14	104.229,35
Prenzlauer Berg	468	0,00	11,27	0,98	21,62	1.151.686,15
Landeskriminalamt Berlin	306	0,00	7,91	0,65	17,42	73.139,05
Staatsanwaltschaft Berlin	235	0,00	9,07	0,72	15,30	126.453,00
Straße Ecke	159	0,00	5,41	0,41	12,31	6497,87
Landeskriminalamtes Berlin	114	0,00	6,27	0,46	10,54	8609,51
Rigaer Straße	109	0,00	7,82	0,57	10,39	24.505,60
Mariendorfer Damm	90	0,00	10,66	0,77	9,48	145.513,91
VW Golf	78	0,00	9,81	0,69	8,82	69.931,66
Prenzlauer Allee	64	0,00	7,69	0,53	7,96	13.116,15

Tab. 2.6 Bi-Gramme Maße sortiert nach χ^2

Kollokation	Häufigkeit	Mikolov et al.	PMI	NPMI	Student-t	χ^2
Margarete Koppers	4	−0,06	18,42	1,00	2,00	1.405.349,00
Mobile Einsatzkommandos	3	−0,22	18,84	1,00	1,73	1.405.349,00
Dragisa KATANIC	3	−0,22	18,84	1,00	1,73	1.405.349,00
Emilio BENITORICA	3	−0,22	18,84	1,00	1,73	1.405.349,00
Willy Brandt	3	−0,22	18,84	1,00	1,73	1.405.349,00
Side Gallery	2	−0,75	19,42	1,00	1,41	1.405.349,00
Audemars Piguet	2	−0,75	19,42	1,00	1,41	1.405.349,00
Thoma Simmroß	2	−0,75	19,42	1,00	1,41	1.405.349,00
New York	2	−0,75	19,42	1,00	1,41	1.405.349,00
East Side	2	−0,75	19,42	1,00	1,41	1.405.349,00

2.8 · Part-of-Speech-Tagging

Die Ermittlung der Sequenz der Wortarten eines Textes wird als **Part-of-Speech-Tagging** (**POS-Tagging** oder auch **Wortartenannotation**) bezeichnet. POS-Tagging wird in der Regel durch Verfahren realisiert, die automatisch erlernte Modelle verwenden, die durch Methoden des überwachten oder unüberwachten maschinellen Lernens trainiert wurden. Die erlernten Modelle sind hierbei jedoch nur so gut wie die ihnen zugrundeliegenden Textkorpora. Man kann daher nicht davon ausgehen, dass die Ergebnisse des POS-Taggings fehlerfrei sind.

Für das Training der Modelle werden bei den Verfahren des überwachten Lernens Texte verwendet, bei denen jeder Term durch ein **Tag** annotiert wurde, das die Wortart des Terms angibt. Die Erzeugung entsprechender Trainingskorpora ist aufwändig, da hierzu eine größere Menge von repräsentativen Texten vorab in Handarbeit mit Wortart-Tags annotiert werden muss. Die Wortart-Tags werden in der Regel durch sogenannte **Tagsets** beschrieben, die die Bedeutung jedes Wortart-Tags definieren. Für das Deutsche wird oft das *Stuttgart-Tübingen-Tagset* (*STTS*) verwendet.

Die POS-Tags des ersten Satzes des obigen Beispiels lauten:

▶ **Textbeispiel**

In/APPR der/ART vergangenen/ADJA Nacht/NN kam/VVFIN es/PPER zu/APPR einem/ART Brand/NN in/APPR einem/ART Platzwarthäuschen/NN auf/APPR einem/ART Sportplatz/NN im/APPRART Märkischen/NN Viertel/NN ./$. ◀

❓ Aufgabe 2.10

Ermitteln Sie für den folgenden Satz mit dem Stuttgart-Tübingen-Tagset die POS-Tags:
„Wie es zu dem Brand kam, ist nun Gegenstand der Ermittlungen eines Brandkommissariates des Landeskriminalamtes."

Für das Deutsche existieren mehrere einfach nutzbare Ansätze zum POS-Tagging, die auf bereits getaggten Trainingsdaten basieren:
1. *TreeTagger* ist ein Werkzeug zum POS-Tagging, **Chunking**[16] und zur Ermittlung von **Lemmata**[17] für eine Reihe unterschiedlicher Sprachen, das Mitte der 1990er-Jahre von Helmut Schmid an der Universität Stuttgart entwickelt wurde. Für TreeTagger ist ein Python Interface *TreeTaggerWrapper* verfügbar.
2. Markus Konrad vom WZB zeigt in seinem Blog,[18] wie auf der Basis des NLTK und des TIGER-Korpus ein POS-Tagger selbst trainiert werden kann.
3. Mit spaCy können ebenfalls **POS-Tags**, **Chunks** und Lemmata eines Textes ermittelt werden, die mit etwas Programmierung auch ausgelesen werden können.

Die folgenden drei Beispiele zeigen am Beispiel des zweiten Satzes des Textbeispiels, wie diese Verfahren genutzt werden können.

---

16 Als Chunking wird die Ermittlung von Nominalphrasen bezeichnet, auf die wir in ▶ Abschn. 2.9 noch eingehen werden.

17 Als Lemma (pl. Lemmata) werden in der Linguistik die Grundformen von Wörtern verstanden. Auf den Prozess ihrer Ermittlung, als Lemmatisierung bezeichnet gehen wir in ▶ Abschn. 2.12 ein.

18 ▶ https://datascience.blog.wzb.eu/2016/07/13/accurate-part-of-speech-tagging-of-german-texts-with-nltk/, letzter Aufruf 22.02.2020.

```
# Voraussetzungen: TreeTagger & treetaggerwrapper installiert
# pip install treetaggerwrapper
import treetaggerwrapper
treetagger = treetaggerwrapper.TreeTagger(TAGLANG='de',TAGOUTENC ='utf-8')
satz = "Gegen 2:30 Uhr bemerkte ein Zeuge ein Feuer in einem
Platzwarthäuschen auf einem Sportplatz an der Finsterwalder Straße und
alarmierte die Feuerwehr, die die Flammen löschen konnte."
tags = treetagger.tag_text(satz)
print(tags)
```

```
# Voraussetzungen: NLTK & Tiger-Korpus (siehe Fußnote) installiert
import nltk
corp = nltk.corpus.ConllCorpusReader('.','tiger_release_aug07.correc-
ted.16012013.conll09',
    ['ignore', 'words', 'ignore', 'ignore', 'pos'],encoding='utf-8')
tagged_sents = corp.tagged_sents()
from ClassifierBasedGermanTagger.ClassifierBasedGermanTagger import
ClassifierBasedGermanTagger
tagger = ClassifierBasedGermanTagger(train=tagged_sents)
satz = "Gegen 2:30 Uhr bemerkte ein Zeuge ein Feuer in einem Platzwart-
häuschen auf einem Sportplatz an der Finsterwalder Straße und alar-
mierte die Feuerwehr, die die Flammen löschen konnte."
tagger.tag(satz.split())
```

```
import spacy
nlp = spacy.load('de_core_news_sm')
satz = "Gegen 2:30 Uhr bemerkte ein Zeuge ein Feuer in einem Platzwart-
häuschen auf einem Sportplatz an der Finsterwalder Straße und alarmierte
die Feuerwehr, die die Flammen löschen konnte."
[(token.text, token.pos_, token.lemma_) for token in nlp(satz)]
```

❓ Aufgabe 2.11
Vergleichen Sie anhand dieser Sätze den Output der drei Ansätze. Stellen Sie Unterschiede fest? Welchen Ansatz würden Sie bevorzugen? (ohne Lösung)

Eine manuelle Aufbereitung von Trainingstexten entfällt zwar bei Verfahren, die auf Methoden des unüberwachten Lernens basieren. Diese benötigen jedoch eine größere Textmenge, um aus der Abfolge der Worte vorhersagen zu können, welches Wort mit einer hohen Wahrscheinlichkeit folgen wird. Hauptproblem dieser Ansätze ist, dass sie zwar vorhersagen können, welches Wort folgen wird, aber nicht dessen Wortart ermitteln. Im Kontext von Suchverfahren benötigen wir diese Informationen jedoch, um ggf. Nominalphrasen und benannte Entitäten identifizieren zu können und für die Disambiguierung.

2.9 Nominalphrasen

Oberflächlich betrachtet erscheinen Sätze als eine lineare Abfolge von Worten, bei genauerer Betrachtung jedoch werden Sätze einerseits durch Satzzeichen strukturiert und andererseits treten Worte in Wortgruppen von syntaktisch und semantisch zusammengehörigen Wörtern auf. Solche Wortgruppen werden in der Linguistik **Phrasen** genannt, mitunter auch als **Wortgruppen** oder **Chunks** bezeichnet, und unterschieden in **Nominalphrasen**, Verbalphrasen, Pronominalphrasen, Adjektivphrasen, Adverbialphrasen und Präpositionalphrasen.[19] Das zentrale Element einer Phrase wird als dessen **Kopf** bezeichnet.

Für semantische Suchverfahren sind Nominalphrasen von besonderem Interesse, da mit ihnen oft Objekte und Sachverhalte beschrieben werden. Aus der Sicht der Wissensrepräsentation entsprechen sie oft Begriffsverfeinerungen und stellen **Unterbegriffe** des Nomens dar, das den Kopf bildet. Mitunter sind sie auch synonym zu **Komposita**. Beispielsweise ist die Nominalphrase im Genitiv *Schicht des Bodens* von der Bedeutung her äquivalent zu *Bodenschicht* oder *Öffner für Dosen* zu *Dosenöffner*. Einige Nominalphrasen, wie *Der blaue Reiter* oder *Berliner Fernsehturm*, entsprechen **benannten Entitäten** (**NER**), deren Erkennung als zusammengesetzter Ausdruck die Genauigkeit semantischer Suchverfahren verbessern kann.

Nominalphrasen bestehen aus einem Kopf, der um zusätzliche Terme erweitert ist. Von besonderem Interesse für Suchverfahren sind Nominalphrasen, die aus einzelnen Substantiven, wie *Rathaus*, oder aus Substantiven bestehen, die um

- Nominalphrasen, wie *Berliner Rathaus,*
- links vom Kopf stehende Adjektive oder Adjektivphrasen, wie *das grosse Rote Rathaus,*
- voran- oder nachgestellte Nominalphrases im Genitiv, wie *Michael Müllers Rathaus* oder *das Rathaus des Bezirks, oder*
- nachgestellte Präpositionalphrasen, wie *Rathaus am Alex,*

erweitert wurden.

Aus linguistischer Sicht ist ein vorangestellter Artikel ebenfalls Bestandteil der Nominalphrase. Im Kontext von Suchverfahren können diese jedoch ignoriert werden, da sie als **Funktionswort** kaum unterscheidende Information für eine Suche besitzen und in der Regel auch nicht in Suchanfragen eingegeben, bzw. als **Stoppwort** während der Vorverarbeitung entfernt werden.

Auf der Basis POS-getaggter Texte können Nominalphrasen anhand von Mustern über die Wortart-Tags identifiziert werden.[20] Dieser Prozess wird auch als **Nounphrase-Chunking** bezeichnet, und liefert als Ergebnis einer „flachen Analyse" die Nominalphrasen eines Textes.

In einer **regulären Ausdrücken** ähnlichen Notation für **Grammatiken** können die ersten drei Formen von Nominalphrasen mit NLTK wie folgt formuliert und erkannt werden:

---

19 Siehe hierzu auch ▶ https://grammis.ids-mannheim.de/progr@mm/5213, letzter Aufruf 22.02.2020.
20 Dies entspricht dem in ▶ Abschn. 2.7.3 beschriebenen Vorgehen bei der Identifikation von Kollokationen, so dass die in ▶ Abschn. 2.7 dargestellten Maße zur Identifikation wichtiger Nominalphrasen verwendet werden können.

```
import nltk
grammar = r"""
   NP: {<ADJA>*(<NN>|<NE>)+}
     """
cp = nltk.RegexpParser(grammar)
...
result = cp.parse(tags)
print(result)
```

❓ Aufgabe 2.12

Installieren Sie einen der POS-Tagger aus ▶ Abschn. 2.8. Bestimmen Sie für den Textabschnitt *„Das ist das Rathaus. Das Berliner Rathaus ist rot. Das grosse Rote Rathaus steht am Alex."* die Tags und bestimmen sie dessen Nominalphrasen.

❓ Aufgabe 2.13

Wie muss die Grammatik erweitert werden, um im Textsegment:
Der Fahrer des zweistöckigen Reisebusses mit dem Kennzeichen B-XY-123 ist erkrankt. Die An- und Abfahrt nach München verschiebt sich daher um zwei Stunden. Näheres erfahren Sie vom Personal an der Abfertigung.
die folgenden Nominalphrasen erkennen zu können?
(NP Fahrer/NN des/ART zwei-stöckigen/ADJA Reisebusses/NN)
(NP Kennzeichen/NN B-XY-123/NN)
(NP An-/TRUNC und/KON Abfahrt/NN)
(NP Personal/NN an/APPR der/ART Abfertigung/NN)

> **Tipp**
>
> Wie Sie vermutlich bereits erahnen können, gibt es nicht *die* Grammatik für Nominalphrasen. Welche Nominalphrasen für eine Anwendung relevant sind, hängt im Wesentlichen davon ab, was Sie damit erreichen wollen. Die Grammatik in der letzten Aufgabe beispielsweise erlaubt es, auch Phrasen wie *Im-/Export* und *Ein- und Verkauf* als Nominalphrasen zu erkennen. Wie auch bei der Tokenisierung (siehe Tipp in ▶ Abschn. 2.2), empfiehlt es sich, zur Entwicklung der passenden Grammatik für eine Anwendung anhand typischer Nominalphrasen des Anwendungsgebiets zu überprüfen, ob die Grammatik ausreichend ist oder ggf. erweitert werden muss.
>
> Analog zur Speicherung der Position und Länge von Termen bei der Tokenisierung, empfiehlt es sich auch für Nominalphrasen deren Position und Länge zu erfassen, um sie ggf. für spätere Verarbeitungsschritte verfügbar zu haben.

Nominalphrasen in Texten über die Identifikation von Mustern in den POS-Tags zu erkennen und hierfür Grammatiken zu schreiben, ist in den Fällen notwendig, in denen es darum geht, spezielle Formen von Nominalphrasen zu erkennen, beispielsweise abgekürzte und konkatenierte Phrasen, wie *Im-/Export* und *Ein- und Verkauf*, oder aus mehreren Teilphrasen zusammengesetzte, komplexere Nominalphrasen.

Im Normalfall ist es jedoch einfacher, existierende Bibliotheken zu verwenden. Bei der Verwendung von spaCy gestaltet sich die Extraktion von Nominalphrasen, das Nounphrase-Chunking, besonders einfach, da diese Funktionalität bereits in die Analyse eingebaut ist und die Nominalphrasen direkt extrahiert werden können.

```
satz = """Das ist das Rathaus. Das Berliner Rathaus ist rot. Das grosse
Rote Rathaus steht am Alex. """
docs = nlp(satz)
[".".join([np for np in [noun for noun in chunk.text.lower().split()]])
 for chunk in docs.noun_chunks]
>>> ['das',
 'das rathaus',
 'das berliner rathaus',
 'das grosse rote rathaus',
 'alex']
```

❓ Aufgabe 2.14
Wenden Sie das Nounphrase-Chunking spaCys auf den Textauszug von Aufgabe 2.13 an. und vergleichen Sie beide Ergebnisse. (ohne Lösung)

Offensichtlich erkennt spaCy lediglich sehr eingeschränkte Formen von Nominalphrasen, die darüber hinaus noch mit vorangestellten Artikeln behaftet sind. Da, wie bereits am Anfang des Abschnitts beschrieben, Artikel bei Suchanwendungen in der Regel ignoriert werden können, müssten sie erst noch entfernt werden.

> **Tipp**
>
> Je nach Aufgabenstellung und der dafür verwendeten Flexibilität erweisen sich NLTK und spaCy als unterschiedlich gut geeignet, um Nominalphrasen zu erkennen.

2.10 Erkennung benannter Entitäten

Die Erkennung von **benannten Entitäten (named entities, NE)**, auch als **Named Entity Recognition (NER)** bezeichnet, ist ein Konzept, welches sowohl für den Bereich der Informationsextraktion (information extraction) als auch für Suchverfahren von Interesse ist, da die damit bezeichneten Informationen oft zur Weiterverarbeitung benötigt werden, bzw. mit Zusatzinformationen verknüpft sind. Im ursprünglichen Sinn zählen zu den benannten Entitäten lediglich sowohl Eigennamen von
- Personen
- Organisationen
- Orten

als auch
- Datumsangaben
- Zeitangaben
- Geldbeträge
- Prozentangaben

Die letzten vier dieser Kategorien sind nur für die Informationsextraktion von Interesse, in Suchen treten diese Informationen nie alleine auf. Wenn Nutzer nach *€ 0,99* oder *3. Januar 1892* suchen, dann immer in Zusammenhang mit anderen Suchbegriffen, die z. B. Produkte oder historische Ereignisse beschreiben. Interessanter für Suchfunktionen hingegen sind alle Formen von Identifikatoren, wie

- Steuernummern
- ISBN, ISSN
- IBAN
- EAN
- Identifikatoren von Produktklassen oder Patentklassen

die eine eindeutige Identifikation der damit bezeichneten Objekte erlauben.

Die Erkennung benannter Entitäten kann sehr einfach mit NLTK und spaCy realisiert werden.[21] Da auch bei diesen Ansätzen vortrainierte Modelle zur Erkennung benannter Entitäten verwendet werden, eignen Sie sich besonders für Suchanwendungen, die entweder mit alltäglichen Entitäten umgehen müssen oder mit anwendungsgebiets-unabhängigen Entitäten.

2.11 Erkennung von anwendungsgebiets-spezifischen Entitäten

Für anwendungsgebiets-spezifische Suchfunktionen ist neben der Erkennung von Eigennamen die Erkennung von Entitäten von Interesse, die innerhalb des Anwendungsgebiets charakteristisch sind. Diese **anwendungsgebiets-spezifischen Entitäten** werden durch Nominalphrasen bezeichnet, deren Kopf spezifisch für das Anwendungsgebiet ist. Hierzu zählen beispielsweise:

- geografische Bezeichnungen
    - Kontinente, Länder, Regionen, Landschaften
    - Gebirge, Täler, Gewässer, Wüsten
    - Markante Gebäude
    - Wahrzeichen
- Produkt- und Markennamen
- Pflanzenarten, Tierarten
- Krankheiten, Syndrome, Symptome, Diagnosen
- Substanzen, Chemikalien, Pharmazeutische Wirkstoffe, Medikamente
- Berufs- und Stellenbezeichnungen
- Bezeichnungen von Gesetzen und Verordnungen
- Entitäten aus Kunst und Kultur
    - Kunstwerke
    - Veranstaltungen
    - Denkmäler

Um Nominalphrasen, die benannte Entitäten beschreiben oder für ein Anwendungsgebiet von besonderem Interesse sind, erkennen und von anderen Nominalphrasen

---

21 ▶ https://towardsdatascience.com/named-entity-recognition-with-nltk-and-spacy-8c4a7d88e7da, letzter Aufruf 22.02.2020.

unterscheiden zu können, müssen diese identifiziert und ggf. einer Kategorie zugeordnet werden können.

Für benannte Kategorien, die Personen, Orte oder Organisationen bezeichnen, ist dies oft relativ einfach, da sie markante Komponenten und Silben enthalten, wie z. B. *-straße, -weg, -hain, -berg, -bach, Platz,* oder *St.* Diese Komponenten erlauben es, eine Nominalphrase als Ortsangabe zu kategorisieren. Organisationen können an Zusätzen identifiziert werden, die die Firmierung angeben, wie *GmbH, AG, KG & Co-KG, Verein* oder *Verband.* Personen können über Namenszusätze *Frau, Herr,* oder Titel wie *Dr., Prof., Minister, Staatssekretärin, Freiherr, Gräfin,* etc. erkannt werden.

Leider versagt ein solcher Ansatz bei Straßennamen wie *Am Feld, Unter den Linden, An der Autobahn,* oder Namen ohne Zusatz wie *Amazon, Karstadt, Angela Merkel, Dali,* etc. oder erzeugt Fehltreffer, wie bei *Einbahnstraße, Spielstraße, Tempo,* usw.

Um dieses Problem zu umgehen und um anwendungsgebiets-abhängige Bezeichnungen zu erkennen, die solche Komponenten und Zusätze nicht enthalten, werden zusätzliche Informationen benötigt. Im einfachsten Fall handelt es sich dabei um Listen der Bezeichnungen und ihrer Kategorisierung, die erkannt werden sollen (auch als **Gazetteer** bezeichnet), z. B. Listen mit Vornamen, Straßennamen, Ortsnamen usw., oder um Bezeichnungen aus **Wissensmodell**en, die wir in ▶ Kap. 4 noch kennenlernen werden, wie z. B.

- Branchen- oder Anwendungsbereichs-spezifische Glossare, Datenbanken und Klassifikationen, wie z. B. *MeSH* (Medical Subject Headings), *ChEBI* (Chemical Entities of Biological Interest)*, ChEMBL* (Datenbasis bioaktiver Moleküle mit pharmazeutischen Eigenschaften), *Nizza-Klassifikation*[22] (von Waren und Dienstleistungen), etc.,
- Vokabularien aus Thesauri oder Ontologien, wie dem *STW* (Standard Thesaurus Wirtschaft),
- öffentliche Informationsquellen wie *DBpedia* oder *WikiData,* oder
- unternehmensspezifische Quellen, wie Verzeichnisse, Organigramme und andere Klassifikationen.

In ▶ Abschn. 5.3.5 werden wir im Kontext der automatischen Verschlagwortung von Texten auf die Erkennung von Entitäten anhand von Hintergrundwissen detaillierter eingehen.

2.12 Stoppwortentfernung

Als **Stoppworte** bezeichnet man in der Regel **Synsemantika**, die sehr häufig in einem Korpus auftreten und keine, resp. kaum Information tragen. Hierunter fallen beispielsweise die Artikel *die, der, das, ein, eine, einer,* die Hilfsverben *sein, haben* und *werden,* Modalverben wie *müssen, können, dürfen, sollen, …*, Präpositionen wie *vor, nach, neben, bei, unter, …*, Konjunktionen wie *und, oder, wenn, dann, …*, und Negationen wie *nicht, nie, niemals, keine, keiner,* usw. Aber auch einzelne Buchstaben oder Bezeichnungen für Zahlen, wie *eins, zwei, drei, zehn, hundert, tausend* etc. werden oft zu den Stoppworten gezählt.

---

22 ▶ https://www.dpma.de/marken/klassifikation/waren_dienstleistungen/nizza/index.html, letzter Aufruf 22.02.2020.

Solche Stoppworte werden üblicherweise in Stoppwortlisten verwaltet und aus den Dokumenten und Anfragen entfernt. Da sie wenig Information tragen, blähen sie das Vokabular, das bei der Verarbeitung von Suchanfragen betrachtet werden muss, nur unnötig auf und würden den Anfrageprozess verlangsamen.

Da Suchverfahren ohnehin nur Dokumente identifizieren müssen, die potentiell auf die Suchanfrage zutreffen, ohne deren Inhalte im Detail zu interpretieren, ist die Entfernung von Stoppwörtern – bis auf eine Ausnahme – ungefährlich. Diese Ausnahme betrifft **benannte Entitäten**. Wie wir oben gesehen haben, können Synsemantika Bestandteil von Namen sein, wie z. B. *Unter den Linden, Maria von Thurn und Taxis, Verordnung zum Schutze der Jugend, Der blaue Reiter, Venus von Milo*, etc.

Würden aus diesen Namen die Synsemantika, sprich Stoppworte entfernt werden, wären diese Bezeichnungen nicht mehr als benannte Entitäten identifizierbar.

> **Tipp**
>
> Für den Fall, dass benannte Entitäten in einer Suchanwendung erkannt werden müssen, sollten Stoppworte aus diesen nicht entfernt werden, bzw. erst nach deren Erkennung.

Insbesondere für stark eingeschränkte Anwendungsgebiete macht es Sinn das Konzept der Stoppworte etwas aufzuweichen und auch bestimmte anwendungsspezifische Nomen hinzu zu nehmen.

> **▶ Beispiel**
>
> Betrachten wir beispielsweise eine spezielle Suchfunktion über *Einsatzberichte der Berliner Polizei*. In dieser Anwendung werden Bezeichnungen wie *Berlin, Mann, Polizei, Einsatz, Tat, Tathergang, Verdacht*, usw. sehr häufig auftreten. Mit einiger Sicherheit wird nach diesen Begriffen eher selten gesucht werden. Daher macht es Sinn, diese Substantive auch zur Liste der Stoppworte hinzuzufügen. ◀

Weitere Beispiele für solche Begriffe, die als **anwendungsbereichs-spezifische Stoppworte** betrachtet werden können, sind für den Bereich der Weiterbildung z. B. *Weiterbildung, Fortbildung, Angebot, Kurs* oder für eine Suche über Zeitungsnachrichten *Meldung, Nachricht, Ereignis*, usw.

> **Tipp**
>
> Anwendungsgebiets-spezifische Stoppworte lassen sich für einen Anwendungsbereich dadurch identifizieren, dass sie in einem Großteil aller Dokumente mindestens einmal auftreten. Würde nach einem solchen Begriff gesucht werden, würden alle diese Dokumente als Ergebnis in Frage kommen. Dem Benutzer wäre damit offensichtlich wenig geholfen, da solche Begriffe nur eine geringe Unterscheidungskraft bzgl. der Dokumente besitzen.
>
> Als Faustregel kann für die Identifikation anwendungsgebiets-spezifischer Stoppworte die Pareto-Regel genutzt werden: Begriffe, die in mehr als 80 % aller Korpusdokumente auftreten, werden als anwendungsgebiets-spezifische Stoppworte betrachtet.

Parallel zur Entfernung von Stoppworten können gleichzeitig auch alle verbliebenen Satzzeichen aus der Tokenliste entfernt werden.

2.13 Stammformableitung

Worte können in einem Text in unterschiedlichen Beugungen (**Flexionen**) auftreten: in Einzahl und Mehrzahl, in männlicher, weiblicher oder gender-neutraler Schreibweise, in Vergangenheits-, Gegenwarts- und Zukunftsformen und in unterschiedlichen Fällen. In grammatikalischer Sprechweise bezeichnen wir diese als Person, Numerus, Tempus, Modus, Genus, Kasus, Deklination und Komparation.

Da es, wie bereits betont, bei der Suche um Identifikation und nicht um Interpretation geht, ist die genaue Schreibweise eines Wortes, dessen Flexion, in vielen Fällen unwichtig. Wichtiger ist die Erkennung gleicher sprachlicher Bedeutungseinheiten, die Träger der begrifflichen Bedeutung sind. Diese werden in der Linguistik **Lexeme** genannt. Lexeme sind in der Regel unabhängig von der konkreten Form und syntaktischen Funktion, so dass über sie unterschiedliche Beugungen auf eine Bedeutung abgebildet werden können. Hierfür werden bei der Verarbeitung natürlicher Sprache zwei Wege gewählt: Durch einen als **Lemmatisierung** (auch als **Lemmaselektion**) bezeichneten Prozess, der mit Hilfe eines Wortformenlexikons aus Worten deren Grundform, als **Lemma** bezeichnet, ermittelt. Oder durch Ermittlung des **Wortstamms** durch Streichen von flexions-spezifischen Wortendungen. Dieser Prozess wird als **Stemming** (**Stammformreduktion**) bezeichnet.

Beide Formen unterscheiden sich nicht nur in ihrer Methode, sondern auch in ihrem Ergebnis und ihren Eigenschaften.

2.13.1 Lemmatisierung

Als Lemmatisierung wird die Zurückführung von Beugungsformen auf eine Grundform verstanden. Im Deutschen wird für Nomen dafür häufig der Nominativ Singular verwendet und für Verben der Infinitiv Präsens Aktiv.

> ▶ **Textbeispiel**
>
> Mäusen → Maus
> Bäuerinnen → Bäuerin
> Ärzte → Arzt
> Museen → Museum
> ist, bin, bist, sind, seid, war, waren, wart → sein ◀

Der wesentliche Vorteil der Lemmatisierung liegt in der korrekten Stammformableitung von eingedeutschten Fremdwörtern, von Substantiven mit Sonderformen der Pluralbildung,[23] von unregelmäßigen Verben und bei Nomen mit Umlautveränderungen beim Übergang vom Plural zum Singular.

---

23 ▶ https://www.cafe-lingua.de/deutsche-grammatik/nomen-mit-besonderem-plural.php und ▶ http://www.deutschonline.de/Deutsch/Grammatik/Plural.htm, letzter Aufruf jeweils 22.02.2020.

Zur Lemmatisierung existieren drei unterschiedliche Ansätze:
- Lemmatisierung über ein Morphologielexikon
- Lemmatisierung über Muster von POS-Taggs
- Lemmatisierung über Online-Services

2.13.1.1 Morphologielexikon

Daniel Naber hat Software zur Extraktion eines *Deutschen Morphologie-Lexikons*[24] zusammengestellt, das Bestandteil von *Morphy* ist, einem bereits in den 1990er-Jahren entwickelten Windows-Programm zur morphologischen Analyse deutscher Texte.

Durch zahlreiche Ergänzungen[25] wurde das Morphologie-Lexikon erweitert und umfasst mehr als 420.000 Grundformen und mehr als 6,3 Mio Vollformen.

Nach der Installation und Extraktion kann aus diesem Lexikon eine einfache Lookup-Tabelle gewonnen werden, um Worte eines Textes auf ihre Lemmata abzubilden.

(Liebeck und Conrad 2015) beschreiben mit *IWNLP* ein in C# geschriebenes Programm zur Lemmatisierung, das auf einer „Invertierung" des *Wiktionary* basiert. Mit der Erweiterung *spacy-iwnlp* kann dieses Verfahren zur Lemmatisierung des Deutschen in spaCy integriert werden.

- **Nachteile**
- Es können nur die Worte lemmatisiert werden, die im Morphologielexikon enthalten sind. Unbekannte Eigennamen, Neologismen und Komposita erzeugen Probleme.
- Die Interpretation von Worten ist kontextabhängig, so dass sie mitunter auf unterschiedliche Lemma zurückgeführt werden können. Beispielsweise kann *Laden* lemmatisiert werden zum Nomen maskulin (*der Laden*), Nomen feminin (*die Lade*) oder zum Verb (*laden*).
- Neue Komposita können im Deutschen zwar einfach gebildet werden, diese werden jedoch kaum in einem Morphologielexikon zu finden sein. Ihre korrekte Lemmatisierung erfordert eine Kompositazerlegung.

2.13.1.2 Lemmatisierung auf Basis von POS-Tags

Von Markus Konrad, *Wissenschaftszentrum Berlin*, wird mit *GermaLemma* ein Lemmatizer für das Deutsche bereitgestellt, der Part-of-Speech getaggte Worte anhand eines aus dem für nicht-kommerzielle Zwecke frei nutzbaren *TIGER-Korpus* der Universität Stuttgart abgeleiteten Lemmata-Wörterbuchs lemmatisiert.

Dieser Ansatz setzt voraus, dass ein **POS-Tagging** des zu lemmatisierenden Textes auf der Basis des *STTS* bereits erfolgte.[26] Er lemmatisiert Nomen, Verben, Adjektive und Adverbien und kann darüber hinaus **Komposita** lemmatisieren. Laut Autor besitzt er eine Genauigkeit von mehr als 99%, unter der Voraussetzung, dass die POS-Tags korrekt sind.

---

24 ▶ http://www.danielnaber.de/morphologie/, letzter Aufruf 22.02.2020.
25 ▶ http://korrekturen.de, letzter Aufruf 22.02.2020.
26 Die Nutzung dieses Verfahrens ist in ▶ https://datascience.blog.wzb.eu/2017/05/19/lemmatization-of-german-language-text/ (letzter Aufruf 22.02.2020) beschrieben.

2.13 · Stammformableitung

- **Nachteile**
- Da das Lemmata-Wörterbuch aus dem TIGER-Korpus abgeleitet wird, der im wesentlichen aus rd. 900.000 Token von rd. 50.000 Sätzen der Frankfurter Rundschau besteht, ist zu vermuten, dass dieses Verfahren einen **Bias**[27] auf Zeitungsnachrichten enthält.
- Der Ansatz ist sehr neu, so dass bisher nur wenig Erfahrungen damit gewonnen werden konnten.
- Insbesondere ist die Qualität der Komposita-Zerlegung bisher unklar.

2.13.1.3 Online-Services

Der *Wortschatz* der Universität Leipzig stellt einen Online-Dienst zur Ermittlung der Grundform von Worten zur Verfügung. Wortschatz erlaubt automatisierte Abfragen lediglich über die zur Verfügung gestellte REST-full API für private und wissenschaftliche Zwecke. Eine kommerzielle Nutzung ist nur nach vorausgegangener schriftlicher Zustimmung möglich.

Um die Grundform von Worten über den Web-Service der Universität Leipzig zu ermitteln, kann der folgende Aufruf verwendet werden, wobei KORPUS-NAME durch den Namen eines Korpus zu ersetzen ist und WORT als Platzhalter für das zu lemmatisierende Wort steht:

```
▶ http://api.corpora.uni-leipzig.de/ws/words/KORPUS-NAME/wordrelations/WORT
```

Über den Aufruf ▶ http://api.corpora.uni-leipzig.de/ws/corpora/availableCorpora erhält man Informationen über die in mehreren Sprachen verfügbaren Korpora. Für das Deutsche sind zwei Korpora aus 1.000.000 Sätzen der Wikipedia und 1.000.000 Sätzen aus Zeitungsmeldungen verfügbar.

Ein Aufruf wie z. B. ▶ http://api.corpora.uni-leipzig.de/ws/words/deu_news_2012_1M/wordrelations/Verbesserte liefert als Ergebnis eine JSON Liste

```
[
  {
    "word1": "Verbesserte",
    "subId1": 1,
    "word2": "verbessert",
    "subId2": 1,
    "relation": "has_baseform",
    "qual": 0
  }
]
```

---

27 Unter Bias versteht man insbesondere im Maschinellen Lernen eine Verzerrung der Ergebnisse, die sich aus den zum Training verwendeten Daten oder dem eingesetzten Verfahren ergibt. Hier besteht der Bias darin, dass der Sprachgebrauch in Zeitungsmeldungen nicht repräsentativ für die gesamte deutsche Sprache ist. Ein Bias ist nicht zwangsläufig schlecht, er vermindert jedoch die Ergebnisqualität bei Verwendung des Modells in anderen Anwendungsbereichen.

Anhand der Relation *„has_baseform"* kann aus dieser Liste entnommen werden, dass es sich bei *„word2": „verbessert"* um die Grundform handelt. Für den Fall, dass eine Grundform abgefragt wird, wie in ▶ http://api.corpora.uni-leipzig.de/ws/words/deu_news_2012_1M/wordrelations/Person, zeigt die Relation *„is_baseform"*, dass das angefragte Wort in der Grundform vorliegt.

```
[
  {
    "word1": "Person",
    "subId1": 1,
    "word2": "Personen",
    "subId2": 1,
    "relation": "is_baseform",
    "qual": 0
  }
]
```

Um die Last auf dem Wortschatz Leipzig Server zu minimieren, empfiehlt es sich, die ermittelten Lemmata lokal zu cachen.

- **Nachteile**
- Auch bei diesem Service ist zu vermuten, dass bei der Lemmatisierung ein gewisser **Bias** bzgl. der Vollständigkeit der Lemmata hinsichtlich der beiden Korpora Zeitungsnachrichten und Wikipedia existiert.
- Auch dieser Service ist unvollständig, d. h. liefert für einige Worte keine Grundform, wie z. B. für ▶ http://api.corpora.uni-leipzig.de/ws/words/deu_news_2012_1M/wordrelations/Donaudampfschifffahrtsgesellschaften

2.13.2 Stemming

Beim **Stemming** handelt es sich um eine rein algorithmische Vorgehensweise, einen Wortstamm durch Streichen von regulären Wortsuffixen wie *-e, -en, -er, -es, -des, -der* usw. abzuleiten. Dieser Ansatz wurde als Algorithmus ursprünglich bereits Anfang der 1980er-Jahre von Martin Porter für das Englische entwickelt und ist unter der Bezeichnung *PorterStemmer* bekannt.

Eine Suffix-Entfernung ist für das Englische einfach. Da die Suffixe jedoch sprachspezifisch sind, ist dieser Ansatz nicht ohne Anpassungen auf das Deutsche übertragbar. Auch darf die Suffix-Entfernung insbesondere bei kurzen Worten nicht ohne weiteres erfolgen, da ansonsten der Stamm verfehlt wird.

Für das Deutsche wurde ein erster Stemming Ansatz von Jörg Caumanns[28] entwickelt. Dieser Ansatz geht auf die Eigenarten der deutschen Sprache ein. Neben der Suffix-Entfernung kann dieser Stemmer auch in begrenztem Maße Präfixe entfernen,

---

28 ▶ http://www.inf.fu-berlin.de/lehre/WS98/digBib/projekt/_stemming.html, letzter Aufruf 22.02.2020.

wie z. B. *ge-* oder *be-*. Stemming erfolgt bei diesem Verfahren bis zu einer vom Suffix abhängigen Mindestlänge des verbleibenden Stamms.

Basierend auf der Entwicklung von *SnowBall*, einer Spezifikationssprache für Stemmer, die Martin Porter 1996 entwickelte, wurden für viele europäische Sprachen und insbesondere auch das Deutsche Stemmer in SnowBall entwickelt. Ein SnowBall-Stemmer für das Deutsche findet sich u. a. auch im NLTK.

Das Wesentliche am SnowBall-Stemmer ist, dass er die Mindestlänge des Stamms nicht anhand eines Schwellwerts festlegt, sondern anhand von zwei Mustern von verbleibenden Konsonanten-/Vokalsequenzen.

Mit einer einfachen Übersetzung können Konsonanten und Vokale eines Wortes jeweils mit K resp. V kodiert werden. Eine Kodierung des Wortes *beissen* besteht dann z. B. aus der Sequenz KVVKKVK. Mehrfach hintereinander auftretende gleiche Zeichen werden auf ein Zeichen reduziert. KVVKKVK wird so zu KVKVK. Das Stemming erfolgt dann abhängig von den Suffixen, entweder bis die verbleibenden Buchstaben des Wortstamms dem Code [V]KVK oder [V]KVKVK entsprechen.

Neben der Entfernung von Flexions- und Plural-Suffixen werden vom Snowball-Stemmer für das Deutsche auch Substantivierungen mit den Suffixen *-ung, -heit, -keit* und Adjektivierungen mit den Suffixen *-end, -lich, -ig, -ik, und -isch* gesondert behandelt.[29]

Beim Stemming handelt es sich um ein rein algorithmisches Verfahren, das nicht fehlerfrei ist. Es kann zu sogenanntem **Overstemming** oder **Understemming** kommen, so dass zu viele bzw. zu wenige Suffixe entfernt werden. Beispielsweise ist das Stemming von *Richter* und *richten* auf den Stamm *richt* durchaus vertretbar, aber auch *richtig* auf diesen Stamm abzubilden, erzeugt einen Overstemming-Fehler.

> **Tipp**
>
> Um die Qualität eines Stemmers zu überprüfen eignen sich die Worte *Arzt, Ärzte, Ärzten, Ärztin* und *Ärztinnen*. Während die ersten drei auf den Stamm *Arzt* abgebildet werden sollten, sollten die letzten beiden auf den Stamm *Arztin* abgebildet werden. Ob dieses gewünscht ist oder als Fehler zu betrachten ist, ist anwendungsabhängig. Gender-gerechte Schreibweisen werden beim Stemming bisher noch nicht berücksichtigt.

2.14 Normalisierung

In einem letzten Schritt, bevor Texte der weiteren Verarbeitung, wie der Indexierung oder der Auswertung einer Suchanfrage, zugeführt werden, ist es empfehlenswert, die einzelnen Terme noch weiter zu normalisieren. Hierzu zählen:
- die Expansion von Abkürzungen,
- die Umwandlung von Großbuchstaben in Kleinbuchstaben,
- die Ersetzung von Umlauten durch ae, oe, ue und von ß durch ss, und
- die Ersetzung von Buchstaben mit diakritischen Zeichen durch ihren Grundbuchstaben

---

29 Andere Suffixe, wie *-sam, -bar, -weise, -(i)tät, -schaft, -ismus, -ut* und *-tum* werden jedoch nicht entfernt.

> **Tipp**
>
> Diese Substitutionen sind in der Regel unproblematisch, sofern das Ergebnis nur intern in einer Suchfunktion genutzt wird. Ohne nach außen sichtbar zu werden, helfen sie, unterschiedliche Schreibweisen zu vereinheitlichen.

2.15 Phonetische Kodierung

Für bestimmte Anwendungsbereiche ist ein weiterer Schritt zweckmäßig: die **phonetische Kodierung** gleich bzw. ähnlich klingender Wörter. Insbesondere, wenn mit der Anwendung oder der Suchfunktion kleinere Kinder (im Alter zwischen 6 und 12 Jahren), Personen mit Rechtschreibdefiziten oder Personen anderer Sprachräume umgehen sollen oder wenn in den Dokumenten viele fremdsprachliche Begriffe verwendet werden, kann eine phonetische Kodierung sehr hilfreich sein.

Warum? Dies können Sie selber durch ein kleines Experiment ausprobieren. Hierzu benötigen Sie eine Versuchsperson, wie z. B. Mitstudierende, Verwandte oder Bekannte, und bitten Sie sie, an folgendem kleinen Diktat teilzunehmen.

? Aufgabe 2.15

Diktieren Sie der Versuchsperson die folgenden Worte und achten Sie dabei darauf, dass die Versuchsperson die richtige Schreibweise vor Ende des Experiments nicht zu sehen bekommt.
- Woozel Goozel
- Phineas & Ferb
- Quito
- Ouagadougou
- Diphtherie
- Guerilla
- Cantuccini
- Bouillabaisse

Hinweis: Während des Diktats wird die Versuchsperson vermutlich sehr verdutzt gucken, mehrfach nachfragen oder den Versuch abbrechen wollen. Überreden Sie sie dennoch weiterzumachen. (ohne Lösung)

Sie werden feststellen, dass die Versuchsperson mit großer Wahrscheinlichkeit Schreibfehler macht. Dies liegt daran, dass wir, wenn wir einen unbekannten oder fremdsprachlichen Begriff schreiben sollen, häufig in das lautgetreue Schreiben zurückfallen, so wie wir es als Schreibanfänger gelernt haben. Es macht daher Sinn für Suchanwendungen, die viele Fremdwörter enthalten oder deren Benutzer nicht rechtschreibsicher sind, die Dokumente und Anfragen zusätzlich phonetisch zu kodieren.

Für die phonetische Kodierung stehen unterschiedliche Verfahren zur Verfügung, die in zwei Klassen unterschieden werden können: Verfahren, die Wörter auf einen phonetischen Code begrenzter Länge abbilden und Verfahren, die keine solche Längenbeschränkung besitzen und einen Code variabler Länge verwenden. (Wilz 2005)

2.15 · Phonetische Kodierung

Tab. 2.7 Vergleich unterschiedlicher phonetischer Kodierungen

	Englisch	Deutsch	Jüdisch, Osteuropäische Sprachen
Feste Schlüssellänge	Soundex, Extended Soundex, Phonix		Daitch-Mokotoff
Variable Schlüssellänge	Metaphone, Double Metaphone	Kölner Phonetik, Phonet, PHONEM	

gibt einen vollständigeren Überblick über diese Verfahren und beschreibt im Detail, welche dieser Verfahren für das Deutsche geeignet sind.

Die Verfahren lassen sich wie in Tab. 2.7 gezeigt klassifizieren.

Verfahren mit einer festen Schlüssellänge sind für das Deutsche mit seinen Komposita wie *Donaudampfschifffartskapitänsversammlung* und für Suchanwendungen ungeeignet, da sie zu viele Terme auf die gleiche Kodierung abbilden würden. Die **Metaphone**-Varianten sind für das Deutsche nicht besonders gut geeignet. Die **Kölner Phonetik** ist eine Adaption des **Soundex**-Algorithmus für das Deutsche, die Vokale ignoriert und die Konsonanten auf Ziffern abbildet. Letzteres macht die Kodierungen nicht einfach zu interpretieren. **Phonet** ist ein in C implementierter Algorithmus und basiert auf 650 bzw. in einer zweiten Version auf 850 Ersetzungsregeln, die eine Übersetzung der Implementierung in eine andere Programmiersprache aufwändig machen.

Mit der in (Wilz 2005) als **PHONEM** bezeichneten Implementierung eines einfachen Algorithmus konnten wir bei der Umsetzung einer semantischen Suche für den Webauftritt eines Kindersenders, der vornehmlich Serien aus dem amerikanischen Sprachraum zeigt, sehr gute Erfahrungen machen.

In Python implementiert ist dieser Code – der bzgl. der Verarbeitung von deutschen Umlauten weiter angepasst wurde – sehr kompakt und effizient.

```
import re
import string
doubleChars = { 'SC': 'C',
    'SZ': 'C',
    'CZ': 'C',
    'TZ': 'C',
    'SZ': 'C',
    'TS': 'C',
    'KS': 'X',
    'PF': 'V',
    'QU': 'KW',
    'PH': 'V',
    'UE': 'Y',
    'AE': 'E',
    'OE': 'Ö',
    'EI': 'AY',
    'EY': 'AY',
    'EU': 'OY',
```

```python
        'AU': 'A§',
        'OU': '§ '}
def encode (string):
    string = string.upper()
    string = re.sub(r"[Ä]", r"AE",string)
    string = re.sub(r"[Ü]", r"UE",string)
    string = re.sub(r"[ß]", r"SS",string)
    string = re.sub(r"[^A-ZÖ]", r"",string)
    for i in range(len(string)-2):
        if  string[i:i+2] in doubleChars:
            string = string.replace(string[i:i+2],doubleChars[string[i:i+2]])
    string = string.translate(string.maketrans("ZKGQIJFWPT§","CCCCYYVBDUA"))
    string = re.sub(r"[^ABCDLMNORSUVWXY]","",string)
    string = re.sub(r"([ABCDLMNORSUVWXY])\1+", r"\1",string)
    return string
```

❓ Aufgabe 2.16

Implementieren Sie den PHONEM Code und experimentieren Sie etwas mit den Ergebnissen des Diktats bzw. mit unterschiedlichen Schreibweisen von fremdsprachigen Worten herum. (ohne Lösung)

2.16 Und wie spielt das alles zusammen?

Sie haben jetzt eine Reihe von Verfahren für die Verarbeitung natürlicher Sprache kennengelernt und fragen sich vielleicht: Wie spielen all diese Methoden zusammen? Vielleicht haben Sie auch schon einige Abhängigkeiten der Verfahren untereinander identifiziert, so dass ihnen möglicherweise klar ist, dass diese Verfahren nicht in beliebiger Reihenfolge sinnvoll kombinierbar sind.

Die Reihenfolge, in der wir die Methoden zur Sprachverarbeitung eingeführt und beschrieben haben, deutet natürlich schon eine zweckmäßige Architektur an, in der sie kombiniert werden könnten. Das Zusammenspiel dieser Komponenten lässt sich unabhängig vom konkreten Anwendungsgebiet der Suchfunktion und deren Eigenschaften nicht endgültig beschreiben. In diesem Abschnitt beschreiben und diskutieren wir daher nur einige Architekturvarianten.

Die Varianten sind so ausgelegt, dass sie sowohl für die Verarbeitung der Dokumententexte als auch der Anfragen verwendet werden können. Offensichtlich ist es zweckmäßig, beide durch ein und dieselbe Variante aufzubereiten. Eine Ausnahme hiervon bilden logische Operatoren (siehe hierzu ▶ Abschn. 3.3), die u. U. in Anfragen verwendet werden. Hier muss die Vorverarbeitung so ausgelegt werden, dass diese Operatoren ignoriert werden, ohne sie jedoch aus der Anfrage selbst zu entfernen bzw. zu verändern.

In den folgenden Abbildungen sind wesentliche Komponenten, die die Haupteigenschaften der Architektur bestimmen, in Blau (dunkel) dargestellt. In Hellbraun (hell) sind optionale Komponenten visualisiert. Die graue Komponente stellt eine Verarbeitungssenke dar, auf die im nächsten Kapitel eingegangen wird. Zusatzinfor-

2.16 · Und wie spielt das alles zusammen?

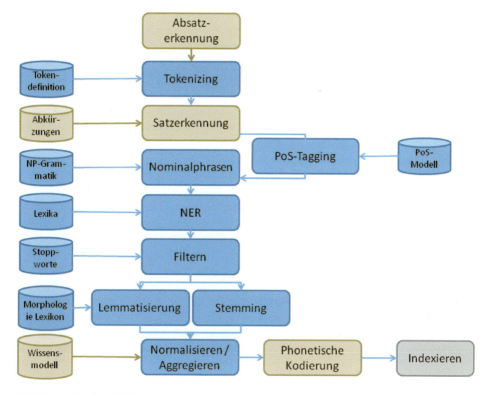

☐ **Abb. 2.2** Basisarchitektur

mationen, die von den Methoden benötigt werden, werden als kleine Datenbanken symbolisiert.

2.16.1 Basisarchitektur

Die Architekturvariante in ☐ Abb. 2.2 zeichnet sich dadurch aus, dass die Bezeichnungen von **Entitäten** als Einheiten erkannt werden, um diese ggf. über separate Felder der Suche verfügbar zu machen, bzw. um sie zur weiteren Filterung von Suchergebnissen zu verwenden. Hierzu ist es wesentlich Stoppworte (**Synsemantika**) erst nach der **Named Entity Recognition** zu entfernen. Da die zu erkennenden Bezeichnungen von Entitäten selber Synsemantika enthalten können, dürfen Stoppworte erst entfernt werden, wenn bekannt ist, dass sie nicht Bestandteil einer **Nominalphrase** sind, die eine Entität bezeichnet.

Solche Nominalphrasen sind zusammengesetzte Ausdrücke und werden in den weiteren Verarbeitungsschritten als Entität behandelt. Wir bezeichnen daher einzelne Worte und solche Sequenzen von Worten die Entitäten bezeichnen im Folgenden zusammenfassend als **Terme**.

Für die Verarbeitung kann es zweckmäßig sein, den Text vor der **Tokenisierung** in Absätze und vor dem **POS-Tagging** in Sätze zu zerlegen. Die Absatzerkennung erfolgt vorzugsweise bereits zum Extraktionszeitpunkt des Textes aus dem Dokument, da zu diesem Zeitpunkt Strukturinformationen des Dokuments in Form von HTML-, XML- oder SGML-Markup oder in Form von Absatzmarkierungen noch zur Verfügung stehen. Im Fall der Zerlegung eines Textes in Sätze ist es hilfreich, ein Abkürzungsverzeichnis zu nutzen, um zu entscheiden, ob ein Punkt teil einer Abkürzung ist oder ein Satzende markiert.

Lemmatisierung und **Stemming** sind hier als Alternativen dargestellt. Da Lemmatisierung in Abhängigkeit vom verwendeten Ansatz nicht alle Worte auf Lemmata zurückführen kann, bietet es sich an, in einer weiteren Alternative, Worte, die nicht lemmatisiert werden konnten, zu stemmen. Hierbei würden Lemmatisierung und Stemming quasi in Reihe geschaltet werden.

Je nach Anwendungsgebiet der Suche ist es hilfreich, die ermittelten Terme phonetisch zu kodieren. Diese Architektur kann bereits intelligenter gestaltet werden, indem **Synonyme** durch einen einheitlichen, präferierten Term ersetzt werden. Hierzu wird natürlich Hintergrundwissen über Synonymbeziehungen aus einem **Wissensmodell**, wie z. B. einem **Wortnetz**, einem **Thesaurus** oder einer **Ontologie** benötigt. Mehr über solche Wissensmodelle erfahren Sie in ▶ Kap. 4.

2.16.2 Tippfehlertolerante Architektur

Die alternative Architektur in ◘ Abb. 2.3 nimmt zwei Änderungen im Ablauf der Verarbeitung vor. Bereits nach der **Tokenisierung** können geläufige Abkürzungen er-

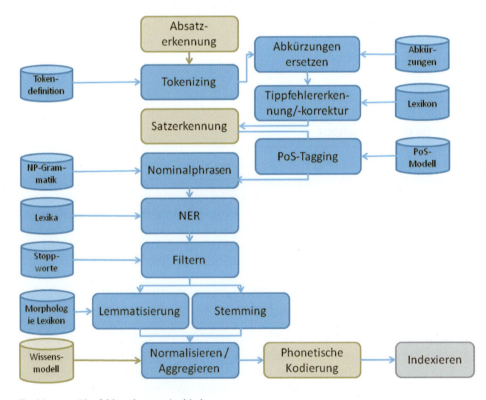

◘ **Abb. 2.3** Tippfehlertolerante Architektur

2.16 · Und wie spielt das alles zusammen?

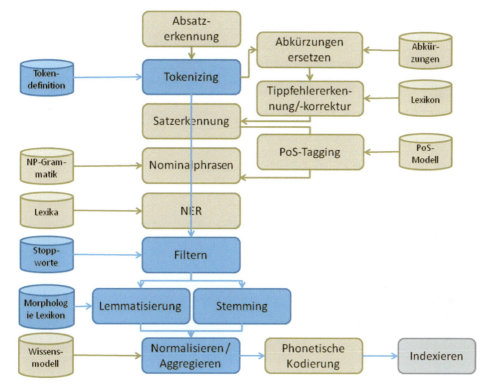

Abb. 2.4 Standardarchitektur für Volltextsuchen

setzt werden. Hierdurch kann der Prozess der Tippfehlererkennung resp. -korrektur, die Satzerkennung und die NER vereinfacht werden, da die Abkürzungen nicht mehr explizit berücksichtigt werden müssen.

Zudem können im gleichen Bearbeitungsvorgang Schreibfehler erkannt bzw. korrigiert werden. Zwar ist eine komplette Korrektur aller Schreibfehler nicht sinnvoll, da die Gefahr zu groß ist, weitere Fehler zu erzeugen oder die Bedeutung des Textes zu verändern. Schreibfehler mit einer kleinen **Editierdistanz** von eins oder zwei sind jedoch oft problemlos ersetzbar, sofern es nur eine Korrekturalternative gibt.

2.16.3 Standardarchitektur für Volltextsuche

Die Textaufbereitung wird natürlich entschieden einfacher, sofern keine benannten Entitäten erkannt werden müssen. In diesem Fall kann direkt auf die **Tokenisierung** das Filtern der Stoppworte erfolgen. ◘ Abb. 2.4 zeigt die entsprechende Architekturvariante der Textaufbereitung.

Der Mehrwert dieser Lösung bzgl. besserer Suchergebnisse besteht allein in der **Lemmatisierung** bzw. im **Stemming**, der Normalisierung und ggf. der Ersetzung von Synonymen durch präferierte Terme.

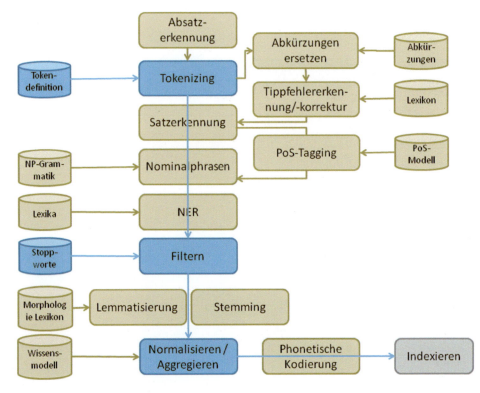

☐ Abb. 2.5 Substandard-Architektur

2.16.4 Substandard-Architektur

Eine weitere Variante (☐ Abb. 2.5), die alle **Flexionen** erhält, sei hier lediglich der Vollständigkeit halber erwähnt, da diese eigentlich nur für die Beschreibung einfacher Suchverfahren hilfreich ist. Diese Variante bildet quasi den Substandard und ist in der Regel für die Realisierung intelligenterer Suchfunktionen kaum geeignet. Für die Sprachanalyse mithilfe sogenannter **Word Embeddings** kann sie dennoch zweckmäßig sein.

2.17 Weiterführende Literatur

Dieses Kapitel hat lediglich die wichtigsten Techniken der Verarbeitung natürlicher Sprache zusammengetragen, die für die Umsetzung einer Suchfunktion notwendig oder hilfreich sind. Eine umfassendere Einführung in die „Computerlinguistik und Sprachtechnologie" findet sich im gleichnamigen Werk von (Carstens et al. 2010). Eine weiterführende Darstellung der Sprachverarbeitung für das Englische, die detaillierter auch auf Methoden des Maschinellen Lernens eingeht, findet sich in (Jurafsky und Martin 2018). Methoden der statistischen Verarbeitung natürlicher Sprache werden in (Manning und Schütze 1999) detaillierter erläutert.

Eine leicht verständliche Einführung in die Statistik und statistisches Testen bietet (Diez et al. 2015). Eine Einführung in die Textverarbeitung mit Python findet sich im NLTK Buch (Bird et al. 2014).

Für die Sprachverarbeitung, die mitunter auch als „Text Engineering" bezeichnet wird, stehen eine Reihe von Ressourcen zur Verfügung, angefangen von Textkorpora in unterschiedlichsten Sprachen, Wörterbüchern und Services über komplette Architekturen bis hin zu Software-Bibliotheken. Einige dieser Ressourcen wurden in diesem Kapitel bereits angesprochen. Hervorzuheben sind GATE, die *General Architecture for Text Engineering* der Universität von Sheffield, NLTK, eine Software-Bibliothek mit grundlegenden Verfahren der Sprachverarbeitung für Python und spaCy, eine komplette Architektur zur Textverarbeitung für Python.

Aus der Sicht der Duplikatserkennung findet sich eine ausführlichere Darstellung der Levenshtein- und der Damerau-Levenshtein-Distanz in (Leser und Naumann 2007). Viele Publikationen zitieren die Schreibmaschinendistanz, ohne darauf weiter einzugehen (wie z. B. Helmis und Hollmann 2009; Apel et al. 2010). Die Referenzen, die dazu genannt werden, verweisen am Ende alle auf eine nicht mehr zugreifbare Veröffentlichung. Eine Implementierung oder Veröffentlichung, die insbesondere die Gewichtung der Distanzen erläutert, ist jedoch nirgendwo im WWW zu finden.

Wie *Hunspell* und die Python-Bibliothek *PyHunspell* dazu verwendet, Korrekturvorschläge zu generieren, wird im Blog ▶ https://datascience.blog.wzb.eu/2016/07/13/autocorrecting-misspelled-words-in-python-using-hunspell/ beschrieben.

Die Unterschiede zwischen Wörtern, Lexemen und Lemmata werden aus linguistischer Perspektive in (Gallmann 1991) anschaulich beschrieben.

Die Identifikation von ähnlichen Dokumenten und Dubletten über das MinHashing-Verfahren und dessen effiziente Implementierung via Locality-Sensitive Hashing wird ausführlich in ▶ Kap. 3 von (Leskovec et al. 2010) beschrieben. Eine Übertragung dieses Verfahrens zur Identifikation von textuellen Plagiaten liegt nahe.

Literatur

(Apel et al. 2010) "Datenqualität erfolgreich steuern", Detlef Apel, Wolfgang Behme, Rüdiger Eberlein, Christian Merighi, Hanser-Verlag, München, Wien 2010.

(Bird et al. 2014) "Natural Language Processing with Python – Analyzing Text with the Natural Language Toolkit" Steven Bird, Ewan Klein, and Edward Loper, https://www.nltk.org/book/ (letzter Aufruf 10.4.2020)

(Bouma 2009) "Normalized (Pointwise) Mutual Information in Collocation Extraction", Gerlof Bouma, Proceedings of the Biennial GSCL Conference 2009, https://pdfs.semanticscholar.org/1521/8d9c029cbb903ae7c729b2c644c24994c201.pdf (letzter Aufruf 10.4.2020)

(Broder et al.1998) "Min-wise independent permutations" Andrei Z. Broder, Moses Charikar, Alan M. Frieze, Michael Mitzenmacher, Proc. 30th ACM Symposium on Theory of Computing (STOC '98), New York, NY, USA, pp. 327–336, 1998, CiteSeerX 10.1.1.409.9220, (letzter Aufruf 10.4.2020)

(deCruys 2011) "Two Multivariate Generalizations of Pointwise Mutual Information", Tim Van de Cruys, Proceedings of the Workshop on Distributional Semantics and Compositionality (DiSCo'2011), pages 16–20, Portland, Oregon, 24 June 2011, ACL, https://www.aclweb.org/anthology/W11-1303 (letzter Aufruf 10.4.2020)

(Diez et al. 2015) "OpenIntro Statistics", David M Diez, Mine Çetinkaya-Rundel, 3rd Edition, 2015, https://www.openintro.org/stat/textbook.php (letzter Aufruf 10.4.2020)

(Gallmann 1991) "Wort, Lexem und Lemma", Peter Gallmann, in: Gerhard Augst, Burkhard Schaeder, (Hrsg.) "Rechtschreibwörterbücher in der Diskussion. Geschichte – Analyse – Perspektiven, Frankfurt am Main, Bern, New York, Paris: Peter Lang (Theorie und Vermittlung der Sprache, 13). Seiten 261–280, 1991, http://www.personal.uni-jena.de/~x1gape/Pub/Lemma_1991.pdf (letzter Aufruf 10.4.2020)

(Helmis & Hollmann 2009) "Webbasierte Datenintegration", Steven Helmis, Robert Hollmann, Springer-Verlag, 2009.

(Hess 2005) "LERNEINHEIT Kookkurrenz und Kollokation", in Michael Hess, "Web-basiertes virtuelles Laboratorium zur Computerlinguistik", Universität Zürich, Institut für Computerlinguistik, 2005, https://files.ifi.uzh.ch/cl/hess/le (letzter Aufruf 10.4.2020)

(Jurafsky & Martin 2018) "Speech and Language Processing - An Introduction to Natural Language Processing, Computational Linguistics, and Speech Recognition" Daniel Jurafsky, James H. Martin. Third Edition draft, Stanford University, https://web.stanford.edu/~jurafsky/slp3/ (letzter Aufruf 10.4.2020)

(Leskovec et al. 2010) "Mining of Massive Datasets", Jure Leskovec, Anand Rajaraman, Jeff Ullman, Cambridge University Press, 2010, http://www.mmds.org/ (letzter Aufruf 10.4.2020)

(Liebeck & Conrad 2015) "(IWNLP): Inverse Wiktionary for Natural Language Processing" Matthias Liebeck, Stefan Conrad, in: "Proceedings of the 53rd Annual Meeting of the Association for Computational Linguistics and the 7th International Joint Conference on Natural Language Processing (Volume 2: Short Papers)", Beijing, China, 2015. https://www.aclweb.org/anthology/P15-2068/ (letzter Aufruf 10.4.2020)

(Manning & Schütze 1999) "Foundations of Statistical Natural Language Processing", Christopher D. Manning, Hinrich Schütze, The MIT Press, Cambridge, Massachusetts, 1999.

(Mikolov et al. 2013) "Distributed Representations of Words and Phrases and their Compositionality", Tomas Mikolov, Ilya Sutskever, Kai Chen, Greg Corrado, Jeffrey Dean, https://arxiv.org/abs/1310.4546 (letzter Aufruf 10.04.2020)

(Wilz 2005) „Aspekte der Kodierung phonetischer Ähnlichkeiten in deutschen Eigennamen", Martin Wilz, Magisterarbeit, Philosophische Fakultät, Institut für Linguistik, Universität zu Köln, 2005, https://docplayer.org/23598283-Philosophische-fakultaet-abteilung-phonetik-magisterarbeit-aspekte-der-kodierung-phonetischer-aehnlichkeiten-in-deutschen-eigennamen.html (letzter Aufruf 10.4.2020)

(Winkler 1990) "String Comparator Metrics and Enhanced Decision Rules in the Fellegi-Sunter Model of Record Linkage" William E. Winkler, *Proceedings of the Section on Survey Research Methods.* American Statistical Association: 354–35. https://files.eric.ed.gov/fulltext/ED325505.pdf (letzter Aufruf 10.04.2020)

Grundlagen des Information Retrievals

Inhaltsverzeichnis

3.1   Repräsentation von Dokumenten – 65
3.1.1   Term-Dokument-Inzidenzmatrix – 65
3.1.2   Einfacher Invertierter Index – 67
3.1.3   Invertierter Index zur Umsetzung eines Wildcard-Operators – 68
3.1.4   Term-Dokument-Inzidenzmatrix (die Zweite) – 69

3.2   Interpretation von Suchanfragen – 72

3.3   Anfrage-Operatoren – 73

3.4   Boolesche Anfragen an einen invertierten Index – 75
3.4.1   AND-Operator über einem invertierten Index – 75
3.4.2   Weitere Boolesche Operatoren im Selbstbau – 77

3.5   Erweiterte Anfragen an einen positionellen invertierten Index – 77
3.5.1   NEAR-Operator über positionellen invertierten Index – 79
3.5.2   Komplexere Anfragen – 81

3.6   Ranking der Ergebnisse – 81
3.6.1   Dokumentfaktoren – 82
3.6.2   Netzwerkfaktoren – 86
3.6.3   Anfragefaktoren – 89
3.6.4   Vektorraummodell – 90
3.6.5   Kosinus-Ähnlichkeit – 91
3.6.6   Soft-Kosinus-Maß – 93

3.7   Probleme der Vektorraumrepräsentation – 95
3.7.1   Effekt der beharrlichen Dokumente – 95

© Springer Fachmedien Wiesbaden GmbH, ein Teil von Springer Nature 2020
T. Hoppe, *Semantische Suche*, https://doi.org/10.1007/978-3-658-30427-0_3

| 3.7.2 | Kollabierende Bedeutungen – 96 |
| 3.7.3 | Verlust von Begriffsabhängigkeiten – 98 |

3.8 Und wie spielt dies jetzt alles zusammen? – 101

3.9 Weiterführende Literatur – 105

Literatur – 106

3.1 · Repräsentation von Dokumenten

Im vorangegangenen Kapitel haben wir gelernt, wie Texte, seien dies Dokumente oder Anfragen, aufbereitet werden können, um sie in eine einheitliche, vereinfachte Menge von Termen zu überführen. Die verwendeten Transformationsschritte zielen einerseits darauf ab, die Dokumente nur noch durch bedeutungstragende Terme zu beschreiben und die Menge dieser Terme möglichst klein zu halten. Andererseits, werden durch diese Normierung die Texte bereits etwas intelligenter repräsentiert als durch eine einfache Sequenz von Wörtern.

Wenn wir Dokumente anhand einer Suchanfrage finden wollen, müssen wir sie so speichern, dass sie maschinell verarbeitbar sind. Wir könnten sehr naiv jedes Dokument einfach als Sequenz seiner Terme repräsentieren und die Dokumente bei einer Anfrage sequentiell durchsuchen, mit anderen Worten: ein Unix *grep* ausführen. Das mag für ein Dateiverzeichnis und eine kleine Menge von wenigen tausend Dokumenten noch halbwegs gut funktionieren. Spätestens aber, wenn wir eine Dokumentenmenge (**Korpus**), bestehend aus hunderttausenden oder gar Millionen Dokumenten, durchsuchen müssen oder wenn die Anfrage aus einer logischen Verknüpfung mehrerer Terme besteht, ist dieses Vorgehen hoffnungslos ineffizient und in vertretbarer Zeit nur noch durch eine parallele Architektur realisierbar. Das Hauptproblem besteht nicht nur darin, dass unsere *grep* Funktion Dokumente immer vom Anfang beginnend, sequentiell durchsucht, sondern dabei auch Dokumente durchsuchen würde, in denen, die gefragten Terme gar nicht vorkommen.

Bevor wir uns der Verarbeitung von Suchanfragen zuwenden, müssen wir uns also erst einmal darum Gedanken machen, wie Dokumente so gespeichert werden können, dass sie effizient durchsuchbar sind.

3.1 Repräsentation von Dokumenten

Im Folgenden betrachten wir Anfragen und Dokumente in gleicher Weise als Sequenz von Termen.[1] Um diesen Charakter hervorzuheben, bezeichnen wir Dokumente und Anfragen zusammenfassend als *Dokumente*. Wollen wir hingegen den Anfragecharakter einer solchen Sequenz hervorheben oder betrachten, verwenden wir den Begriff *Anfrage*.

3.1.1 Term-Dokument-Inzidenzmatrix

Was ist nun das charakteristische an den bereits vorverarbeiteten Dokumenten? Die Dokumente bestehen aus einer Sequenz von – u. U. mehrfach auftretenden – Termen.

In einer ersten Näherung könnten wir die Dokumente einfach durch die Menge der Terme repräsentieren, die in ihnen enthalten sind. Hierzu können wir ein zweidimensionales Array verwenden, das angibt, welche Terme in einem Dokument auftreten. Diese Repräsentation wird als boolesche **Term-Dokument-Inzidenzmatrix**

---

1 Das ggf. Verknüpfungsoperatoren in den Anfragen enthalten sind, ignorieren wir zunächst.

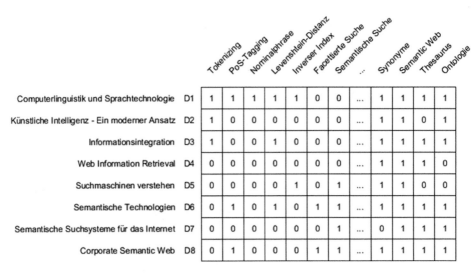

◘ Abb. 3.1   Boolesche Term-Dokument-Inzidenzmatrix

(mitunter auch verkürzend als **Term-Dokument-Matrix** oder **Dokument-Term-Matrix**) bezeichnet. ◘ Abb. 3.1 zeigt eine solche Matrix für eine kleine Auswahl der in diesem Buch genannten, weiterführenden Literatur[2] aus dem Anwendungsgebiet „relevante Bücher zum Thema semantische Suche".

Reihen repräsentieren hier Dokumente, und Spalten die Terme, die in den Dokumenten enthalten sind. Die Bücher werden natürlich noch weitere Terme enthalten, die hier einer übersichtlichen Darstellung halber ausgeblendet sind (durch … symbolisiert).

> **Tipp**
>
> Wenn wir davon ausgehen, dass dies alle Dokumente unseres Korpus sind, dann besitzt der Term *Semantic Web* keine Unterscheidungskraft und könnte eigentlich als **anwendungsbereichs-spezifisches Stoppwort** (vgl. ▶ Abschn. 2.3) ignoriert werden.

Eine solche Matrix erlaubt es auf einfache Weise, alle Dokumente zu identifizieren, in denen ein bestimmter Term vorkommt, da diese eine 1 (oder wahlweise *Wahr* oder *True*) in der betreffenden Spalte enthalten.

? Aufgabe 3.1
Nehmen wir an, diese Matrix bestünde nicht nur aus 8 Zeilen, sondern müsste 100.000 Dokumente repräsentieren, die zusammen ein Vokabular von 150.000 unterschiedlichen Termen umfassen. Welche Konsequenzen hätte dies für eine Repräsentation als Term-Inzidenz-Matrix?

---

2   Diese Bücher werden auch in den Literaturverweisen der Buchkapitel referenziert.

3.1 · Repräsentation von Dokumenten

Zwar gibt es Möglichkeiten, solche dürftig besetzten Matrizen effizienter zu speichern, dennoch besitzen Term-Dokumenten-Matrizen einen weiteren Nachteil: wenn Terme zum Vokabular oder Dokumente hinzugefügt oder aus der Matrix entfernt werden müssen, sind umfangreichere Überarbeitungen der Matrix notwendig.

Für praktische Anwendungen sind Term-Dokumenten-Matrizen nur von untergeordneter Bedeutung. Sie stellen jedoch ein Referenzmodell für die Repräsentation von Dokumenten dar, an denen sich einige Eigenschaften und Probleme später einfach erläutern lassen. Wir kommen im ▶ Abschn. 3.7 nochmals auf sie zurück.

3.1.2 Einfacher Invertierter Index

Sehen wir uns die obige Term-Dokument-Inzidenzmatrix noch einmal genauer an. Um die Dokumente zu finden, die einen bestimmten Term enthalten, brauchen wir eigentlich nur in der entsprechenden Spalte nachsehen und alle Dokumente zurückzugeben, die einen Wert ungleich Null haben. Alle anderen Dokumente (in denen kein Wert gesetzt oder der Wert 0 steht) enthalten den Term nicht und sind damit irrelevant.

Diese Erkenntnis nutzend, können wir eine effiziente Speicherung und einen effizienteren Zugriff auf die Dokumente durch einen **invertierten Index** (auch als **inverser Index** bezeichnet) erreichen. ◘ Abb. 3.2 zeigt einen Auszug aus einem invertierten Index für das obige Beispiel.

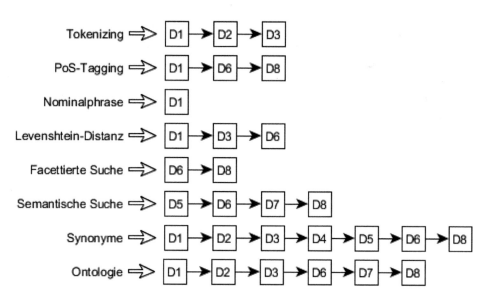

◘ **Abb. 3.2** Invertierter Index über Hash-Tabelle. (Bei diesem und den folgenden Beispielen gehen wir davon aus, dass auch die in den ▶ Abschn. 2.7 und 2.9 dargestellten zusammengesetzten Ausdrücke indexiert werden.)

Die Idee hinter einem invertierten Index besteht darin, die Terme selbst auf die Dokumente verweisen zu lassen, in denen sie auftreten, so dass ein einfaches Nachschlagen genügt, um alle Dokumente zu identifizieren, in denen der Term auftritt. Die Menge der Terme wird herkömmlicherweise als **Dictionary** bezeichnet,[3] die sortierte Liste der Dokumente, hier repräsentiert durch ihre eindeutigen Dokumenten-IDs, wird als **Posting-Liste** bezeichnet.

Offensichtlich kann ein invertierter Index durch eine Hash-Tabelle realisiert werden. Die Terme sind hierbei die Schlüssel der Hash-Tabelle und die zu den Schlüsseln gehörenden Werte bestehen aus einer sortierten Liste der Dokumenten-IDs, in denen der jeweilige Term auftritt. Wesentlich hierbei ist, dass die Posting-Liste nach steigenden Dokument-IDs sortiert ist und diese Sortierung beibehalten wird.

Diese Datenstruktur ist für das Retrieval sehr effizient, da alle Dokumente, in denen ein gesuchter Term verwendet wird, in konstanter Zugriffszeit ermittelt werden können. Wie wir in ▶ Abschn. 3.4 sehen werden, erlaubt die Sortierung der Posting-Listen die Implementierung sehr effizienter Operationen, um logische Verknüpfung mehrerer Terme zu berechnen.

Auch der Aufbau dieser Datenstruktur ist sehr effizient. Unter der Voraussetzung, dass neue Dokumente jeweils eine neue, inkrementierte ID erhalten, kann schon beim Hinzufügen neuer Dokumente sichergestellt werden, dass die Sortierung der Posting-Listen erhalten bleibt. Hierzu muss die neue Dokumenten-ID lediglich an das Ende der Liste angehängt werden.[4]

Zum Löschen eines Dokuments hingegen müssen alle Posting-Listen aller Terme des Dokuments durchsucht werden, bis die zu löschende Dokumenten-ID gefunden wurde. Dies erfordert bei einer mittleren Dokumentenanzahl k mit t Termen im Durchschnitt einen linearen Aufwand von t*k/2. Da bei Suchverfahren jedoch Dokumente in der Regel eher hinzugefügt als gelöscht werden, ist dieser Zusatzaufwand auf Grund seiner Seltenheit vernachlässigbar.

Natürlich benötigt man, um die Löschung von Dokumenten korrekt durchführen zu können, eine zusätzliche normale Indexstruktur, die zu einem Dokument angibt, welche Terme im Dokument enthalten sind. Woher sollte man sonst wissen, aus welchen Posting-Listen welcher Terme das zu löschende Dokument zu entfernen ist?

3.1.3 Invertierter Index zur Umsetzung eines Wildcard-Operators

Alternativ zur Implementierung eines invertierten Indexes durch eine Hash-Tabelle kann auch ein **Präfix-Baum (Trie)** – oder noch speicher-effizienter: ein **Radix-Tree** (eine Ver-

---

3   Nicht zu verwechseln mit der Datenstruktur Dictionary (dict) in Python, auch wenn diese eine gewisse Ähnlichkeit besitzt. Ein Dictionary in Python ist eine Hash-Tabelle, dessen Schlüssel auf einen Wert verweisen. Ein Dictionary eines invertierten Index ist lediglich die Menge der Schlüssel (Keys), z. B. einer Hash-Tabelle.

4   Das Jupyter Notebook ‚Invertierter Index.ipynb' in ▶ https://github.com/ThomasHoppe/Buch-Semantische-Suche enthält eine einfache beispielhafte Implementierung eines invertierten Indexes zur Veranschaulichung und für weitere Experimente.

3.1 · Repräsentation von Dokumenten

allgemeinerung von **PATRICIA-Tries**) – verwendet werden.[5] Zwar ist das Einfügen von Schlüssel-Wert-Tupeln (Key-Value-Pairs) und das Retrieval bei dieser Datenstruktur aufwändiger, da jeder Term, über den der Zugriff erfolgt, Zeichen für Zeichen durchlaufen werden muss. Dafür aber können mit dieser Baumstruktur alle Dokumente effizient identifiziert werden, die vorangestellte Teilzeichenketten enthalten. Oder anders ausgedrückt: über Tries lässt sich ein **Wildcard-Operator**, wie *, als **Suffix-Operator** einfach realisieren.

> **Tipp**
>
> Wildcard-Operatoren kann es in Suchanwendungen in unterschiedlichen Ausprägungen geben: als **Präfix-Operator** mit dem sich alle Dokumente finden lassen, die einen Term enthalten, der auf eine bestimmte Zeichenkette endet, wie z. B. **baum*, oder als Suffix-Operator – die gebräuchlichste Form –, wie *Projekt**, um alle Dokumente zu finden, in denen etwas zu Projekten steht.
> Im Kontext semantischer Suchfunktionen werden sie eigentlich nicht benötigt, da der Effekt, der mit ihnen beabsichtigt wird – Informationen zu finden, die zum eingegebenen Term in Beziehung stehen –, oft durch das verwendete Hintergrundwissen erzielt werden kann.[6]

? Aufgabe 3.2
  a) Wenn ein invertierter Index über einen Präfix-Baum implementiert wird, wie ist dann die Retrieval-Funktion zu implementieren, um einen Suffix-Operator zu realisieren?
  b) Welche Konsequenzen hätte die Anforderung, auch einen Präfix-Operator zur Verfügung zu haben?

3.1.4 Term-Dokument-Inzidenzmatrix (die Zweite)

Wir hatten oben vereinfachend angenommen, dass Dokumente aus einer Menge von – u. U. mehrfach auftretenden – Termen bestehen. Bisher enthielt die Inzidenzmatrix jedoch nur Informationen darüber, ob ein Term in einem Dokument enthalten ist oder nicht.

Anstatt Dokumente als einfache Menge ihrer Terme zu repräsentieren, wäre es zweckmäßiger sie als Multimengen ihrer Terme (**Bag-Of-Words**, **BOW**) zu betrachten, die zusätzlich noch Informationen über die jeweiligen **Termhäufigkeit** (auch als

---

5 ▶ http://christianherta.de/lehre/informationRetrieval/trie.php stellt zwei Templates zur Implementierung von Tries vor und gibt zusätzliche Informationen zu effizienten Implementierungen. Abgeleitet aus dieser Implementierung enthält das Jupyter-Notebook ‚Präfix-Baum.ipynb' im Github Repository ▶ https://github.com/ThomasHoppe/Buch-Semantische-Suche eine Variante eines PATRICIA-Tries, die in den Knoten anstelle von Bits Character als Schlüssel von Hash-Tabellen verwendet, um zu Unterbäumen zu verzweigen.

6 Im Kontext des Information Retrievals stellen (Manning et al. 2009) weitere Möglichkeiten dar, Wildcard-Operatoren zu realisieren, für einen Einsatz in semantischen Suchverfahren erscheinen diese jedoch ungeeignet.

Termfrequenz bezeichnet) enthalten. Betrachten wir hierzu ein Textbeispiel aus einem anderen Anwendungsgebiet.

▶ **Textbeispiel**

(Quelle: siehe ▶ Abschn. 2.8)

In der vergangenen Nacht kam es zu einem Brand in einem Platzwarthäuschen auf einem Sportplatz im Märkischen Viertel. Gegen 2:30 Uhr bemerkte ein Zeuge ein Feuer in einem Platzwarthäuschen auf einem Sportplatz an der Finsterwalder Straße und alarmierte die Feuerwehr, die die Flammen löschen konnte. Betroffen von dem Brand waren Gegenstände, die in dem Haus lagerten. Wie es zu dem Brand kam, ist nun Gegenstand der Ermittlungen eines Brandkommissariates des Landeskriminalamtes. ◀

Die Bag-Of-Words dieses Textes besteht nach einer Entfernung von Satzzeichen und Stoppworten aus 27 normalisierten Worten mit den folgenden Häufigkeiten:

```
{'brand': 3, 'platzwarthäuschen': 2, 'sportplatz': 2, 'gegenstand': 2,
'alarmiert': 1, 'zeuge': 1,
'bemerkt': 1, 'löschen': 1, 'märkische': 1, 'finsterwalder': 1, 'nacht': 1,
'brandkommissariates': 1, 'landeskriminalamtes': 1, 'ermittlung': 1,
'betroffen': 1,
'feuerwehr': 1, 'flamme': 1, 'haus': 1, 'lagern': 1, 'straße': 1, 'vier-
tel': 1, 'feuer': 1}
```

Offensichtlich repräsentieren nicht nur die Worte, sondern auch deren Häufigkeiten den Inhalt des Dokuments schon relativ gut, es geht wohl um einen *Brand* in oder an einem *Platzwarthäuschen* auf oder neben einem *Sportplatz*. Diese Kodierung des Dokuments als Bag-Of-Words ist offensichtlich platzsparender, wobei jedoch die in der Reihenfolge der Worte enthaltene Information verloren geht.

Einher mit dieser Repräsentation geht die stillschweigende Annahme, dass die Worte unabhängig voneinander sind. Da diese Annahme später noch einmal wichtig wird, geben wir ihr einen Namen und bezeichnen sie als **Unabhängigkeitsannahme**. Offensichtlich aber sind Worte und ihre Bedeutung nicht unabhängig voneinander. Auch wenn diese Annahme gewagt erscheint, sind Verfahren, die auf dieser Annahme basieren, relativ erfolgreich.

Aus den Bag-Of-Words Repräsentationen von Dokumenten könnten wir in analoger Weise eine Term-Dokument-Inzidenzmatrix konstruieren, die anstelle boolescher Werte die Termfrequenzen der Dokumente enthält. ◘ Abb. 3.3 zeigt ein Beispiel einer solchen Matrix mit Termfrequenzen für das Beispiel aus ▶ Abschn. 3.1.1[7]

Wie man dieser Matrix entnehmen kann, liegt der Schwerpunkt der meisten Dokumente eher im Bereich semantischer Technologien, bzw. bei D1 auch im Bereich der Textverarbeitung, als im Bau von Suchmaschinen. Natürlich besitzt auch diese Matrix die bereits bekannten Nachteile.

---

7 Wir verwenden hier der Einfachheit halber die im Index des jeweiligen Buchs angegebene Anzahl der Seiten, in denen der Begriff vorkommt, da das Durchzählen der Worte aller dieser Bücher zu aufwändig gewesen wäre. Die Erwähnungen in D7 wurden dem Inhaltsverzeichnis entnommen, da D7 keinen Index enthält.

3.1 · Repräsentation von Dokumenten

Aufgabe 3.3
a) Wie viele Bytes werden für die Speicherung jedes Termhäufigkeitswerts benötigt?
b) Wie groß würde damit die Inzidenzmatrix bei 100.000 Dokumenten und einem Vokabular von 150.000 Termen, wenn wir den Speicherplatz für die Dokumentenbezeichner und die Terme vernachlässigen?

Zweckmäßiger ist es daher, auch solch eine Matrix in einen **invertierten Index** zu überführen. Die **Termhäufigkeiten** werden hierzu im invertierten Index als Erweiterung der Einträge der Posting-Listen gespeichert, z. B. als Tupel, zwei-elementige Listen oder Records. Jeder dieser Einträge gibt dann an, wie häufig der Term in dem jeweiligen Dokument auftritt. Zweckmäßig ist es darüber hinaus, bereits beim Hinzufügen oder ggf. dem Löschen von Dokumenten die Gesamthäufigkeit des Terms im Korpus zu berechnen, bzw. zu aktualisieren und diese ebenfalls explizit im invertierten Index zu speichern (siehe hierzu ◘ Abb. 3.4). Hierdurch können wiederholte Berechnungen

		Tokenizing	PoS-Tagging	Nominalphrase	Levenshtein-Distanz	Inverser Index	Facettierte Suche	Semantische Suche	...	Synonyme	Semantic Web	Thesaurus	Ontologie
Computerlinguistik und Sprachtechnologie	D1	1	10	1	2	1	0	0	...	3	4	1	9
Künstliche Intelligenz - Ein moderner Ansatz	D2	1	0	0	0	0	0	0	...	2	1	0	3
Informationsintegration	D3	1	0	0	3	0	0	0	...	8	4	7	7
Web Information Retrieval	D4	0	0	0	0	0	0	0	...	2	1	2	0
Suchmaschinen verstehen	D5	0	0	0	0	2	0	1	...	1	2	0	0
Semantische Technologien	D6	0	1	0	1	0	1	2	...	5	1	2	5
Semantische Suchsysteme für das Internet	D7	0	0	0	0	0	0	2	...	0	1	1	1
Corporate Semantic Web	D8	0	1	0	0	0	4	2	...	2	7	2	19

◘ **Abb. 3.3** Term-Dokument-Inzidenzmatrix mit Termhäufigkeiten

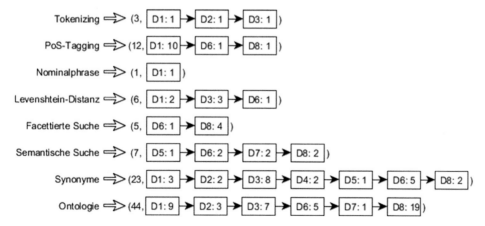

◘ **Abb. 3.4** Invertierter Index mit Termfrequenzen

vermieden werden, um spätere Berechnungen effizient implementieren zu können, wie z. B. die Berechnung der **inversen Dokumentfrequenz** (siehe ▶ Abschn. 3.6.1.3).

> **Tipp**
>
> In ▶ Abschn. 3.1.2 hatten wir bereits erwähnt, dass wir, sofern wir Dokumente aus dem Index löschen wollen, einen normalen Index benötigen, um alle Terme identifizieren zu können, deren Posting-Listen zu aktualisieren wären. Wir könnten in diesem Index jedoch auch gleich die Bag-Of-Word Repräsentation des Dokuments speichern und lediglich einen einfachen invertierten Index verwenden. In Abschn. 3.6.5 werden wir sehen, wie wir das Kosinus-Maß zur Berechnung der Sorting der Ergebnisdokumente effizient implementieren können. Durch eine Speicherung der Termhäufigkeiten in einem normalen Index würden wir einen Teil der Effizienz einbüßen, da ein zusätzlicher Zugriff auf den normalen Index notwendig wäre. Diese Einbuße können wir durch die Speicherung der Häufigkeiten im invertierten Index vermeiden, auch wenn dies in der Regel einen zwei- bis vierfach höherer Speicherbedarf mit sich bringt.

3.2 Interpretation von Suchanfragen

Eine Suchanfrage, die lediglich aus einem Term besteht, ist relativ einfach zu interpretieren. Der Nutzer sucht ganz einfach nach allen Dokumenten, die den Term enthalten, bzw. bei einer semantischen Suche nach Dokumenten, die etwas mit dem durch den Term ausgedrückten Begriff zu tun haben.

Bei einer normalen Volltextsuche bedarf es, nach einer Aufbereitung des Anfragetextes – analog zu allen anderen Dokumenten –, lediglich eines Nachschlagens im invertierten Index, um die **Posting-Liste** des Terms abzurufen und diese ggf. nach einer weiteren Sortierung auszuliefern.

Sofern der gesuchte Term einen **Wildcard-Operator** enthält, möchte der Nutzer jedoch alle Dokumente finden, die unterschiedliche Formen des gesuchten Terms enthalten. Insofern drückt ein Wildcard-Operator aus, dass der Nutzer an jedem Dokument interessiert ist, egal welche Form des Terms im Dokument enthalten ist. Aus logischer Sicht entspricht dies einer Verknüpfung aller unterschiedlichen Termformen durch einen **OR-Operator**, sprich einer **Disjunktion**. Der Abruf der entsprechenden Terme erfolgt so, wie Sie es sich bereits in Aufgabe 3.2 in ▶ Abschn. 3.1.3 erarbeitet haben.

Was aber, wenn die Anfrage aus mehreren Termen besteht? Wie ist eine solche Anfrage zu interpretieren?

Allein aus logischer Perspektive betrachtet, gibt es drei Möglichkeiten, wie eine solche Anfrage interpretiert werden kann:
a. der Benutzer möchte, dass jeder Treffer mindestens einen der gesuchten Begriffe enthält,
b. der Benutzer möchte, dass jeder Treffer so viel angefragte Begriffe wie möglich enthält, oder
c. der Benutzer möchte, dass nur Treffer angezeigt werden, die alle Begriffe enthalten.

Diese Hypothesen können auch in Form von logischen Operatoren[8] ausgedrückt werden, als a) **OR**, b) **ANDOR** oder c) **AND** verknüpft. Welche dieser Interpretationen ist jedoch die zweckmäßigste?

Legt man Interpretation a) zugrunde, würde dies bedeuten, dass Nutzer so viele Treffer wie möglich finden wollen. In den Anfangszeiten des WWW und der Suchmaschinen mag dies eine mangels Masse sinnvolle Interpretation gewesen sein. Heutzutage aber, erscheint es, bedingt durch die verfügbaren Informationsmengen, plausibler, dass Benutzer eher an weniger, dafür aber besseren Treffern interessiert sind.

Interpretation b) repräsentiert die Art und Weise wie u. a. *Google*, *Lucene*, *Solr* und *ElasticSearch* arbeiten. Diese nehmen eine implizite Oder-Verknüpfung an, gewichten aber die Treffer anhand der Anzahl der Anfrageterme, die in ihnen enthalten sind. Auf den vorderen Rängen der Ergebnislisten werden damit die Treffer angezeigt, die die meisten Anfrageterme enthalten.

Analysiert man reale Suchanfragen in Logdateien von Suchfunktionen, dann erscheint jedoch Interpretation c) am plausibelsten, da vielfach nach Wortkombinationen gesucht wird, die die Treffermenge gegenseitig einschränken. Wenn beispielsweise in einem Reiseportal nach *Pension Berchtesgaden Halbpension* gesucht wird, kann man davon ausgehen, dass der Suchende auch genau daran interessiert ist. Mit der Interpretation b) könnten jedoch auch Treffer gefunden werden, die ein *Hotel* in *Wanne-Eickel* mit *Halbpension* beschreiben oder Informationen darüber, wie sich *Halb-* und *Vollpension* voneinander unterscheiden. Oder wenn jemand nach der Software *Adobe Premiere* sucht, wird er wohl kaum an *Premiere von Figaros Hochzeit* interessiert sein.

> **Tipp**
>
> Im Kontext semantischer Suche macht die Interpretation c) am meisten Sinn. Einerseits, da die UND-Verknüpfung eine sehr starke Einschränkung der Suchergebnisse mit sich bringt und andererseits, da durch die Berücksichtigung verwandter Begriffe auch noch andere Alternativen berücksichtigt und damit das Ergebnis nicht zu stark, aber dennoch zielgerichtet eingeschränkt wird.

3.3 Anfrage-Operatoren

In den letzten beiden Abschnitten haben wir bereits einige der **Anfrage-Operatoren** angesprochen, die im Kontext von Suchfunktionen entweder explizit verwendet werden oder implizit angenommen werden. Auch wenn Nutzer komplexe **Boolesche Anfragen** nur selten nutzen, ist es dennoch sinnvoll zu wissen, wie die Anfrage-Operatoren umgesetzt werden können. Zudem wird eine eingeschränkte Auswahl dieser Operatoren benötigt, um ggf. einen **Wildcard-Operator**, die implizite UND-Verknüpfung von Anfragetermen, den Ausschluß von Termen durch Negation und

---

8   Im engen Sinn ist ANDOR kein aus der Logik bekannter Operator. Im Bereich der Suchmaschinen ist er jedoch ein verbreiteter Operator, der die Eigenschaften von AND und OR kombiniert. Wir betrachten ihn daher der Einfachheit halber als logischen Operator.

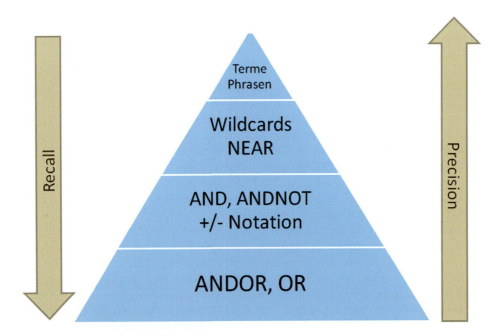

Abb. 3.5 Ausdrucksstärke von Anfrageoperatoren

einen **Phrasen-Operator** umsetzen zu können, mit denen Suchergebnisse weiter eingegrenzt werden können.

Abb. 3.5 setzt die wichtigsten Anfrage-Operatoren bezüglich ihrer Ausdrucksstärke zueinander in Beziehung. Neben den bereits erwähnten Operatoren **Wildcards**, **AND**, **OR**, **ANDOR** finden sich in dieser Darstellung weitere logische Operatoren, wie **ANDNOT** und +/-, und zur Einschränkung der textuellen Nähe von Begriffen die Markierung von Phrasen durch „" und der **NEAR-Operator**. Wir gehen auf diese Operatoren parallel zur Erläuterung ihrer Ausdrucksstärke ein.

Als **Ausdrucksstärke** wird hier die Fähigkeit der Operatoren bezeichnet, die Suchergebnisse einzuschränken. D. h. ein Operator ist ausdrucksstärker, wenn durch ihn die Anzahl der gefundenen Dokumente stärker eingeschränkt werden kann als durch einen anderen.

Wie bereits im letzten Abschnitt angedeutet, besitzen die **OR-Operator** und **ANDOR-Operator** die geringste Ausdrucksstärke. Egal, welcher der mit diesen Operatoren verknüpften Terme in einem Dokument enthalten ist, das Dokument stellt einen potentiellen Treffer dar.

Stärker einschränkend hinsichtlich der gefundenen Dokumente ist die nächste Schicht der mit UND-verknüpften Operatoren. Hierzu gehören der **AND-Operator**, der eine logische **Konjunktion** realisiert und der **ANDNOT-Operator**, der eine Kombination aus einer UND-Verknüpfung und einer Negation darstellt.[9] Die +/--No-

---

[9] Eine alleinstehende Negation ist bei Suchfunktionen normalerweise sinnlos. Z.B. müsste eine Anfrage wie *NOT Auto* alle Dokumente zurückliefern, die den Term *Auto* nicht enthalten. Da Menschen normalerweise nicht in derartigen Negationen denken (Probieren Sie einfach mal sich einen *Nicht-Elefanten* vorzustellen), ist eine Negation nur zur Einschränkung der Treffer eines positiven Suchbegriffs sinnvoll.

tation war und ist eine von *AltaVista* und *Google* verwendete Notation, die vorangestellte Präfix-Operatoren nutzt, um auszudrücken „muss enthalten" (+) und „darf nicht enthalten" (−). Die Operatoren dieser Ebene schränken Treffer auf die Dokumente ein, die die Suchbegriffe an irgendwelchen Positionen innerhalb des Dokuments enthalten (bzw. nicht enthalten), egal wie weit diese voneinander entfernt sind.

Mit dem **NEAR-Operator**, der im Grunde einer räumlich auf bestimmte Abstände einschränkbaren Konjunktion entspricht, kann die Treffermenge weiter auf Dokumente eingeschränkt werden, die die gesuchten Terme in einem maximal Abstand k zueinander enthalten.

Sofern k = 1 gewählt wird, kann der NEAR-Operator dazu verwendet werden, das direkte Aufeinanderfolgen von Termen in einer **Phrase** – die normalerweise in Anführungsstriche („") eingeschlossen werden – zu simulieren. Analog zu einzelnen Termen besitzen Phrasen die größte Ausdrucksstärke, da nur Dokumente selektiert werden, die die gesuchten Begriffe in genau der gleichen Reihenfolge enthalten.

Mit den beiden Pfeilen in ◘ Abb. 3.5 wird angedeutet, welche Auswirkungen die Operatoren zur Verknüpfung von Anfragen auf den Recall und die Precision haben. Mit dem **Recall** (**Trefferquote**) wird üblicherweise das Verhältnis zwischen den Treffern zu allen findbaren Dokumenten bezeichnet und mit **Precision** (**Genauigkeit**) das Verhältnis der Treffer zur Menge aller relevanten Dokumente. Eine geringere Ausdrucksfähigkeit eines Operators ergibt in der Regel einen höheren Recall bei geringerer Precision, während ausdrucksstärkere Operatoren eine geringe Trefferquote bei einer größeren Genauigkeit erzeugen.

3.4 Boolesche Anfragen an einen invertierten Index

Wir haben mittlerweile gesehen, wie Dokumente in einem invertierten Index über Posting-Listen repräsentiert werden können, wie ein Wildcard-Operator über das Retrieval von Termen über dem Dictionary eines invertierten Index realisiert werden kann, wie die Verknüpfung von Anfragetermen interpretiert werden kann, welche Anfrage-Operatoren im Kontext von Suchfunktionen sinnvoll sind und welche Ausdrucksstärken diese Operatoren besitzen.

Im Folgenden beschreiben wir im Detail, wie ein AND-Operator über einem invertierten Index am effizientesten implementiert werden kann. Die Implementierung des OR- und ANDOR-Operators wird dem Leser als Übung überlassen. Wir beschreiben diese Implementierungen über eine einfache Implementierung in Python mit simplen Datenstrukturen. Diese sollten als Schema für effizientere objekt-orientierte Implementierungen in C, C++ oder Java ausreichen.

3.4.1 AND-Operator über einem invertierten Index

Als illustratives Beispiel verwenden wir wieder den invertierten Index aus ◘ Abb. 3.2. Nehmen wir an, ein Benutzer ist daran interessiert, Dokumente zu finden, die die Themen *POS-Tagging* und *Semantische Suche* behandeln. Entsprechend ▶ Abschn. 3.2 Interpretation c) interpretieren wir die Terme seiner Eingabe „*POS-Tagging Seman-*

■ **Abb. 3.6** Posting-Listen der Anfrageterme

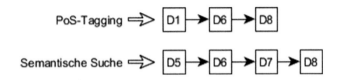

tische Suche" als UND-verknüpft. Ein Abruf der Posting-Listen aus dem invertierten Index resultiert in den in ■ Abb. 3.6 dargestellten Posting-Listen.

Wie können wir diese Posting-Listen so verarbeiten, dass wir als Ergebnis alle Dokumente erhalten, die beide Terme enthalten?

Eine naive Implementierung würde die Posting-Listen schlicht als Mengen betrachten und den AND-Operator über die Schnittmengen-Operation der beiden Mengen realisieren. Diese Operation besitzt einen quadratischen Aufwand über dem Umfang der kleineren Menge.

Indem wir die Sortierung der **Posting-Listen** nutzen, können wir eine Implementierung umsetzen, deren Aufwand im schlimmsten Fall linear von der Länge beider Posting-Listen abhängt.[10] Die Grundidee dieses Algorithmus ist es, über beide Listen jeweils einen Zeiger laufen zu lassen (im Code p1 und p2) und jeweils den Zeiger weiter zu setzen, der auf das – entsprechend der Sortierreihenfolge – kleinere der beiden Listenelemente verweist. Für den Fall, dass beide Zeiger auf denselben Dokumenten-ID verweisen, gehört dieser zur Schnittmenge und wird in das Ergebnis übernommen. Falls ein Zeiger über das Ende der Liste hinaus weiter gesetzt werden müsste, terminiert der Algorithmus.

```
def AND_Operator(a,b):
    # a and b of type sorted list
    sortedList = []
    p1 = p2 = 0
    while (p1 < len(a) and p2 < len(b)):
        if a[p1] == b[p2]:
            sortedList.append(a[p1])
            p1 += 1
            p2 += 1
        else:
            if (a[p1] < b[p2]):
                p1 += 1
            else:
                p2 += 1
    return(sortedList)
```

---

10 Über sogenannte Skip-Pointer kann der Algorithmus sogar noch weiter optimiert werden, so dass er nur noch einen sublinearen Aufwand benötigt (siehe hierzu Manning et al. 2009).

> **Tipp**
>
> Sind mehrere Suchbegriffe durch den AND-Operator zu verknüpfen, so ist es zur Effizienzsteigerung sinnvoll, die Suchbegriffe anhand der Anzahl der Dokumente, in denen sie auftreten, zu sortieren und zuerst die Suchbegriffe mit den kürzesten Posting-Listen zu verarbeiten. Hierdurch kann sichergestellt werden, dass unnötige Vergleiche mit langen Posting-Listen am Anfang vermieden werden, da im Endeffekt die kürzeste Posting-Liste für das Ergebnis ausschlaggebend ist. Der Vergleich mehrerer Posting-Listen kann natürlich abgebrochen werden, sobald der AND-Operator eine leere Liste zurückliefert.

3.4.2 Weitere Boolesche Operatoren im Selbstbau

Wie der **AND-Operator** effizient implementiert werden kann, wissen Sie nun. Jetzt ist es an Ihnen, den optimierten AND-Operator, einen optimalen **OR-Operator** und **ANDNOT-Operator** selbst zu implementieren. Als kleine Unterstützung steht Ihnen im begleitenden Github Repository ein Jupyter Notebook („Boolesche Operatoren über Posting-Listen.ipynb') zur Verfügung, in dem auch ein paar Beispieldaten zum Testen Ihrer Lösung enthalten sind.

? Aufgabe 3.4
Wie kann der Aufruf des AND-Operators erfolgen, um eine Anfrage, bestehend aus einer Liste von mehr als zwei Suchbegriffen, so effizient wie möglich zu verarbeiten?

? Aufgabe 3.5
Implementieren Sie analog zum binären AND-Operator einen binären OR-Operator, der die Sortierung der Posting-Liste optimal nutzt.

? Aufgabe 3.6
Implementieren Sie analog zum binären AND-Operator einen binären ANDNOT-Operator, der die Sortierung der Posting-Liste optimal nutzt.

3.5 Erweiterte Anfragen an einen positionellen invertierten Index

Mit dem AND-, OR- und ANDNOT-Operator haben wir die Grundlagen zur Verknüpfung von Anfragen über einem einfachen invertierten Index kennengelernt. Mit der Darstellung der Operatoren wollten wir zeigen, wie die Algorithmen unabhängig von der Programmiersprache effizient implementiert werden können. Python haben wir lediglich zur Illustration verwendet.

Bei einer realen Implementierung eines einfachen invertierten Index in Python wäre es in der Tat viel effizienter, die Posting-Listen durch Posting-Mengen zu realisieren und die Booleschen Operatoren AND, OR, und ANDNOT über die Schnitt-, Vereinigungs- und Differenz-Operation (intersection, union und -) umzusetzen, da Mengen-Operationen in Python stark optimiert sind.

◘ Abb. 3.7 Positioneller invertierter Index

Dieser Vorteil verschwindet jedoch, wenn wir zu etwas komplexeren invertierten Indexen übergehen müssen, um zusätzliche Informationen bei der Verknüpfung von Termen zu berücksichtigen. Dieser Fall tritt ein, wenn wir beispielsweise Positionsinformationen von Token benötigen, um die räumliche Nähe von Termen für den **NEAR-Operator** zu ermitteln oder um **Phrasen** („") zu implementieren. In diesem Fall benötigen wir für jeden Term in jedem Dokument Informationen über dessen Positionen, so dass die Posting-Liste nicht nur atomare Dokument-IDs enthält, sondern einen komplexeren Datentyp, auf dem Vergleiche nicht mehr durch die Python-eigenen Mengen-Operationen erfolgen können.

Bei den Positionen handelt es sich um die relative Token-Position der Terme nach der Tokenisierung. Hierdurch sind Vergleiche der Nähe von Termen unabhängig von deren Länge und damit relativ zu deren Reihenfolge möglich. Die absoluten Positionen würden die Umsetzung des NEAR-Operators, bzw. der Phrasen nur unnötig komplizieren, da jeweils auch die Länge der entsprechenden Terme zu berücksichtigen wäre.

Die Positionen eines solchen komplexeren invertierten Index werden in sortierten Positionslisten gehalten und wir bezeichnen diesen Index dann als **positionellen invertierten Index** – im Folgenden zur Vereinfachung als PII abgekürzt.

Für eine Auswahl der Terme unserer kleinen Beispieldomäne zeigt ◘ Abb. 3.7, wie ein um Positionslisten erweiterter PII aufgebaut ist.[11] Die Knoten mit den abgerundeten Ecken beinhalten bei dieser Darstellung die Token-Positionen.

---

11 Da wir zur Illustration des invertierten Index den Index von Büchern genutzt haben, um die Termhäufigkeit zu ermitteln, wurden für diese Illustration auch nur die Seitenzahlen der entsprechenden Begriffe verwendet. Natürlich müssten bei einer realen Implementierung die Token-Positionen der Terme verwendet werden.

3.5 · Erweiterte Anfragen an einen positionellen invertierten Index

Natürlich wird zur Konstruktion der Positionslisten die Token-Position jedes Terms benötigt. Im ungünstigsten Fall müsste bei der Indexierung das Dokument hierfür nochmals Token für Token durchgegangen werden, um die Positionen der von der Textaufbereitung übergebenen Tokenliste zu ermitteln. Es ist daher zweckmäßiger, bereits bei der **Tokenisierung** oder dem **Nounphrase-Chunking**[12] die Token-Positionen zu ermitteln und diese zusammen mit den Token der Indexierung zu übergeben.

Da in dieser Liste die Positionen bereits in aufsteigender Reihenfolge enthalten sind, reicht es aus, die Position an die jeweilige Positionsliste des entsprechenden Terms anzuhängen, um die Sortierung der Positionslisten sicherstellen zu können.

3.5.1 NEAR-Operator über positionellen invertierten Index

Analog zum AND-Operator können wir mit dem PII den **NEAR-Operator** umsetzen. Hierbei macht es Sinn, diesen Operator zu parametrisieren. Der zusätzliche Parameter dient hierbei der Spezifikation des maximalen Abstands k, den die gesuchten Terme zueinander haben dürfen.

Zur Illustration verwenden wir wiederum einen Ausschnitt – in ◘ Abb. 3.8 dargestellt – aus dem Beispiel in ◘ Abb. 3.7, den wir jedoch leicht erweitert haben.

Angenommen, wir sind an Dokumenten interessiert, die Auskunft über das *POS-Tagging von Nominalphrasen* oder die Ableitung *von Nominalphrasen nach dem POS-Tagging* geben, dann könnte unsere Anfrage z. B. als *POS-Tagging NEAR/3 Nominalphrase* formuliert sein, wobei die Zahl hinter dem Operator den maximalen Abstand k beider Terme zueinander angibt.

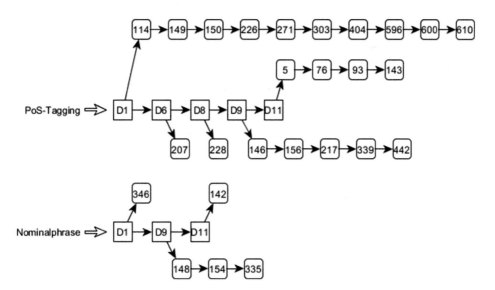

◘ **Abb. 3.8** Posting- und Positionslisten der Anfrageterme

---

12 Sofern während der Textaufbereitung mehrere Token zu Nominalphrasen oder Entitäten zusammengefasst werden, erfordert dies u. U. eine nachträgliche Renummerierung nachfolgender Token-Positionen.

Offensichtlich müßten wir bei diesem Beispiel für die Dokumente D1, D9 und D11 die Positionslisten beider Terme miteinander vergleichen. Hierbei würden wir als Ergebnis D9 und D11 erwarten, wobei wir für D9 zwei Belege hätten (die Positionen 146, 148 und 156, 154) und für D11 einen Beleg (142, 143).

Die Grundidee hinter dem NEAR-Operator ist es, den **AND-Operator** für Posting-Listen so zu modifizieren, dass, wenn beide Zeiger auf dieselbe Dokument-ID verweisen, die Positionslisten mit zwei weiteren Zeigern in analoger Weise untersucht werden. Hierbei wird überprüft, ob der absolute Abstand beider Terme zueinander kleiner gleich dem übergebenen maximal Abstand k ist. Falls dies der Fall ist, kann die Dokument-ID als Ergebnis verwendet werden, falls nicht wird der Zeiger, der auf die jeweils kleinere Position zeigt, weiter geschaltet. Dies erfolgt solange, bis die kürzeste der Positionslisten durchlaufen wurde.

```
def NEAR_Operator(a,b,k = 3):
    sortedList = []
    p1 = p2 = 0
    while (p1 < len(a) and p2 < len(b)):
        if a[p1][0] == b[p2][0]:
            positions = []
            # pp1 and pp2 are pointers on position lists
            pp1 = pp2 = 0
            # ap and bp are the position lists
            ap = a[p1][1]
            bp = b[p2][1]
            while ( pp1 < len(ap) and pp2 < len(bp) ):
                diff = bp[pp2] - ap[pp1]
                if abs(diff) <= k:
                    # positions are closer than k
                    positions.append(bp[pp2] if ap[pp1] <= bp[pp2] else ap[pp1])
                    pp1 += 1
                    pp2 += 1
                else:
                    if ap[pp1] < bp[pp2]: # advance position pointers
                        pp1 += 1
                    else:
                        pp2 += 1
            if positions:
                # if position candidates could be found the document
                sortedList.append((a[p1][0],positions))
            p1 += 1
            p2 += 1
        else:
            if (a[p1][0] < b[p2][0]): # advance smaller pointer
                p1 += 1
            else:
                p2 += 1
    return(sortedList)
```

Damit dieser Operator – analog zum AND-Operator in AUFGABE 3.4 – mehrfach hintereinander auf nachfolgende Terme anwendbar ist, muss als Ergebnis ein Tupel, bestehend aus dem jeweiligen Dokument und der Liste aller passenden Positionen, zurückgegeben werden.

? Aufgabe 3.7

a) In ▶ Abschn. 3.3 wurde erwähnt, dass ein Phrasen-Operator über den NEAR-Operator simuliert werden kann. Warum reicht die Implementierung des NEAR-Operators hierfür noch nicht aus?
b) Wie müsste die Implementierung des NEAR-Operators modifiziert werden, um den Phrasen-Operator korrekt zu implementieren?
c) Wie müsste der Phrasen-Operator implementiert werden, damit er, wie der AND-Operator und der NEAR-Operator, auf mehrere einfache Terme angewandt werden kann.

Sie sollten jetzt in der Lage sein, auch den **AND-Operator**, den **OR-Operator** und den **ANDOR-Operator** für einen PII umsetzen zu können.

? Aufgabe 3.8

Implementieren Sie den AND-Operator, den OR-Operator und den ANDOR-Operator für einen PII. (Ohne Musterlösung)

3.5.2 Komplexere Anfragen

Bisher haben wir lediglich Anfragen betrachtet, die aus einzelnen Termen, Termen mit Wildcards, der Verknüpfung zweier oder mehrerer Terme allein mit AND, OR, ANDNOT, NEAR/k und „" bestanden. Allein mit diesen Operatoren können wir bereits eine ausdrucksfähige Anfragesprache bereitstellen. Auch wenn Benutzer normalerweise keine komplexeren booleschen Anfragen formulieren, könnten wir noch weiter gehen und eine nahezu vollständige aussagenlogische Anfragesprache bereitstellen. Hierzu müssten wir beliebig geschachtelte Kombinationen der obigen Operatoren zulassen und Möglichkeiten zur Klammerung zur Verfügung stellen.

Offensichtlich würde dies bedeuten, dass wir beliebig komplexe Ausdrücke auf dem invertierten Index abarbeiten müssten. Um diese Abarbeitung zu vereinfachen und ggf. über eine Map-Reduce-Architektur parallelisieren zu können, ist es zweckmäßiger, die Anfrage nach Verarbeitung aller Anfrageterme in die **disjunktive Normalform** zu überführen. Hierdurch kann jedes Disjunkt unabhängig von den anderen und damit parallel auf dem Index verarbeitet werden. Die erhaltenen Ergebnisse aller Disjunkte wären nur noch zu integrieren.

3.6 Ranking der Ergebnisse

In den vorausgegangenen Abschnitten haben wir gesehen, wie ein invertierter Index zum schnellen Zugriff auf Dokumente, in denen die Anfrageterme vorkommen, aufgebaut werden kann. Wir haben mehrere Varianten kennengelernt, die über eine Hash-Tabelle oder Präfix-Bäume zugreifbar sind und die der Speicherung von Termhäufigkeiten und -positionen dienen. Wir haben darüber hinaus unterschiedliche boolesche Anfrage-Operatoren wie AND, ANDOR, ANDNOT und OR kennengelernt, die zur impliziten oder expliziten Verknüpfung von Anfrage-Termen genutzt werden können und haben gesehen, wie diese Operatoren effizient über einem invertierten Index implementiert werden können. Darüber hinaus haben wir erfahren, dass andere Operatoren, wie Wildcards, Phrasen und der NEAR-Operator, eine Unterstützung seitens des invertierten Indexes benötigen. Offensichtlich haben wir damit einen kleinen Baukasten zur Konstruktion unterschiedlicher Varianten von invertierten Indexen und Anfrage-Operatoren zur Umsetzung von Anfragesprachen mit unterschiedlicher Ausdrucksstärke. Dieser Werkzeugkasten erlaubt es uns, die Dokumente zu ermitteln, in denen die gesuchten Anfrage-Terme enthalten sind oder nicht enthalten sind. Das heißt, wir haben bisher nur einen Baukasten für die **Boolesche Suche**, mit der wir ermitteln können, ob ein Dokument dem Benutzer anzuzeigen ist oder nicht.

Was uns fehlt, ist ein Ordnungskriterium, welches uns sagt, in welcher Reihenfolge die Dokumente präsentiert werden sollten, welche Dokumente wichtiger und welche nicht so wichtig sind. Im Endeffekt möchten wir Nutzer durch eine möglichst intelligente Anordnung unterstützen, so dass die für sie wichtigen Dokumente zuerst angezeigt werden und sie ihre Zeit nicht mit weniger wichtigen vergeuden müssen. Hierbei stellen sich jedoch zwei Probleme:
1. Wir kennen die Interessen des Nutzers eigentlich nur aus der/n Anfrage/n.
2. Wir wollen so wenig Annahmen über den Nutzer machen wie nötig.

Das Problem, das es jetzt zu lösen gilt, heißt somit: Wie können wir die Dokumente in eine für den Nutzer hilfreiche Reihenfolge bringen, ohne viel Wissen über den Nutzer zu haben und ohne zu viele Annahmen über ihn machen zu müssen?

Bereits in ▶ Abschn. 1.10 haben wir vier wesentliche Faktorengruppen kennengelernt, die uns für die Anordnung der Suchergebnisse zur Verfügung stehen. Diese stellen wir in ◘ Abb. 3.9 nochmals dar.

Hierbei handelt es sich um die Dokumente selbst und die Anfrage. Und, je nach Einsatzgebiet der Suchfunktion, um strukturelle Faktoren, wie z. B. die Verlinkung im Web oder Informationen aus **Wissensnetzen** und Nutzungsinformationen, wie das Click-Verhalten oder Rückmeldungen (Feedback) von Nutzern.

Da wir in erster Linie an semantischen Suchverfahren interessiert sind, werden wir im folgenden nur auf einen kleinen Ausschnitt dieser Faktoren eingehen.

3.6.1 Dokumentfaktoren

Zwar bezeichnet man Textdokumente in der Regel als unstrukturiert, wenn man sie sich jedoch genauer ansieht, sind sie alles andere als unstrukturiert. Dokumente besitzen in der Regel einen Titel, der Dokumententext selber ist strukturiert in Kapitel, Abschnitte, Absätze, Sätze, Fußnoten, Querverweise oder Links. Je nach Dokumentenart besitzen einzelne Abschnitte eine Funktion, wie Zusammenfassungen, Literaturangaben, Kontaktdaten. Dokumente enthalten darüber hinaus Abbildungen, Tabellen und Grafiken. Selbst die einzelnen Sätze besitzen eine – teilweise komplexe – Struktur.

3.6.1.1 Unterscheidung und Gewichtung von Inhalten

In der Regel sind zwei Inhalte eines Dokuments im Kontext einer Suchfunktion am wichtigsten: Der Titel und der Dokumenteninhalt. Während der Titel in der Regel als Kurzfassung des Dokuments zur Anzeige der Suchergebnisse verwendet wird,

3.6 · Ranking der Ergebnisse

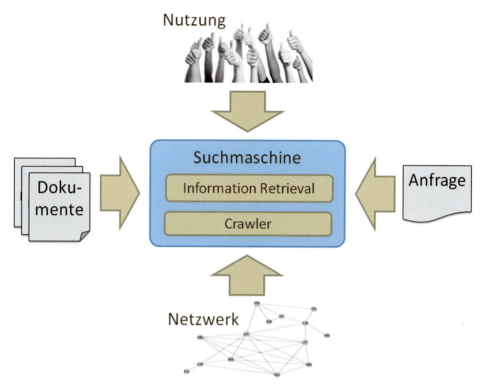

◘ Abb. 3.9 Einflussfaktoren auf das Ranking

wird der Dokumenteninhalt – unter der Annahme, dass Benutzer in der Regel an den Inhalten interessiert sind – für die Trefferauswahl benötigt.

Von Anwendungsgebiet zu Anwendungsgebiet können sich die Gewichtungen jedoch verschieben. Bei Zeitungsmeldungen beispielsweise ist der Titel eher aufmerksamkeitserregend – und mitunter mehrdeutig – formuliert, um das Interesse der Leser zu gewinnen. Hier ist der Dokumenteninhalt in der Regel aussagekräftiger. Bei Stellenanzeigen oder wissenschaftlichen Artikeln ist der Titel normalerweise neutral und faktenlastig formuliert, so dass er den Inhalt kompakt zusammenfasst. Bei Einsatzmeldungen der Polizei oder Feuerwehr beschreibt der Titel das jeweilige Ereignis, das im Dokumententext weiter präzisiert wird. Es macht daher Sinn, je nach Anwendungsgebiet Titel und Textinhalt unterschiedlich zu gewichten.

3.6.1.2 Termfrequenz

Augenscheinlich besitzen Dokumente unterschiedliche Längen. Kurze Texte enthalten weniger Worte als lange Texte, bezogen sowohl auf die Anzahl unterschiedlicher **Lexeme**, als auch auf deren absolute Häufigkeiten. Das heißt, die Häufigkeitsverteilungen der Dokumente unterscheiden sich. Würde man allein die absolute Häufigkeit eines Terms (seine **Termfrequenz**) als Bewertungskriterium heranziehen, würden längere Texte immer besser bewertet werden als kürzere. Um diesen **Bias** (Verzerrung) zu vermeiden, macht es Sinn, die Häufigkeit eines Terms innerhalb eines Dokuments relativ zu dessen Länge zu gewichten resp. zu normalisieren.

Zwei der gebräuchlichsten Methoden, die **relative Termfrequenz** der Terme zu berechnen, sind die sublineare Skalierung und die Normalisierung bzgl. der maximalen Termhäufigkeit (siehe auch (Manning et al. 2009)).[13]

- **Sublineare Skalierung**

Der **sublinearen Skalierung** liegt der Gedanke zugrunde, dass es sehr unwahrscheinlich ist, dass der Informationsgehalt eines Terms linear von dessen Häufigkeit abhängig ist.

$$wf_{t,d} = \begin{cases} 1 + \log tf_{t,d} & tf_{t,d} > 0 \\ 0 & tf_{t,d} = 0 \end{cases}$$

Der Logarithmus sorgt bei dieser Gewichtung dafür, dass sich Häufigkeitsunterschiede zwischen seltenen Termen stärker auf die Gewichtung auswirken als der gleiche absolute Unterschied zwischen häufigeren Termen.

- **Maximum-Normalisierung**

Bei der **Maximum-Normalisierung** wird die Häufigkeit jedes Terms dokumentspezifisch mit der Häufigkeit des Terms normalisiert, der am häufigsten im jeweiligen Dokument auftritt,

$$nf_{t,d} = a + (1-a) \frac{tf_{t,d}}{tf_{\max}(d)}$$

wobei die Konstante a einen Dämpfungsfaktor darstellt, um Sprünge der Gewichtung bei kleinen Häufigkeitswerten abzumildern.

> **Aufgabe 3.9**
> Wie verhalten sich diese beiden Normalisierungsmethoden bei den beiden Extremwerten der Termhäufigkeitsverteilungen
> a. bei Dokumenten?
> b. bei Anfragen?

3.6.1.3 Inverse Dokumentfrequenz

Die Häufigkeiten von Wörtern eines Korpus folgen in der Regel dem **Zipf'schen Gesetz**, einer empirischen Beobachtung, dass die Wahrscheinlichkeit eines bestimmten Wortes umgekehrt proportional zu dessen Rang ist. Anders ausgedrückt: die Worte folgen einer Potenzverteilung (siehe ◘ Abb. 3.10).

Im ▶ Abschn. 2.11 hatten wir bereits motiviert, dass viele **Synsemantika** und auch häufig vorkommende **anwendungsbereichs-spezifische Stoppworte** ignoriert werden können. Auch Terme, die sehr selten im Korpus auftreten, wie selten gebrauchte oder fehlerhaft geschriebene Worte, Artefakte, die sich aus dem Textextraktionsprozess ergeben, oder Bezeichnungen die so ungewöhnlich sind, dass sie lediglich einmal im

---

[13] Eine weitere Form der Skalierung, die für eine semantische Suche von Bedeutung ist und die wir als **semantische Skalierung** bezeichnen können, werden wir in ▶ Abschn. 6.4.3.5 kennenlernen.

3.6 · Ranking der Ergebnisse

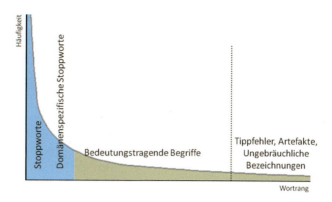

● **Abb. 3.10** Potenzverteilung der Worthäufigkeiten nach ihrem Rang

Korpus auftreten, können in der Regel ignoriert werden. Die Wahrscheinlichkeit, dass Nutzer nach solchen Termen suchen werden, ist als sehr gering einzustufen.

Übrig bleiben Begriffe, die wir als bedeutungstragend bezeichnet haben. Natürlich finden sich unter diesen auch Terme, die häufiger auftreten als andere. Aus der informationstheoretischen Perspektive betrachtet, besitzen Terme die seltener auftreten, einen größeren Informationsgehalt, da sie besser dazu geeignet sind, zwischen den Dokumenten zu differenzieren. Terme, die in der Mehrzahl der Dokumente auftreten, sind für die Unterscheidung der Dokumente weniger gut geeignet und besitzen daher einen geringeren Informationsgehalt.

Diese Sichtweise nutzend, lässt sich als weiteres Bewertungskriterium für das Ranking die **inverse Dokumentfrequenz** (als **IDF** abgekürzt) verwenden, mit der gewichtet werden kann, wie aussagekräftig ein Term ist.

$$idf(t,D) = \log \frac{|D|}{|\{d \in D | t \in D\}|}$$

Hierbei ist D der Dokumentenkorpus und t ein beliebiger Term.

❓ **Aufgabe 3.10**
Beweisen Sie, dass die inverse Dokumentfrequenz eines Terms äquivalent zu seinem Informationsgehalt ist.

3.6.1.4 Termfrequenz und Inverse Dokumentfrequenz kombiniert

Üblicherweise werden im Information Retrieval die Termfrequenz und die inverse Dokumentfrequenz miteinander zum sogenannten **TF-IDF**-Maß kombiniert:

$$tfidf_{t,d} = tf_{t,d} * idf(t,D)$$

Mit dieser kombinierten Gewichtung werden Terme, die in einem Dokument häufig, im Korpus jedoch selten vorkommen, am stärksten gewichtet. Dies ist zweckmäßig, da diese Terme die größte Unterscheidungskraft besitzen und ein Dokument, in dem solch ein Term häufig vorkommt, vermutlich sehr relevant für den Begriff ist. Terme hingegen, die in vielen Dokumenten enthalten sind oder in einem Dokument seltener auftreten, sind demgegenüber weniger relevant.

Anstelle der **Termfrequenz** können zur Berechnung des TF-IDF-Maßes natürlich auch die mit **sublinearer Skalierung** oder **Maximum-Normalisierung** normalisierten

Termfrequenzen verwendet werden, um die entsprechenden Effekte der Normalisierung in die TF-IDF-Berechnung einfließen zu lassen. In späteren Abschnitten, insbesondere ▶ 3.6.5 und 3.6.6, werden wir diese Variationen als Gewichtung $w_{t,d}$ zusammenfassen.

3.6.2 Netzwerkfaktoren

Unter Netzwerkfaktoren verstehen wir Faktoren, die über die reine Dokumentenstruktur hinausgehen und Dokumente eines Korpus untereinander vernetzen. Dies können einerseits explizite Verweise oder Links zwischen Dokumenten sein, die die Dokumente zu einem Netz oder einem Hypertext verbinden. Das World-Wide-Web ist wohl das bekannteste Netz dieser Art, aber auch die Tags in Tweets erzeugen eine über die einzelnen Tweets hinausgehende Netzstruktur. In gewisser Weise kann auch jeder einzelne, bedeutungstragende Begriff, der in unterschiedlichen Dokumenten auftritt, als Netzstruktur-erzeugend betrachtet werden, da diese Terme die Dokumente implizit miteinander verknüpfen.[14]

Andererseits können hierzu auch externe Graphen gezählt werden, wie die Begriffs- und Wissensmodelle, die Begriffe, unabhängig von einem spezifischen Korpus, miteinander verknüpfen. Da solche Modelle für symbolische semantische Suchverfahren von besonderer Bedeutung sind, gehen wir in ▶ Kap. 4 ausführlicher auf sie ein. Auf solchen Graphen lassen sich für bestimmte, definierte Pfadtypen Distanzmaße ermitteln, die zur Gewichtung von Begriffsähnlichkeiten genutzt werden können.

Im folgenden Abschnitt stellen wir zum einen PageRank als den ursprünglichen Ansatz zur Gewichtung der Wichtigkeit von Knoten in Netzwerken dar. Zum anderen, beschreiben wir in darauffolgenden Abschnitten Gewichtungsfaktoren, die auf Distanzmaßen von Graphen basieren.

3.6.2.1 PageRank

Einer der wichtigsten Algorithmen zur Gewichtung von Dokumenten ist **PageRank** (Brin und Page 1998), der den Ausgangspunkt für den Erfolg von *Google* darstellte. Dieser Algorithmus dient zur Berechnung der Wichtigkeit von Webseiten anhand ihrer Verlinkungen mit anderen Webseiten. Mathematisch betrachtet kann dies als Eigenwertberechnung der Knoten eines Graphen formuliert werden.

Der durch PageRank realisierte Prozess kann aus zwei Perspektiven, einerseits als eine Abstimmung (Voting) der Webseiten untereinander über ihre gegenseitige Wichtigkeit betrachtet werden, bei der Webseiten „Stimmen" bzw. „Stimmanteile" an andere Webseiten übertragen. Andererseits kann dieser Prozess auch als ein stochastischer Prozess genauer als Markow-Prozess) beschrieben werden, bei dem ein surfender Web-Nutzer jeweils zufällig einen Link auf einer Webseite auswählt, die-

---

[14] Diese Form der impliziten Verknüpfung von Sätzen durch die in ihnen enthaltenen Worte nutzt beispielsweise der TextRank-Algorithmus (Mihalcea und Tarau 2004) aus, um die wichtigsten Sätze eines Textes für Textzusammenfassungen zu extrahieren. Übertragen auf Dokumente, könnte ein analoger Ansatz genutzt werden, um die wichtigsten Dokumente eines Korpus zu ermitteln.

sem Link auf die nächste Seite folgt und auf dieser Webseite diesen Zufallsprozess erneut durchführt.

Um diesen Prozess mit einem brauchbaren Ergebnis terminieren zu lassen, muss der Graph frei von Sackgassen sein und der Prozess muss durch zufällige Sprünge im Graphen erweitert werden, um sogenannte *spider traps*[15] verlassen zu können.

Die vom PageRank berechneten Eigenwerte der Webseiten repräsentieren die Wichtigkeit einzelner Webseiten bezüglich der Struktur aller anderen Webseiten und deren Wichtigkeit in Form von Wahrscheinlichkeiten. Diese Wahrscheinlichkeiten können direkt als weiterer Gewichtungsfaktor beim Ranking gefundener Suchergebnisse verwendet werden.

Auch wenn der PageRank-Algorithmus primär für die Gewichtung von Webseiten genutzt wurde, ist das ihm zugrundeliegende Modell so allgemein, dass es für jedwede Graphstruktur genutzt werden kann.

3.6.2.2 Distanz- und Ähnlichkeitsmaße auf Graphen

Neben dem PageRank-Algorithmus, mit dem Gewichtungen einzelner Knoten eines Graphen berechnet werden können, können **Distanzmaße** auf dem Graphen dazu verwendet werden, die Ähnlichkeit von Knoten untereinander zu ermitteln.

Wie wir in ▶ Kap. 4 noch sehen werden, sind insbesondere zyklenfreie Graphen mit gerichteten Kanten – sogenannte **directed acyclic graphs** (oder **DAG**) von Interesse, die insbesondere für die Repräsentation von Begriffsbeziehungen und Wissen verwendet werden. Ein Beispiel für einen solchen noch unvollständigen Graphen zeigt ◘ Abb. 3.11, der zur Veranschaulichung einiger Distanzmaße dient.

Auf solchen Graphen lassen sich einige Distanzmaße definieren, die insbesondere für die Ermittlung der Ähnlichkeiten von Knoten interessant sind (Zhong et al. 2002; Slimani 2013; Zhu und Iglesias 2016).

3.6.2.3 Pfadlänge

Offensichtlich können die Begriffe *Pistole* und *Messer* als ähnlicher zum Begriff *Waffe* als zu anderen Begriffen *Objekt, Beamter* oder *Einbruch* betrachtet werden. Jeder wird vermutlich zustimmen, wenn man sagt, dass der Begriff *Kommissar* ähnlicher zu *Polizist* ist als zu *Dieb* oder *Täter*. Allein die Anzahl der Kanten, die ein Pfad zwischen zwei Knoten umfasst, kann daher verwendet werden, um die Ähnlichkeit zweier Begriffe zu ermitteln. Beispielsweise kann die folgende Formel zur Berechnung der Ähnlichkeit auf der Basis der **relativen Pfadlänge** verwendet werden, wobei $p(t_i, t_j)$ die Pfadlänge zwischen zwei Termen darstellt.

$$s_{rp}(t_i, t_j) = 1 - \frac{p(t_i, t_j)}{\max_{t_i \in G, t_k \in G} p(t_i, t_j)}$$

Natürlich macht es wenig Sinn, die Ähnlichkeiten von Begriffen zu berücksichtigen, die unterschiedlichen Kategorien angehören, wie beispielsweise *Gegenstände, Personen* oder *Handlungen*, da dann quasi Äpfel mit Birnen verglichen würden.

---

15 Als *spider traps* werden zyklische Linkstrukturen bezeichnet, in die ein zufällig surfender Web-Nutzer von außen zwar reinlaufen, diese aber nie mehr durch zufälliges Auswählen von Links verlassen kann.

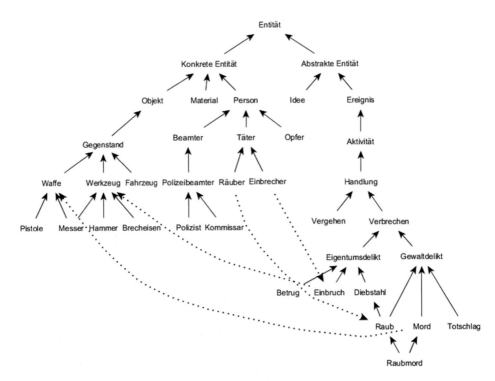

Abb. 3.11 Verbrechensbezogener Graph

Auch macht es Sinn, einen Dämpfungsfaktor zu verwenden, der die Ähnlichkeit mit zunehmender Länge der Pfade stärker als linear abnehmen lässt. In einem Anwendungsgebiet wie Verbrechen wäre es sehr ungewöhnlich, einen *Einbruch* als *Entität* zu bezeichnen oder zu betrachten, selbst wenn dies logisch korrekt ist.

3.6.2.4 Gewichtung nach Tiefe

Neben einer solchen Dämpfung nach Pfadlänge ist es darüber hinaus sinnvoll, auch die Tiefe von Geschwisterknoten im Graphen als Gewichtungsfaktor heranzuziehen. Beispielsweise erscheinen die Begriffe *Hammer* und *Brecheisen* stärker miteinander verwandt zu sein als die Begriffe *Person* und *Material*.

In Kombination mit der Pfadlänge und einem Dämpfungsfaktor können so auch Begriffe, die auf unterschiedlichen Ebenen Geschwister sind, als unähnlicher bewertet werden.

3.6.2.5 Gewichtung nach Kantentyp

Verwendet man einen Graphen mit unterschiedlichen Kantentypen (auch als gefärbter Graph bezeichnet), können die Kanten zusätzlich noch nach dem Kantentyp gewichtet werden (in ◘ Abb. 3.11 durch unterschiedliche Linienarten symbolisiert).

Hierdurch lässt sich beispielsweise auch die größere Vagheit zwischen Begriffsbeziehungen erfassen. Zum Beispiel könnte hierdurch die Ähnlichkeit von *Einbrecher* zu *Brecheisen* als geringer bewertet werden als die Ähnlichkeit von *Raub* zu *Raubmord*.

> **Tipp**
>
> Prinzipiell sind auch noch weitere Gewichtungen möglich, wie z. B. die Gewichtung nach der Anzahl der Geschwisterknoten oder der Kantenrichtung der Pfade. Die Erfahrung zeigt jedoch, dass dies zwar in Einzelfällen sinnvoll sein kann, jedoch nicht unbedingt verallgemeinerbar ist. Ob solche weitergehenden Ähnlichkeiten in einer Suchanwendung hilfreich sind, ist im Einzelfall zu untersuchen und zu entscheiden.

3.6.3 Anfragefaktoren

Als letzte Gruppe betrachten wir Faktoren, die durch die Anfrage das Ranking beeinflussen. Der primäre Einfluss dieser Faktoren ist natürlich die Dokumentenauswahl durch das Retrieval selbst und die Verknüpfung der Anfrageterme durch verwendete boolesche Operatoren. Darüber hinaus kommen in der Regel noch zwei weitere Faktoren hinzu.

3.6.3.1 Reihenfolge der Anfrageterme

Bei der Inspektion von Suchanfragen fällt auf, dass bei der Suche nach zusammengehörigen Ausdrücken oder Phrasen die Anfrageterme in der Regel in der richtigen Reihenfolge eingegeben werden. Bei Anfragen, die aus unabhängigen Termen bestehen, variiert die Reihenfolge hingegen beliebig.

Bei einer Suche nach Informationen über *Helmut Kohl*, *Friedrich den Großen* oder das *Rote Rathaus* wird man so gut wie nie die Anfrage als *Kohl Helmut, den Großen Friedrich* oder *Rathaus Rotes* formulieren. Bei einer Suche nach Personen oder allgemeiner benannten Entitäten erscheint das selbstverständlich. Interessanterweise spiegelt sich dies jedoch auch in anderen Anfragen wieder. Die Anfragen in folgendem Beispiel wurden neben anderen an die *Weiterbildungsdatenbank Berlin Brandenburg* gestellt.

> ▶ **Textbeispiel**
>
> handhabung sprengstoffgezündeter insassenschutzsysteme
> counselor der konfliktpsychologie
> betriebswirtschaftliche kenntnisse
> sonderpädagogische zusatzqualifizierung
> aktivierung und orientierung am arbeitsmarkt
> audiovisuelle medien ◀

Auffällig hierbei ist, dass es sich um **Nominalphrasen** handelt. Auch wenn diese Phrasen nicht durch den **Phrasen-Operator** („") explizit gekennzeichnet sind, ist es hilfreich, solche Anfragen als **implizite Phrase** zu erkennen und bereits beim Zugriff auf den invertierten Index zur Einschränkung der Dokumente heranzuziehen, bzw. Dokumente, in denen sie verwendet werden, stärker zu gewichten als Dokumente, in denen die Begriffe nur isoliert vorkommen.

3.6.3.2 Termhäufigkeit in Anfragen

Anfrageterme treten so gut wie immer in einer Anfrage nur einfach auf. Kein Nutzer kommt auf die Idee, dass ein Term u. U. durch Mehrfachverwendung stärker gewichtet werden könnte. Diese Tatsache ist hilfreich, da durch sie eine Optimierung möglich wird, auf die wir in ▶ Abschn. 3.6.5.1 eingehen.

3.6.4 Vektorraummodell

Die oben genannten Faktoren können in das Ranking der Ergebnisdokumente einbezogen werden und damit das Ranking beeinflussen. Der wichtigste Faktor jedoch ist die generelle Ähnlichkeit eines Dokuments zu einer Anfrage, bzw. zwischen Dokumenten. Das Standardmodell für die Repräsentation der Dokumente zum Vergleich untereinander ist das sogenannte **Vektorraummodell**.

In ▶ Abschn. 3.1.4 hatten wir bereits die Term-Dokument-Inzidenzmatrix als eine Möglichkeit zur Repräsentation der Dokumente eines **Korpus** kennengelernt. Jede Spalte repräsentiert dabei einen Term des **Vokabulars** und jede Zeile ein Dokument des Korpus.

Aus mathematischer Perspektive betrachtet, stellt jede Spalte eine Dimension eines Vektorraums dar und jede Zeile definiert einen Punkt bzw. Vektor in diesem Vektorraum. Das heißt, Dokumente werden in diesem Raum durch Punkte bzw. Vektoren repräsentiert. Im Grunde handelt es sich bei der **Term-Dokument-Inzidenzmatrix** lediglich um eine transponierte, aus Spaltenvektoren bestehende Matrix.

Jede einzelne Dimension dieser Spaltenvektoren (resp. der Zeilenvektoren der Term-Dokument-Matrix) repräsentiert genau einen **Term** des Vokabulars. Die Anzahl der Terme bestimmt die Anzahl der Dimensionen des Vektorraums. Mathematisch betrachtet, bilden alle Terme einzeln betrachtet die **Orthonormalbasis** des Vektorraums (siehe ◘ Abb. 3.12).

Wir können jeden Vektor der Orthonormalbasis (jeden der obigen Spaltenvektoren) auch als **Termvektor** bezeichnen, da diese Vektoren genau die Bedeutung des jeweiligen Terms repräsentieren.

Damit stellen dann die Dokumentenvektoren der Term-Dokument-Matrix Linearkombinationen aller Termvektoren der im Dokument vorkommenden Terme (◘ Abb. 3.1) und ihrer jeweiligen Häufigkeiten (◘ Abb. 3.3) dar.

Das Vektorraummodell hat den Vorteil, dass wir mathematische Methoden zur Bestimmung der Ähnlichkeit von Dokumenten untereinander und zu Anfragen einsetzen können. Dokumente werden als Vektoren betrachtet und wir können davon ausgehen, dass ähnliche Dokumente durch Vektoren repräsentiert werden, die in gleiche oder ungefähr gleiche Richtung verweisen.

Aus unserem Beispiel in ◘ Abb. 3.3 wird damit ersichtlich, dass die Dokumente D2 bis D8 zueinander ähnlicher sein werden als zu D1.

> **? Aufgabe 3.11**
> Warum weisen die Dokumentvektoren ähnlicher Dokumente in die gleiche oder ähnliche Richtungen?

3.6 · Ranking der Ergebnisse

Tagging	1	0	0	0	0	0	0	0	0	0	0	0
POS-Tagging	0	1	0	0	0	0	0	0	0	0	0	0
Nominalphrase	0	0	1	0	0	0	0	0	0	0	0	0
Levenshtein-Distanz	0	0	0	1	0	0	0	0	0	0	0	0
Inverser Index	0	0	0	0	1	0	0	0	0	0	0	0
Facettierte Suche	0	0	0	0	0	1	0	0	0	0	0	0
Semantische Suche	0	0	0	0	0	0	1	0	0	0	0	0
...	...	...	...	...	...	...	...	...	...	...	...	...
Synonyme	0	0	0	0	0	0	0	0	1	0	0	0
Semantic Web	0	0	0	0	0	0	0	0	0	1	0	0
Thesaurus	0	0	0	0	0	0	0	0	0	0	1	0
Ontologie	0	0	0	0	0	0	0	0	0	0	0	1

Abb. 3.12 Orthonormalbasis des Beispiels aus Abb. 3.1 und 3.3

3.6.5 Kosinus-Ähnlichkeit

Als Maß zum Vergleich der Richtung zweier Vektoren wird in der Regel die **Kosinus-Ähnlichkeit** (auch als **Kosinus-Maß** bezeichnet, engl. **cosine similarity**) verwendet, die ein Maß für die Größe des Winkels zwischen Dokumenten- und Anfragevektor darstellt. Unter Anfragevektor verstehen wir hier sowohl den Vektor einer Suchanfrage bestehend aus mehreren Anfragetermen, als auch den für eine Anfrage verwendeten Dokumentenvektor beim Vergleich zweier Dokumente.

Für den Winkel zwischen dem Dokumentenvektor d_i eines Dokuments i und einem Anfragevektor q gilt:[16]

$$\cos a = \frac{d_i q}{|d_i||q|}$$

Zusammen mit dem Skalarprodukt $d_i q$, für das gilt:

$$d_i q = \sum_{k \in d_i} w_{i,k} q_k$$

---

16 Im Nenner finden sich die Längen der beiden Vektoren. Genauer gesagt handelt es sich hierbei um die euklidischen Längen der Vektoren, bzw. die L2-Norm.

lässt sich das Kosinus-Maß ableiten als:

$$\cos(d_i, q) = \frac{\sum_{k \in d_i} w_{i,k} q_k}{\sqrt{\sum_{j \in d_i} w_{i,j}^2} \sqrt{\sum_{k \in d_i} q_k^2}}$$

wobei die $w_{i,k}$ und q_k die jeweiligen Gewichtungen der Terme k der Dokumentterme und Anfrage q repräsentieren.[17] Der Zähler besagt, dass für jeden Term des Dokuments das Produkt seines Gewichts $w_{i,k}$ mit dem Gewicht des Terms in der Anfrage q_k gebildet und aufsummiert wird. Dieses Skalarprodukt wird mit der Länge des jeweiligen Dokumenten- bzw. Anfragevektors normalisiert.

3.6.5.1 Vereinfachte Kosinus-Ähnlichkeit

Betrachten wir den Zähler der **Kosinus-Ähnlichkeit** genauer, dann wird klar, dass wir bei der Berechnung nicht über alle Terme des Dokuments iterieren müssen. Es reicht aus, lediglich über die Terme der Anfrage zu iterieren. Dies schlägt sich als Vereinfachung in der Formel der Kosinus-Ähnlichkeit wie folgt nieder:

$$\cos(d_i, q) = \frac{\sum_{k \in q} w_{i,k} q_k}{\sqrt{\sum_{j \in d_i} w_{i,j}^2} \sqrt{\sum_{k \in q} q_k^2}}$$

? Aufgabe 3.12
Begründen Sie warum es bei einer Suchanfrage ausreicht, über die Anfrageterme zu iterieren?

Wenn es darum geht, Dokumente gegen eine Suchanfrage zu vergleichen, dann ist die Beobachtung aus ▶ Abschn. 3.6.3.2 hilfreich, dass Anfrageterme in der Regel nur einmal verwendet werden. Hierdurch kann die Berechnung der Kosinus-Ähnlichkeit wie folgt weiter vereinfacht werden:[18]

$$\cos(d_i, q) = \frac{\sum_{k \in q} w_{i,k}}{\sqrt{\sum_{j \in d_i} w_{i,j}^2} \sqrt{|q|}}$$

Da q in diesem Fall aus der Summe der **Termvektoren** der Anfrage besteht, kann die Multiplikation im Zähler entfallen und im Nenner kann auch auf die Quadrierung der 1 verzichtet werden.

---

17 Diese Gewichtungen können sowohl die Variationen der Termfrequenz (▶ Abschn. 3.6.1.2) als auch unterschiedliche Formen der TF-IDF (▶ Abschn. 3.6.1.4) sein.
18 Hierbei stellt |q| die Länge der Anfrage, sprich die Anzahl der Anfrageterme dar.

> **Tipp**
>
> Sollte dennoch einmal ein Benutzer einen Term mehrfach in einer Anfrage verwenden, wird dieser durch die vereinfachte Formel zwar ignoriert, das Ranking wird hierdurch jedoch nicht wesentlich verändert, da dieser Fehler beim Ranking aller Dokumente gemacht wird. Lediglich beim Vergleich unterschiedlicher Anfragen hätte er einen u. U. bemerkbaren Einfluss.

Es macht daher Sinn, die Frequenz der einzelnen Terme eines Dokuments im **invertierten Index** zu speichern (vgl. ▶ Abschn. 3.1.4) und die **Termhäufigkeiten** der Terme, die auf die Anfrage passen, bereits beim Zugriff auf den invertierten Index zurück zu liefern. Oder alternativ direkt beim Retrieval der in Frage kommenden Dokumente deren Kosinus-Ähnlichkeit zu berechnen.

Lediglich die Länge des Dokumentenvektors, die linke Wurzel im Nenner, erfordert noch eine weitere Überlegung. Wie aus der Formel ersichtlich, hängt die Länge des Dokumentenvektors nur von den im Dokument auftretenden Termen ab. Da diese sich aber nur verändern, wenn der Dokumententext aktualisiert wird, was in der Regel eher selten geschieht, ist es unnötig, die Länge des Dokumentenvektors bei jeder Anfrage jeweils neu zu berechnen. Es reicht aus, diese einmalig bei der erstmaligen Speicherung oder bei einer Aktualisierung des Dokuments zu berechnen und diese in einem eigenen Index zu cachen.[19]

3.6.6 Soft-Kosinus-Maß

Bis hierher hat das Dokumentenretrieval die Semantik der Begriffe, bis auf die Vorverarbeitung der Anfrageterme, den Wildcard-Operator und die logischen Operatoren noch nicht berücksichtigt. Jeder Vergleich zwischen Anfrageterm und Dokument über den invertierten Index und das Ranking der gefundenen Dokumente basierte im Wesentlichen auf dem harten booleschen Kriterium des Vorhandenseins der Terme im Dokument. Distanz- oder Ähnlichkeitsmaße zwischen Anfragetermen und den Dokumenttermen sind bisher noch nicht berücksichtigt worden.

(Sidorov et al. 2014) stellten mit dem **Soft-Kosinus-Maß** (engl. **soft cosine measure**) eine Variante der Kosinus-Ähnlichkeit vor, die es gestattet, die Ähnlichkeit von Begriffen in die Berechnung der Kosinus-Ähnlichkeit durch einen zusätzlichen Ähnlichkeitsfaktor $s_{i,j}$ zwischen zwei Termen i und j einfließen zu lassen.

$$\text{soft\_cos}(d_i, q) = \frac{\sum_{j \in d_i, k \in q} s_{j,k} w_{i,j} q_k}{\sqrt{\sum_{j,k \in d_i} s_{j,k} w_{i,j} w_{i,k}} \sqrt{\sum_{j,k \in q} s_{j,k} q_j q_k}}$$

In dem Artikel wird offen gelassen, woher diese Ähnlichkeiten kommen. Wie wir gesehen haben, könnten hierzu beispielsweise Distanz- und Ähnlichkeitsmaße auf Gra-

---

19 Hierzu kann der Dokumentenindex, der für das Löschen von Dokumenten sowieso benötigt wird (siehe ▶ Abschn. 3.1.4), gleich mit genutzt werden.

phen verwendet werden, die aus Wissens- oder Begriffsmodellen abgeleitet werden können (siehe ▶ Abschn. 3.6.2.2 folgende).

So spannend dieser Ansatz auch erscheint, es gibt drei Probleme damit. Das erste Problem besteht darin, dass – sofern wir nicht explizite Maßnahmen dagegen ergreifen[20] – **alle Terme zu allen anderen Termen ähnlich sind, allerdings zu unterschiedlichen Graden**. Dieses Problem wird uns noch einmal begegnen, daher geben wir ihm den expliziten Namen **Problem unbegrenzter Ähnlichkeit**.

Betrachten wir nochmals den Verbrechens-Graph in ◘ Abb. 3.11 aus ▶ Abschn. 3.6.2.2. Nehmen wir als Beispiel an, wir verwenden das einfachste Ähnlichkeitsmaß, basierend auf der relativen Pfadlänge $s_{rp}(t_i,t_j)$ aus ▶ Abschn. 3.6.2.3. Es macht sicherlich Sinn, damit die Ähnlichkeiten von Termen zu ermitteln, die jeweils nur zu einer der Kategorien *Objekt*, *Person*, *Material* und *Handlung* gehören. Die Ähnlichkeit von Termen zu bestimmen, die unterschiedlichen Kategorien angehören, macht jedoch wenig Sinn.

Aus diesem Problem ergibt sich als Konsequenz auch das zweite Problem, dass die Vereinfachung der Berechnung der Kosinus-Ähnlichkeit, wie wir sie in ▶ Abschn. 3.6.5.1 kennengelernt haben, für die Soft-Kosinus-Ähnlichkeit nicht möglich ist. Im Dokument kann es Terme geben, die keinem der Anfrageterme gleichen, jedoch zu einem von ihnen ähnlich sind. Um diese Ähnlichkeiten auch zu berücksichtigen, reicht es daher nicht mehr aus, nur über die Anfrageterme zu iterieren, sondern es muss wieder über alle Dokumententerme iteriert werden.

Das letzte Problem ist subtilerer Natur. Beim booleschen Retrieval wurden bisher Dokumente als Kandidaten für das Ranking ausgewählt, wenn sie einen der Anfrageterme enthielten. Dies Kriterium sorgt für eine Begrenzung der Kandidatenmenge auf eine Teilmenge des **Korpus**. Dokumente, in denen keiner der Anfrageterme vorkam, konnten daher als Ergebnis des booleschen Retrievals generell ausgeschlossen werden. Unter der Soft-Kosinus-Ähnlichkeit besitzen allerdings auch die ausgeschlossenen Dokumente, die keinen der Anfrageterme enthalten, eine Ähnlichkeit zur Anfrage; eine Konsequenz des **Problems unbegrenzter Ähnlichkeit**. Dies hat jedoch zur Folge, dass mit der Soft-Kosinus-Ähnlichkeit nun nicht mehr nur eine Teilmenge des Korpus auf eine Anfrage zurückgeliefert werden kann, sondern potentiell immer der gesamte Korpus als Ergebnis zu betrachten wäre.

Natürlich könnte man die Ergebnismenge immer durch einen künstlichen, willkürlichen Ähnlichkeitsschwellwert begrenzen. Damit handelt man sich jedoch die Gefahr ein, die willkürliche Grenzen immer besitzen: einige wirklich relevante Ergebnisse eventuell nicht zu erfassen.

3.6.6.1 Boolesches Synonym-Retrieval mit Soft-Kosinus-Ranking

Oben hatten wir als Quelle für den Ähnlichkeitsfaktor $s_{i,j}$ die Ähnlichkeiten der Begriffe in einem Wissens- oder Begriffsmodell genannt. Dieses Hintergrundwissen können wir natürlich auch noch weiter nutzen, indem wir aus dem Hintergrundwissen zusätzliche Terme ermitteln, die eine enge Verbindung zu den Anfragetermen

---

20 Für Wissens- oder Begriffsmodelle könnte eine solche Maßnahme sein, die Disjunktheit bestimmter Begriffskategorien auszunutzen und die Ähnlichkeit von Begriffen disjunkter Kategorien auf Null zu setzen.

besitzen und diese für das boolesche Retrieval verwenden. Wir expandieren mit diesen Termen die Menge der Anfrageterme[21] mit denen wir das boolesche Retrieval durchführen, um so das harte Kriterium der booleschen Auswahl nicht vollständig aufgeben zu müssen.

Zu diesen Termen die eine enge Beziehung zu den Anfragetermen besitzen gehören insbesondere **Synonyme** – die wir in ▶ Kap. 4 kennenlernen werden, die sinnvolle Erweiterungen der Anfragen darstellen. In dem wir neben den Anfragetermen auch diese Synonyme für das boolesche Retrieval verwenden, können wir die Menge der Ergebnisdokumente begrenzen und dennoch die Vorteile der Soft-Kosinus-Ähnlichkeit für ein verbessertes Ranking nutzen.

3.7 Probleme der Vektorraumrepräsentation

Kommen wir noch einmal zurück auf die Vektorraumrepräsentation. In ▶ Abschn. 3.1.4, hatten wir die **Unabhängigkeitsannahme** bereits hervorgehoben, die implizit mit der Vektorraumrepräsentation einhergeht. In diesem Abschnitt arbeiten wir drei weitere Probleme heraus, die wir uns mit einer einfachen Vektorraumrepräsentation einhandeln.

3.7.1 Effekt der beharrlichen Dokumente

Wie bereits erwähnt, besitzen die Vektorräume, mit denen wir es zu tun haben, eine große Anzahl von Dimensionen, die je nach den eingesetzten Vorverarbeitungsschritten zwischen einigen Tausend über Hunderttausende bis in den einstelligen Millionenbereich reichen können.

Zusammen mit dieser Repräsentationsform sind wir jedoch durch den – von (Bellman und Bellman 1961) erstmals benannten Effekt – **Fluch der Dimensionalität** (engl. **curse of dimensionality**) mit dem kontra-intuitiven Verhalten hochdimensionaler Räume konfrontiert. Zwar halten sich deren Auswirkungen in Grenzen, solange wir keine euklidischen Abstandsmaße oder Gauss'sche Verteilungen verwenden müssen (Giraud 2014) und uns in Vektorräumen bewegen, aber auch Vektorraumrepräsentationen sind nicht immun gegen die Auswirkungen dieses Fluchs.

Eine dieser Auswirkungen ist das Entstehen von sogenannten **Hubs (Naben)**, das sind Vektoren, die in einer Vielzahl der k nächsten Nachbarn **(k-nearest-neighbours)** von anderen Vektoren auftreten und deren Entstehung allein aus der hohen Dimensionalität des Vektorraums resultiert. Dieser Effekt wird von (Radovanović et al. 2010) als **hubness** bezeichnet und führt mitunter zum Auftreten **beharrlicher Dokumente** (engl. **obstinate documents**). Dokumente, die in einer unerwartet großen Anzahl von Suchergebnissen unterschiedlicher Anfragen zu finden sind, die aber mit der eigentlichen Anfrage wenig zu tun haben.

---

[21] In ▶ Abschn. 5.1.2 werden wir diese Technik als eine der Methoden kennen lernen, semantische Suche mit konventionellen Volltextsuchmaschinen umzusetzen.

3

► Praxisbeispiel

Bei der Analyse von Nachrichtentexten der rbb-Redaktion im Jahr 2015, die als Ergebnisse unterschiedlicher Suchanfragen von einer semantischen Suche geliefert wurden, sind uns zwei Dokumente aufgefallen, die zu unterschiedlichsten Anfragen immer wieder unter den Suchergebnissen auftraten, mit der Anfrage aber kaum etwas zu tun hatten. Hierbei handelte es sich um jeweils einen Bericht über ein *Konzert von Heinz-Rudolf Kunze* und über *Die Hackeschen Höfe.* Diese beiden Hubs unterschieden sich von den anderen Dokumenten insbesondere durch ihren Umfang. Für viele der Suchanfragen, bei denen sie gefunden wurden, wurden sie als eher unpassende Treffer klassifiziert. ◄

Ursache für die Beharrlichkeit von Dokumenten ist neben der hohen Dimensionalität bei großen Dokumenten zusätzlich noch die Vielzahl der Vektorkomponenten, die einen Wert ungleich Null aufweisen und bei einer semantischen Suche daher als ähnlich zu einer Vielzahl von Anfragen ermittelt werden können. Hierdurch können auch Dokumente als Ergebnis zurückgeliefert werden, die nur einen oder wenige Begriffe mit der Anfrage gemein haben, bzw. zu diesen ähnlich sind.

Tipp

In der Regel fallen solche Dokumente einem normalen Nutzer, der nur eine kleine Anzahl von Anfragen stellt, kaum auf. Sofern aber eine umfangreichere Auswertung der Suchergebnisse zwecks Beurteilung der Qualität der Suchfunktion durchgeführt wird, können solche Dokumente die Bewertungsergebnisse verzerren.

Darüber hinaus zeigen (Radovanović et al. 2010), dass auch das **Kosinus-Maß** in hochdimensionalen Vektorräumen zu einer Konzentration führt. Unter **Konzentration** versteht man den Effekt, dass mit zunehmender Dimensionalität der Quotient aus Varianz und Mittelwert aller paarweisen Distanzen und eben auch Kosinus-Ähnlichkeiten gegen 0 konvergiert. Dies bedeutet im Einzelnen, dass in solchen hochdimensionalen Vektorräumen die Kosinus-Ähnlichkeiten aller Dokumentvektorpaare gegen den gleichen konstanten Wert strebt und die Varianz der Unterschiede der Kosinus-Ähnlichkeit gegen 0 geht. D. h. auch das Kosinus-Maß verliert in hochdimensionalen Räumen an Unterscheidungskraft.

3.7.2 Kollabierende Bedeutungen

Betrachten wir ◘ Abb. 3.13. Sie stellt einen Ausschnitt aller **Termvektoren** dar, die wir benötigen, um einen größeren Korpus zu repräsentieren. Wie in ► Abschn. 3.6.4 beschrieben, repräsentiert jeder dieser Vektoren die Bedeutung genau eines Terms.

Auch wenn in dieser Abbildung nur Begriffe aus der *Raubtierwelt* abgebildet sind, nehmen wir an, dass es sich lediglich um einen Ausschnitt aller Termvektoren eines größeren allgemeinen **Korpus**, wie z. B. der *Wikipedia*, handelt. Wie man dem ersetzten Umlaut von *Löwe* entnehmen kann, wurden die Terme des Korpus, wie in ► Abschn. 2.13 beschrieben, normalisiert.

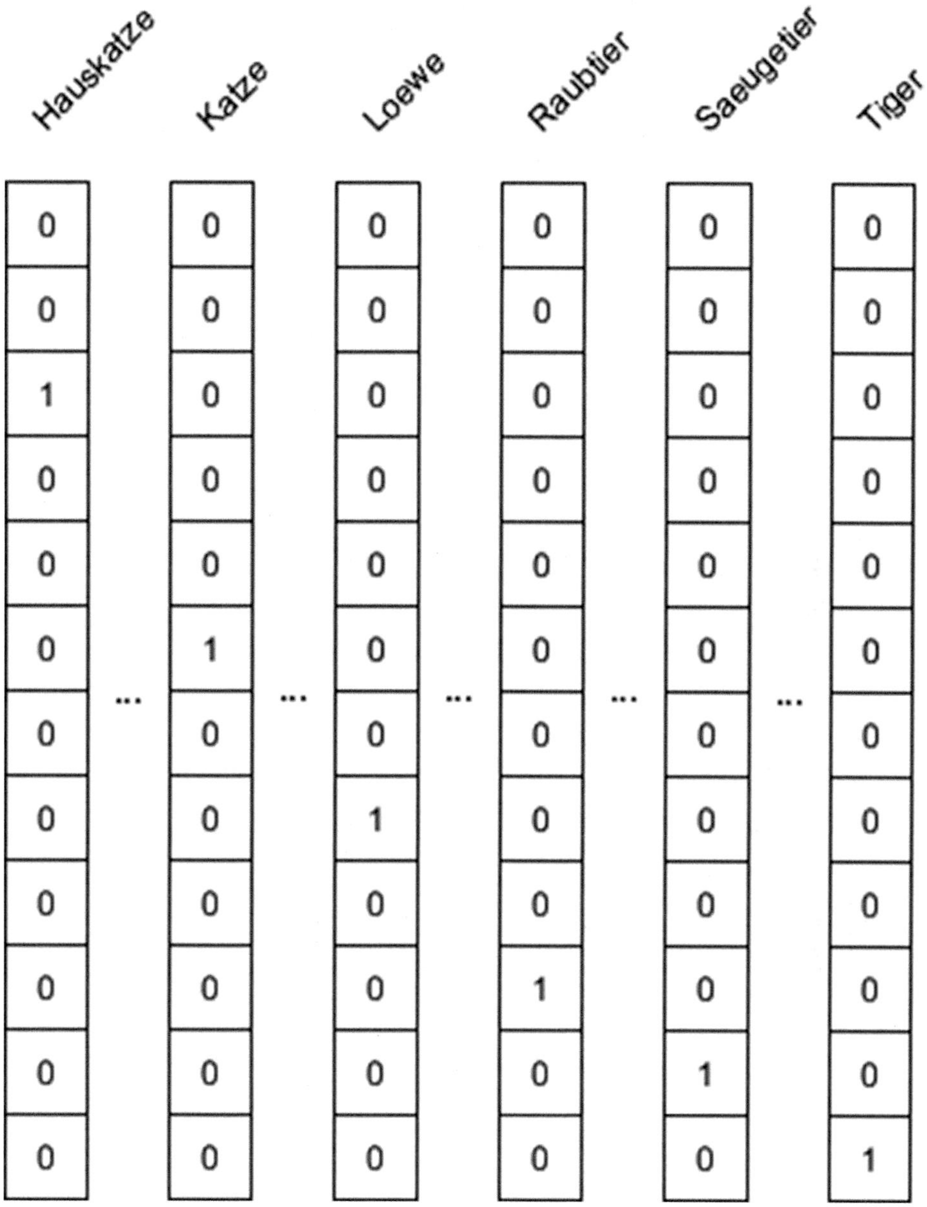

3.7 · Probleme der Vektorraumrepräsentation

Hauskatze	Katze	Loewe	Raubtier	Saeugetier	Tiger
0	0	0	0	0	0
0	0	0	0	0	0
1	0	0	0	0	0
0	0	0	0	0	0
0	0	0	0	0	0
0	1	0	0	0	0
...	...	...	...	...	...
0	0	0	0	0	0
0	0	1	0	0	0
0	0	0	0	0	0
0	0	0	1	0	0
0	0	0	0	1	0
0	0	0	0	0	1

◘ Abb. 3.13   Orthogonale Termvektoren

❓ Aufgabe 3.13

Nehmen wir an, der Korpus, den wir repräsentieren oder verarbeiten wollen, ist ein Korpus, wie z. B. Wikipedia, der anwendungsbereichs-übergreifend alle möglichen Informationen umfasst. Was können wir aus dem Begriff *Loewe* folgern?

Was für den Term *Löwe* gilt, gilt natürlich auch für andere Begriffe. Glücklicherweise tritt dieses Problem des Verlusts unterscheidender Bedeutungen in stark eingeschränkten Anwendungsbereichen seltener auf.

Eine Möglichkeit wäre es, die jeweils unterschiedlichen Bedeutungen des Begriffs *Löwe* auf unterschiedliche Termvektoren abzubilden und hierzu jeweils einen separaten Termvektor für *Loewe(Raubtier)*, *Loewe(Sternzeichen)*, *Loewe(Sternbilder)*, *Loewe(Unternehmen)*, usw. einzuführen. Hierzu wird dann natürlich Hintergrundwissen über die unterschiedlichen Bedeutungen solcher **Homonyme** benötigt und/oder ein Mechanismus zur **Disambiguierung**, um identifizieren zu können, welcher dieser Bedeutungen gemeint ist (siehe ▶ Abschn. 5.3.7).

3.7.3 Verlust von Begriffsabhängigkeiten

Betrachten wir noch mal die **Termvektoren** in ◘ Abb. 3.13, dann ist offensichtlich, dass die mit den Termen bezeichneten Begriffe voneinander abhängig sind. Eine *Katze* ist immer auch ein *Karnivor* und ein *Raubtier*. *Hauskatzen* sind *Katzen* genauso wie *Löwen* und *Tiger* (über den Zwischenbegriff *Großkatzen*).

Stellen wir uns vor, unser Korpus würde einen Bericht über *Löwen* enthalten, in dem nur der Begriff *Löwe* verwendet wird. Ein Benutzer, der jetzt nach Informationen über *Raubtiere* oder *Großkatzen* sucht, würde offensichtlich den Bericht über Löwen niemals finden.

Um dieses Problem zu umgehen und die Suche etwas intelligenter zu machen, könnten wir – sofern wir darüber verfügen – Hintergrundwissen nutzen, um unsere Repräsentation etwas „schlauer" zu machen. Für jeden Term könnten wir aus dem Hintergrundwissen auch jeden **Oberbegriff** des Terms ermitteln und die jeweilige Vektorkomponente des Oberbegriffs mit einem zusätzlichen Wert belegen (vgl. ◘ Abb. 3.14).[22]

Mit dieser einfachen Erweiterung wären bei einer Suche nach Dokumenten zu *Katzen* nun auch Dokumente zu *Hauskatzen*, *Löwen* und *Tigern* findbar. Wenn man dieses Konzept konsequent weiter denkt und sehr umfangreiches Wissen über das Anwendungsgebiet hat, zeigt sich, dass dieses Vorgehen einen unerwünschten Nebeneffekt hat.

> **Aufgabe 3.14**
> Stellen Sie sich ein Anwendungsgebiet, wie z. B. *Medizin*, vor, über das Sie sehr umfangreiches Wissen zur Verfügung haben, das analog zu ◘ Abb. 3.11 hierarchisch strukturiert ist. Was wäre die Konsequenz dieser Repräsentation bei sehr allgemeinen Anfragen wie *Symptom*, *Krankheit*, *Ursache* oder *Körperteil*?

---

[22] Anstatt die Termvektoren auf diese Weise direkt zu modifizieren, werden wir in ▶ Abschn. 5.3.5 einen anderen Weg beschreiben. Dort werden wir die zusätzlichen Begriffe einfach den **Annotationen** der Dokumente hinzufügen und so die Annotationen „semantisch anreichern". Die hier dargestellten modifizierten Termvektoren stellen eine Linearkombination der Termvektoren einer **semantisch angereicherten Annotation** dar. Dieses Modell der modifizierten Termvektoren kann daher zur Erklärung der Funktionsweise der semantisch angereicherten Dokumentannotationen verwendet werden. Zudem zeigt diese Äquivalenz, dass semantisch angereicherte Annotationen mit denselben der hier dargestellten Problemen behaftet sind.

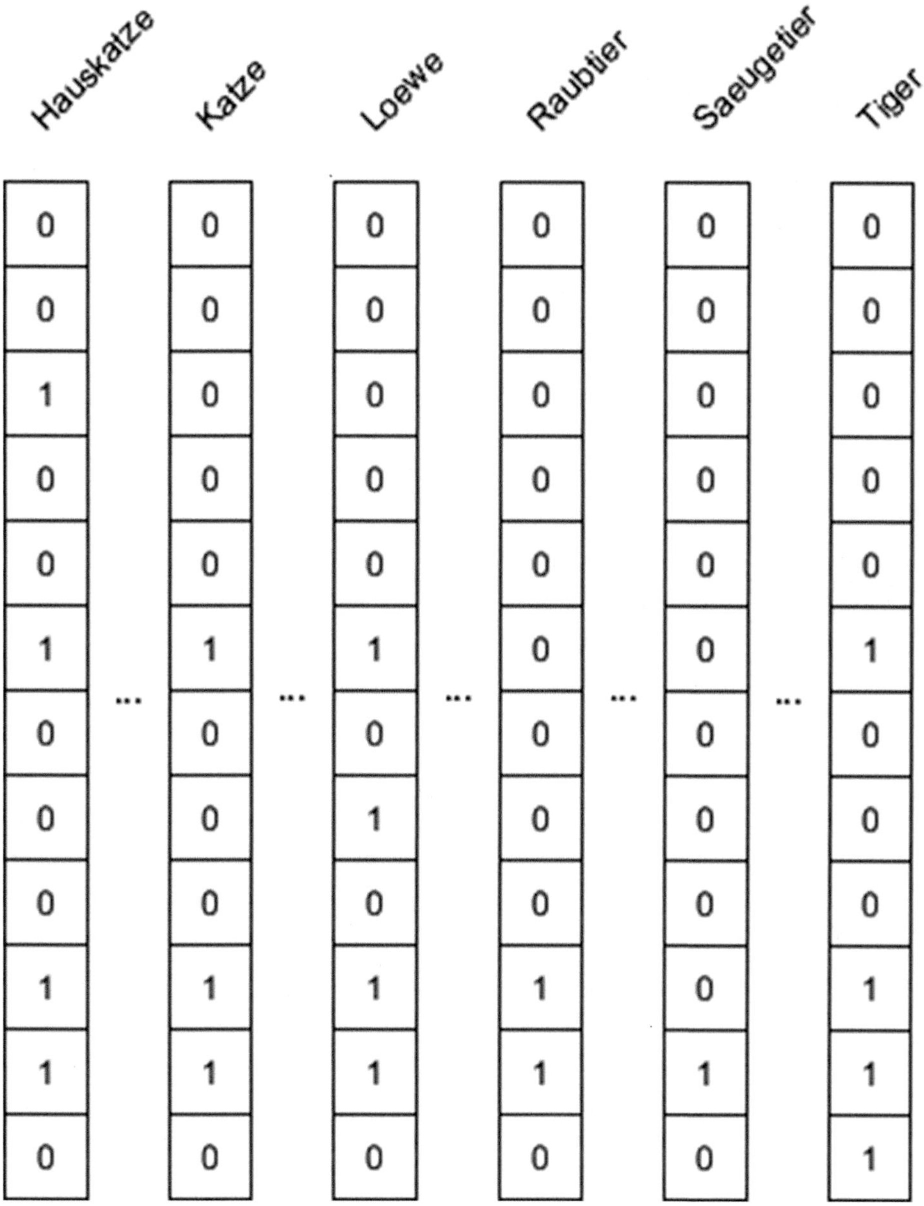

3.7 · Probleme der Vektorraumrepräsentation

	Hauskatze	Katze	Loewe	Raubtier	Saeugetier	Tiger
	0	0	0	0	0	0
	0	0	0	0	0	0
	1	0	0	0	0	0
	0	0	0	0	0	0
	0	0	0	0	0	0
	1	1	1	0	0	1
	...	...	...	...	...	...
	0	0	0	0	0	0
	0	0	1	0	0	0
	0	0	0	0	0	0
	1	1	1	1	0	1
	1	1	1	1	1	1
	0	0	0	0	0	1

Abb. 3.14 Repräsentation von Oberbegriffen

Anstelle einer Gleichgewichtung der Vektorkomponenten der Oberbegriffe wäre es zweckmäßiger, diese nach Ihrem Abstand zum repräsentierten Begriff zu gewichten, um die Ähnlichkeiten der Begriffe zueinander zu berücksichtigen (siehe ◘ Abb. 3.15). Hierzu kann beispielsweise die Gewichtung nach der Pfadlänge zwischen den Begriffen verwendet werden (siehe ▶ Abschn. 3.6.2.3).

Eine solche Repräsentation einzelner Begriffe berücksichtigt, neben einigen Abhängigkeiten zwischen den Begriffen, auch deren unterschiedliche Ähnlichkeiten. Sie

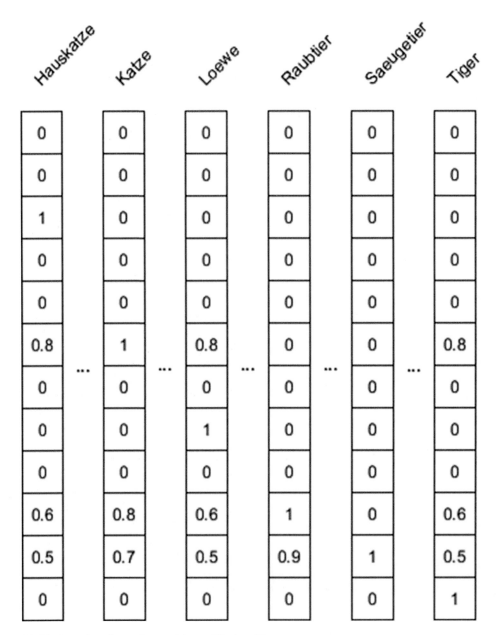

 Abb. 3.15 Repräsentation gewichteter Oberbegriffe

stellt damit eine Alternative zur Verwendung des **Soft-Kosinus-Maßes** dar. Hierzu muss natürlich Hintergrundwissen vorausgesetzt werden, welches die Begriffe zueinander in Beziehung setzt und das zur Vorausberechnung der Ähnlichkeitsgewichtungen herangezogen werden kann.

> **Tipp**
>
> Neben der Ähnlichkeit zu Oberbegriffen könnten über andere Begriffsbeziehungen auch noch weitere Ähnlichkeiten in die Termvektoren einfließen. Beispielsweise könnten lexikalische Ähnlichkeiten, wie die Editierdistanz, morphologische Ähnlichkeiten durch Vor- und Nachsilben, linguistische Ähnlichkeiten bzgl. der Wortarten oder Ähnlichkeiten über Teil-Ganzes oder kausale Beziehungen berücksichtigt werden. Dies würde jedoch voraussetzen, dass zu jedem dieser Bereiche entsprechendes Hintergrundwissen zur Verfügung steht und die Ähnlichkeiten müssten hinsichtlich ihres Einflusses innerhalb eines Anwendungsgebiets gewichtet werden.

3.8 Und wie spielt dies jetzt alles zusammen?

Ausgangspunkt dieses Kapitels war die Fragestellung: Wie finden wir zu einer Suchanfrage die Suchergebnisse? Im Grunde müssen wir das in der ◘ Abb. 3.16 skizzierte Problem lösen und einen Abgleich zwischen einer Suchanfrage und den zu durchsuchenden Dokumenten durchführen.

Je ähnlicher die Repräsentation der Dokumente und der Suchanfragen zueinander ist, desto leichter wird es, den Abgleich herbeizuführen. Wir haben dazu unterschiedliche Repräsentationsformen kennengelernt und gelernt, dass ein **invertierter Index** oder ein **positioneller invertierter Index**, der bereits Informationen über **Termhäufigkeiten** enthält, eine gute, wenn nicht sogar die beste Wahl darstellt. Einerseits erlaubt er es, die auf eine Anfrage passende Kandidatendokumente schnell zu identifizieren. Andererseits enthält er bereits die notwendigen Informationen, um mit Hilfe des **Kosinus-Maßes** oder der Variante der **Soft-Kosinus-Ähnlichkeit** die Ähnlichkeit von Dokumenten zur Anfrage effizient berechnen zu können.

Wir haben ferner gesehen, dass wir eine Suchanfrage interpretieren und für die einzelnen Anfrageterme die potentiell in Frage kommenden Ergebnisdokument möglichst effizient miteinander verknüpfen müssen. Durch diesen Auswahlschritt reduzieren wir die Menge der zu bewertenden Dokumente in der Regel erheblich, so dass wir nur noch relevante Dokumente bzgl. ihrer Passgenauigkeit zur Anfrage bewerten und in eine für den Benutzer zweckmäßige Reihenfolge bringen müssen.

Zusammengenommen benötigen wir eine Architektur, die aus zwei grundlegenden Teilsystemen besteht. Ein Teilsystem bereitet die Dokumente auf und integriert sie in einen invertierten Index. Das andere Teilsystem bereitet die Anfragen auf, iden-

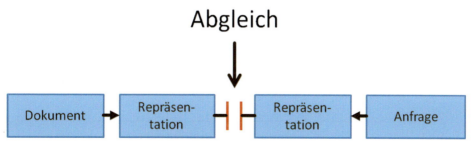

◘ **Abb. 3.16** Abgleich von Suchanfragen mit den Dokumenten

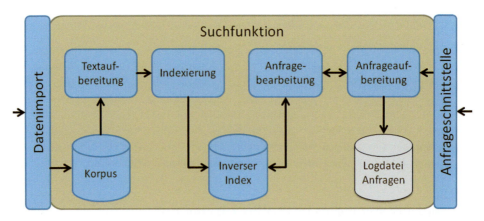

◻ **Abb. 3.17** Grobarchitektur der Suchfunktion

tifiziert geeignete Ergebniskandidaten und bringt sie in eine für den Benutzer hilfreiche Reihenfolge.

In erster Näherung benötigen wir eine Suchfunktion mit der in ◻ Abb. 3.17 gezeigten Struktur. Während das erste Teilsystem im linken Teil der Abbildung die Aufbereitung und **Indexierung** der Dokumente – sozusagen zur **Übersetzungszeit** – übernimmt, dient das zweite Teilsystem im rechten Teil der Anfragebearbeitung, dem Retrieval und der Ergebnisaufbereitung – zur **Laufzeit**.

Beiden Schritten der Indexierung der Dokumente und der Analyse der Anfrage muss jedoch eine **Textaufbereitung** vorangehen. Damit die Terme der Anfrage auch den indexierten Dokumenttermen entsprechen, sollten sich beide Textaufbereitungsschritte entsprechen.[23]

Suchmaschinen beinhalten neben dem oben skizzierten Kern noch zusätzliche Komponenten. Hierzu zählen in der Regel eine Komponente zum Datenimport, eine Komponente, um Dokumente und Meta-Informationen – ggf. in bereits aufbereiteter Form – lokal vorzuhalten, eine Komponente, um Anfragen und ggf. deren Ergebnisse für spätere Auswertungen zu loggen, oder eine Komponente, um Dubletten unter den Dokumenten zu identifizieren.

Je nachdem, von wo die Dokumente kommen, kann der Datenimport lokal aus dem Dateisystem erfolgen, über Remote-Zugriffe auf Schnittstellen einer Datenbank, eines **Content-Management-System** oder eines **Dokumenten-Management-System**. Oder ein **Web-Crawler** lädt die Dokumente aus dem **Intranet** oder dem WWW herunter, analysiert sie und folgt den evtl. darin enthaltenen Links.

Insbesondere wenn damit zu rechnen ist, dass in den Datenquellen, aus denen Dokumente bezogen werden, unterschiedliche Kopien oder Versionen ein und desselben Inhalts enthalten sind, ist es sinnvoll, bei der Umsetzung einer Suchmaschine auch eine Komponente zur **Dublettenerkennung** einzusetzen.

---

23 Hierbei gibt es jedoch eine kleine Ausnahme. Sofern an der Benutzeroberfläche komplexere Anfragen mit logischen Operatoren bereitgestellt werden, müssen diese bei der Aufbereitung der Anfragen separat und gesondert behandelt werden.

3.8 · Und wie spielt dies jetzt alles zusammen?

Der Sinn und Zweck der Dublettenerkennung hängt jeweils von der Anwendung selbst ab. In einem Anwendungsgebiet, in dem mit sehr ähnlichen Dokumentenkopien zu rechnen ist, ist es in der Regel für einen Benutzer hilfreicher, nur eine davon angezeigt zu bekommen als eine Liste nahezu identischer Treffer. Ebenso macht es Sinn, in einem Anwendungsgebiet, in dem unterschiedliche Versionen eines Inhalts vorgehalten werden müssen, wie z. B. revidierte Nachrichtentexte oder neue Gesetzesfassungen, bei einer Suche jeweils nur die aktuellste Fassung zu finden, um über sie auf die unterschiedlichen Vorversionen zuzugreifen.

◘ Abb. 3.18 zeigt schematisch die Struktur einer einfachen **Volltextsuchmaschine**, die aktiv über einen Web-Crawler Dokumente lädt und diese lokal in einer **NoSQL-Datenbank** speichert, bevor diese der Textanalyse übergeben, einem **Dublettenfilter** und der Indexierungskomponente zugeführt werden.

Diese Skizze hebt darüber hinaus explizit die Unterscheidung des Retrievals der Kandidatendokumente und deren anschließendes Ranking für die Anfragebearbeitung hervor. Einher mit der Anfragebeantwortung geht auch die Frage der Darstellung der Suchergebnisse. Je nach Anforderungen an die Ergebnisdarstellung kann es notwendig sein, auf eine lokal in der NoSQL-Datenbank vorgehaltene, aufbereitete Kopie der Dokumententexte zuzugreifen. Eine solche Anforderung, das Hervorheben gefundener Begriffe, werden wir in ▶ Abschn. 5.5.5 kennenlernen.

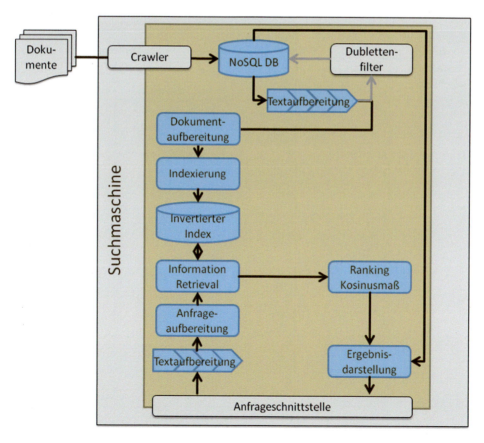

◘ **Abb. 3.18** Architektur einer Volltext-Suchmaschine

Diese Grundarchitektur für eine Volltextsuche können wir jetzt zu einer ersten Version einer **semantischen Suchmaschine** erweitern, die Hintergrundwissen in Form von Begriffs- oder Wissensmodellen verwendet, um aus ihnen die Ähnlichkeit von Begriffen abzuleiten und diese in die Berechnung der **Soft-Kosinus-Ähnlichkeit** mit einfließen zu lassen. ◘ Abb. 3.19 stellt eine solche einfache semantische Suchmaschine dar. Diese nutzt Hintergrundwissen, um Begriffsähnlichkeiten (▶ Abschn. 3.6.2.2 folgende) in das Soft-Kosinus-Ranking einzubeziehen (▶ Abschn. 3.6.6). Um das **Problem unbegrenzter Ähnlichkeit** von Dokumenten zu umgehen, nutzt diese Architektur ein boolesches Retrieval bei dem die Anfragebegriffe um **Synonyme** erweitert werden (▶ Abschn. 3.6.6.1). Zentraler Bestandteil dieses Architekturprinzips ist die Verwendung explizit formalisierten Wissens zur Ermittlung von Termähnlichkeiten und zur Erweiterung von Anfragen mit Synonymen.

Damit hätten wir die Struktur einer ersten einfachen semantischen Suche, die auf Hintergrundwissen aufsetzt, entwickelt. Bisher ist allerdings noch ungeklärt, was wir denn als Hintergrundwissen betrachten, wir hatten ja bisher nur vage von Begriffs- oder Wissensmodellen gesprochen. Diese Frage werden wir im nächsten Kapitel klären und nach einer kurzen Skizzierung von Grundprinzipien der Wissensrepräsentation unterschiedliche Formalismen zur Wissensrepräsentation (Wissenrepräsentationsformalismen) betrachten. Allen diesen Formalismen ist gemein, dass sie

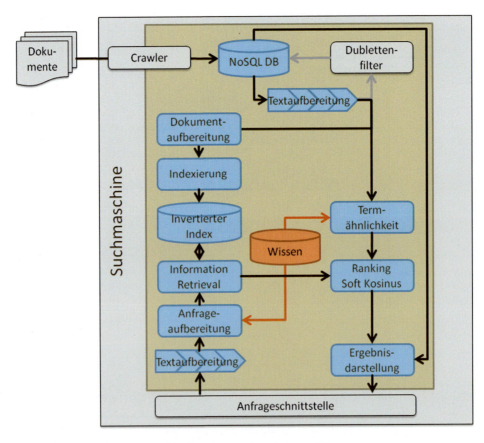

◘ **Abb. 3.19** Architektur einer einfachen semantischen Suchmaschine

auf Graphen basieren, bzw. durch Graphen dargestellt werden können. Hierdurch sind die ab ▶ Abschn. 3.6.2.2 (folgende) vorgestellten Maße einsetzbar.

3.9 Weiterführende Literatur

In diesem Kapitel haben wir nur einige der Grundlagen des Information Retrievals dargestellt, die für unsere Zwecke, dem Verständnis und der Realisierung semantischer Suchfunktionen, wichtig sind. Auf die Darstellung weiterer wichtiger Aspekte, insbesondere zum Umgang mit verschiedenen Typen von Wildcards, zur effizienten Speicherung und zur weiteren Optimierung haben wir bewusst verzichtet. Einerseits, da sie den Rahmen sprengen würden, andererseits, da sie bereits an anderer Stelle ausführlicher beschrieben sind. Der interessierte Leser sollte hierfür das Standardwerk für die Grundlagen des Information Retrievals (Manning et al. 2009) oder das in Deutsch geschriebene Buch (Henrich 2008) konsultieren.

Ansätze zur effizienten Speicherung durch Nutzung von korpus-spezifischen Eigenschaften zur Reorganisation und zum Beschneiden von invertierten Indexen werden von (Gonzales 2008) aufgezeigt und diskutiert.

Für die Umsetzung einer Suchmaschine über einer großen, in die Millionen gehenden Anzahl von Dokumenten muss die Architektur entsprechend ausgelegt werden. Insbesondere die Indexierung der Dokumente ist der Kandidat schlechthin für eine Parallelisierung, die per Map-Reduce (siehe hierzu ▶ Kap. 2 in (Leskovec et al. 2010)) erfolgen kann. Textanalyse und Ermittlung der Positionslisten für jedes Dokument sind unabhängige Arbeitsschritte, die in der Map-Phase parallelisiert werden können, während die Einsortierung dieser Informationen in die Posting-Listen in der Reduce-Phase erfolgen kann (siehe ▶ Kap. 4 (Lin und Dyer 2010)).[24]

Details zu PageRank und seiner effizienten, parallelisierbaren Implementierung, und zu einem Ansatz, basierenden auf minHashing und Locality Sensitive Hashing, um Dubletten in großen Textmengen effizient zu identifizieren, finden sich in ▶ Kap. 3 und 5 von (Leskovec et al. 2010).

Graphen-basierte Distanzmaße zur Ermittlung semantischer Ähnlichkeiten besitzen eine lange Tradition im Bereich des Semantic Webs (Zhong et al. 2002; Oldakowski und Bizer 2005; Slimani 2013). Eine aktuelle und kompakte Übersicht über unterschiedlich Distanz- und Ähnlichkeitsmaße findet sich in (Zhu und Iglesias 2016).

Eine ausführlichere Darstellung des Soft-Kosinus-Maßes findet sich im Originalartikel (Sidorov et al. 2014), in dem auch auf Optimierungen eingegangen und die Komplexität des Ansatzes dargestellt wird. (Novotný 2018) konnte die Komplexität weiter präzisieren und stellt die Idee vor, dass das Soft-Kosinus-Maß auch in herkömmliche Volltextsuchen integrierbar wäre, ohne diese jedoch im Detail weiter auszuführen oder auf die Frage einzugehen, wie denn die Ähnlichkeitsfaktoren zwischen Begriffen bestimmt werden können.

---

24 Einige interessante Verständnis- und Übungsfragen finden sich in den Vorlesungsfolien „Information Retrieval in the Cloud", Dell Zhang, 2018/9, ▶ http://www.dcs.bbk.ac.uk/~dell/teaching/cc/dell_cc_09.pdf (letzter Aufruf 10.04.2020).

Auf den *Fluch der Dimensionalität* hochdimensionaler Räume, die unserer üblichen Anschauungswelt widersprechen (Giraud 2014), wird in der Regel im Maschinellen Lernen am Rande eingegangen. Wie (Radovanović et al. 2010) zeigen, hat er jedoch auch Auswirkungen im Information Retrieval und auf Vektorraummodelle. Insbesondere Suchverfahren, die Dokumente in hochdimensionalen Vektorräumen repräsentieren, sind von ihm betroffen. Mehr zu den Grundlagen von Konzentrationsmaßen und dem Verhalten von Zufallsvektoren in hochdimensionalen Räumen findet sich in (Vershynin 2019).

Literatur

(Bellman & Bellman 1961) "Adaptive Control Processes: A Guided Tour.", Richard Bellman, Richard Ernest Bellman, Rand Corporation, Research studies, Princeton University Press, 1961.

(Brin & Page 1998) "The anatomy of a large-scale hypertextual Web search engine" Sergey Brin, Larry Page, Computer Networks and ISDN Systems. 30 (1–7): 107–117, http://infolab.stanford.edu/pub/papers/google.pdf (letzter Aufruf 10.4.2020)

(Giraud 2014) "Introduction to High-Dimensional Statistics", Christophe Giraud, Chapman & Hall/CRC Monographs on Statistics and Applied Probability, 2014.

(Gonzales 2008) "Index compression for information retrieval systems", Roi Blanco Gonzales, PhD thesis, University of A Coruña, 2008. http://www.dc.fi.udc.es/~roi/publications/rblanco-phd.pdf (letzter Aufruf 10.4.2020)

(Henrich 2008) "Information Retrieval 1 - Grundlagen, Modelle und Anwendungen", Andreas Henrich, Version: 1.2, Rev: 5727, Stand: 7. Januar 2008, Otto-Friedrich-Universität, Bamberg, 2008, https://www.uni-bamberg.de/fileadmin/uni/fakultaeten/wiai_lehrstuehle/medieninformatik/Dateien/Publikationen/2008/henrich-ir1-1.2.pdf (letzter Aufruf 10.4.2020)

(Leskovec et al. 2010) "Mining of Massive Datasets", Jure Leskovec, Anand Rajaraman, Jeff Ullman, Cambridge University Press, 2010, http://www.mmds.org/ (letzter Aufruf 10.4.2020)

(Lin & Dyer 2010) "Data-Intensive Text Processing with MapReduce", Jimmy Lin, Chris Dyer, Morgan & Claypool Publishers, Manuskript unter, http://lintool.github.io/MapReduceAlgorithms/index.html (letzter Aufruf 10.4.2020)

(Manning et al. 2009) "An Introduction to Information Retrieval", Christopher D. Manning, Prabhakar Raghavan, Hinrich Schütze, Cambridge University Press, Cambridge, England, 2009.

(Mihalcea & Tarau 2004) "TextRank:Bringing Order into Texts", Rada Mihalcea, Paul Tarau, Proceedings of the 2004 Conference on Empirical Methods in Natural Language Processing, p.404–411, Barcelona, Spain, 2004, https://web.eecs.umich.edu/~mihalcea/papers/mihalcea.emnlp04.pdf (letzter Aufruf 10.4.2020)

(Novotný 2018) „Implementation Notes for the Soft Cosine Measure", 2018, https://arxiv.org/pdf/1808.09407.pdf (letzter Aufruf 10.4.2020)

(Oldakowski & Bizer 2005) "SemMF: A Framework for Calculating Semantic Similarity of Objects Represented as RDF Graphs" Radoslaw Oldakowski, Christian Bizer, Poster at the 4th International Semantic Web Conference, 2005, https://www.researchgate.net/publication/238626421_SemMF_A_Framework_for_Calculating_Semantic_Similarity_of_Objects_Represented_as_RDF_Graphs (letzter Aufruf 10.4.2020)

(Radovanović et al 2010), "On the Existence of Obstinate Results in Vector Space Models", Milos Radovanović, Alexandros Nanopoulos, Mirjana Ivanović, Proceeding of the 33rd International ACM SIGIR Conference on Research and Development in Information Retrieval, SIGIR 2010, Geneva, Switzerland, July 19-23, 2010, https://www.researchgate.net/publication/221300014_On_the_existence_of_obstinate_results_in_vector_space_models (letzter Aufruf 10.4.2020)

(Sidorov et al. 2014) "Soft Similarity and Soft Cosine Measure: Similarity of Features in Vector Space Model", Grigori Sidorov, Alexander Gelbukh, HelenaGómez-Adorno, David Pinto,. *Computación y Sistemas*. **18** (3): 491–504 http://www.cys.cic.ipn.mx/ojs/index.php/CyS/article/view/2043 (letzter Aufruf 10.4.2020)

Literatur

(Slimani 2013) "Description and Evaluation of Semantic Similarity Measures Approaches" Thabet Slimani, International Journal of Computer Applications 80(10):25–33, 2013 https://arxiv.org/abs/1310.8059 (letzter Aufruf 10.4.2020)

(Vershynin 2019) "High-Dimensional Probability - An Introduction with Applications in Data Science", Roman Vershynin, University of California, Irvine, https://www.math.uci.edu/~rvershyn/papers/HDP-book/HDP-book.pdf (letzter Aufruf 10.4.2020)

(Zhong et al. 2002) "Conceptual Graph Matching for Semantic Search", Jiwei Zhong, Haiping Zhu, Jianming Li, Yong Yu, In: Priss U., Corbett D., Angelova G. (Hrsg.) Conceptual Structures: Integration and Interfaces. ICCS 2002. Lecture Notes in Computer Science, Vol 2393. Springer, Berlin, Heidelberg. http://disi.unitn.it/~p2p/RelatedWork/Matching/iccs2002.pdf (letzter Aufruf 10.4.2020)

(Zhu & Iglesias 2016) "Computing Semantic Similarity of Concepts in Knowledge Graphs", Ganggao Zhu, Carlos A. Iglesias, IEEE Transactions On Knowledge And Data Engineering, Vol. 29, Issue 1, 2016, https://core.ac.uk/download/pdf/148683663.pdf (letzter Aufruf 10.4.2020)

Grundlagen der Wissensrepräsentation

von Bernhard G. Humm

Inhaltsverzeichnis

4.1 Begriffe und mehr – 111
4.1.1 Begriffe – 111
4.1.2 Klassen und Instanzen – 112
4.1.3 Beziehungen – 113
4.1.4 Schema und Fakten – 113

4.2 Wissensorganisation: Vom Vokabular zur Ontologie – 114
4.2.1 Kontrolliertes Vokabular – 115
4.2.2 Taxonomie – 116
4.2.3 Thesaurus – 116
4.2.4 Wortnetze – 118
4.2.5 Ontologie – 118
4.2.6 Knowledge Graph – 121
4.2.7 Und was benötigten wir davon für eine semantische Suche? – 121

4.3 Wichtige Standards – 121
4.3.1 RDF – 122
4.3.2 RDFa – 124
4.3.3 RDFS – 124
4.3.4 SKOS – 126
4.3.5 Schema.org – 127
4.3.6 OWL – 128
4.3.7 SPARQL – 129

© Springer Fachmedien Wiesbaden GmbH, ein Teil von Springer Nature 2020
T. Hoppe, *Semantische Suche*, https://doi.org/10.1007/978-3-658-30427-0_4

4.4	Linked Data – 130	
4.5	Technologien – 131	
4.6	Und woher kommt das Wissensmodell? – 131	
4.7	Weiterführende Literatur – 133	
	Literatur – 133	

Auf dem Weg zu einer semantischen Suche über Textdokumenten haben wir bisher erfahren, dass wir Hintergrundwissen über die Bedeutung von Begriffen benötigen, wie wir die Texte aufbereiten können und mit welchen Mechanismen wir sie effizient durchsuch- und findbar machen können. Wir hatten im letzten Kapitel auch einen ersten Ansatz für eine semantische Suche kennengelernt, der die semantische Ähnlichkeit von Begriffen nutzt.

Dieses Verfahren benötigt Hintergrundwissen über Begriffsbedeutungen, um darauf Begriffsähnlichkeiten ermitteln zu können. Wie aber können wir dieses Wissen überhaupt repräsentieren, um es verarbeiten zu können?

Wissensrepräsentation ist ein Teilgebiet der Künstlichen Intelligenz. Intelligente Anwendungen benötigen Wissen und dieses muss repräsentiert werden. Im Wesentlichen geht es darum, Wissen über ein Anwendungsgebiet in Form eines **Wissensmodells** durch Begriffe und deren Beziehungen als **Wissensnetz** oder auch **Semantisches Netz** zu repräsentieren. Semantische Suchanwendungen sind intelligente Anwendungen und damit ist die Wissensrepräsentation auch für sie von zentraler Bedeutung. In diesem Kapitel beschreiben wir die wesentlichen Grundlagen.

4.1 Begriffe und mehr

4.1.1 Begriffe

In einer angeregten Unterhaltung benutzen wir Begriffe, ohne über ihre genaue Bedeutung nachzudenken. Um Wissen adäquat zu repräsentieren, müssen wir uns um deren Bedeutung jedoch Gedanken machen. Aber was ist eigentlich ein *Begriff*?

Umgangssprachlich meinen wir damit oft ein Wort, z. B. *Blumenstrauß*. Begrifflich sauber ist das aber nicht. Ein Blick auf das **semiotische Dreieck** soll die Sache schärfen (siehe ◘ Abb. 4.1). Das semiotische Dreieck ist ein in der Sprachwissenschaft verwendetes Modell. Es soll den Zusammenhang zwischen Begriffen, deren Benennungen und den konkreten, damit bezeichneten Gegenständen veranschaulichen. Das semiotische Dreieck publizierten erstmals Charles Kay Ogden und Ivor Armstrong Richards 1923 in dem Werk „The Meaning of Meaning".

Da haben wir auf der rechten Seite den eigentlichen **Gegenstand**, hier ein konkreter Blumenstrauß aus echten Blumen. Die Buchstabenfolge *B-l-u-m-e-n-s-t-r-a-u-ß* ist die **Benennung**.[1] Die Idee, die wir gemeinhin mit einem Blumenstrauß verbinden, wird durch den **Begriff** (**Konzept**) im semiotischen Dreieck dargestellt. Für denselben Begriff kann es unterschiedliche Benennungen geben, z. B. einfach *Strauß* für Blumenstrauß. Wir sprechen hier von **Synonymen**. Umgekehrt kann auch ein- und dieselbe Benennung unterschiedliche Begriffe bezeichnen, z. B. kann *Strauß* sowohl den *Blumenstrauß* als auch den *Vogel Strauß* bezeichnen. Hier sprechen wir von **Homonymen**.

---

1 Synonym zu Benennung verwenden wir im Folgenden auch das Wort *Bezeichnung*.

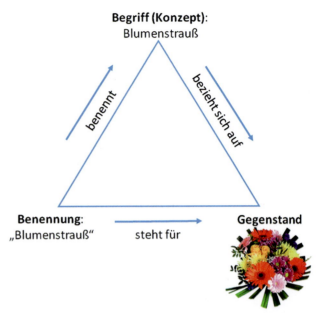

■ Abb. 4.1 Semiotisches Dreieck. (Bildquelle: ► https://cdn.pixabay.com/photo/2016/05/03/18/48/flowers-1369836_960_720.png)

Im Englischen hat das deutsche Wort *Begriff* zumindest zwei Übersetzungen: *term* und *concept*. Term entspricht eher der Benennung und concept eher dem Begriff im semiotischen Dreieck.

4.1.2 Klassen und Instanzen

Schauen wir uns den Begriff *Blumenstrauß* etwas genauer an. Was meinen wir eigentlich, wenn wir von „einem Blumenstrauß" reden?

Manchmal ist ein bestimmter, konkreter Strauß gemeint, z. B. der Brautstrauß bei einer bestimmten Hochzeit. Häufig reden wir jedoch allgemein vom Konzept Blumenstrauß, z. B. wenn wir eine Tischdekoration planen.

In der ersten Lesart sprechen wir von einer **Instanz** (einem Beispiel, einem **Individuum**, einem individuellen Konzept; engl. **individual, instance, concept instance**), in der zweiten Lesart von einer **Klasse** (**Typ, Konzept-Typ**, generischem **Konzept**; engl. **class, type, concept type**).

Umgangssprachlich werfen wir häufig beides zusammen, wenn wir von *einem Blumenstrauß* reden und erschließen aus dem Kontext, welche der beiden Lesarten des Begriffs gemeint ist.

> **Tipp**
>
> Den Unterschied zwischen Klasse und Instanz kann man sich gut durch die Interpretation im Sinne der Mengenlehre merken. Eine Klasse bezeichnet in der Regel eine Menge von Dingen und eine Instanz ein konkretes Element einer solchen Menge.[2]

---

[2] Mitunter kann es jedoch auch sinnvoll sein, Mengen als Instanzen zu betrachten.

4.1 · Begriffe und mehr

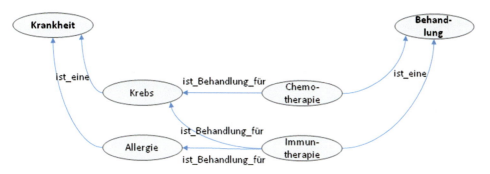

● **Abb. 4.2** Semantisches Netz für Krankheiten und Behandlungen

4.1.3 Beziehungen

Begriffe (sowohl **Klassen** als auch **Instanzen**) stehen miteinander in **Beziehungen**.

Wir verdeutlichen das wieder anhand eines Beispiels in ● Abb. 4.2, wechseln aber von der Floristik zur Medizin als Beispiel-Domäne.

Ein **semantisches Netz** (engl. **semantic net**) stellt Begriffe und deren Beziehungen als Graph dar. Begriffe bilden die Knoten und Beziehungen die Kanten des Graphen. In dem Beispiel betrachten wir die Klassen *Krankheit* und *Behandlung* mit den Instanzen *Krebs* und *Allergie* (Krankheiten) und *Chemotherapie* und *Immuntherapie* (Behandlungen). *ist_ein(e)* ist die Beziehung zwischen Instanzen und den dazugehörigen Klassen. Interessant sind auch die Beziehungen zwischen Instanzen. Sie stellen zusätzliche Informationen zu den Begriffen dar. In diesem Beispiel die Beziehung *ist_Behandlung_für*, mit der ausgedrückt wird, dass man mit Immuntherapien sowohl Krebserkrankungen als auch Allergien behandeln kann, und dass Chemotherapien für die Behandlung von Krebserkrankungen eingesetzt werden können.

Man könnte sich, im Gegensatz zu der obigen Modellierung, auch auf den Standpunkt stellen, dass *Krebs* (oder besser: *Krebserkrankung*) eine Klasse ist, und die konkreten Krebserkrankungen von Patienten Instanzen darstellen. Diese Instanzen könnten dann Attribute wie den aktuellen Tumorstatus des Patienten beinhalten.

Welche Modellierung ist besser: *Krebs* als Klasse oder als Instanz? Oder kann man sogar soweit gehen zu behaupten, dass eine Modellierung *richtig* und die andere *falsch* ist? Die Antwort auf diese Frage ist ein klares Nein. Es hängt vom Anwendungsfall ab, welche Form der Modellierung für die Anwendung passend ist.

> **Tipp**
>
> Bei der Modellierung eines semantischen Netzes sollte der Anwendungsfall analysiert werden, bevor entschieden wird, welche Begriffe als Klassen und welche als Instanzen modelliert werden.

4.1.4 Schema und Fakten

Es ist in der Regel sinnvoll, die Definition von Klassen und Beziehungstypen zu unterscheiden von Instanzen und konkreten Ausprägungen von Beziehungen, wie in ● Abb. 4.3 dargestellt.

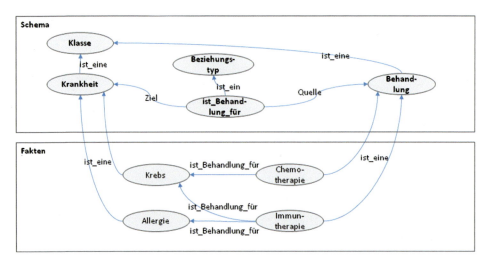

☐ Abb. 4.3 Schema und Fakten

Unter dem **Schema** versteht man die Definition der Klassen (hier im Beispiel *Krankheit* und *Behandlung*) und der Beziehungstypen (hier *ist_Behandlung_für*). Ein **Beziehungstyp** fasst alle gleichnamigen konkreten Beziehungen zwischen konkreten Begriffen zusammen. Beziehungstypen können auch weiter spezifiziert werden, z. B. durch die Angabe der Quelle und des Ziels einer gerichteten Beziehung. Hier beispielsweise: eine Beziehung *ist_Behandlung_für* verläuft von einer Instanz der Klasse *Behandlung* zu einer Instanz der Klasse *Krankheit*.

Unter den **Fakten** verstehen wir die Instanzen der Klassen sowie die konkreten Beziehungen der Instanzen.

Die Unterscheidung zwischen Schema und Fakten ist insofern sinnvoll, da beide unterschiedliche Charakteristika haben. Das Schema ist meist deutlich weniger umfangreich als die Fakten: Dutzende bis hunderte Klassen im Schema gegenüber tausenden bis hunderttausenden Instanzen bei den Fakten. Das Schema wird üblicherweise von einer kleinen Gruppe von Wissens-Ingenieuren erstellt – vor der Erstellung der Fakten – und bleibt dann meist weitgehend stabil. Fakten dagegen werden häufig von einer Gruppe von Fachexperten angelegt und werden fortlaufend erweitert und ggf. verändert.

> **Tipp**
>
> In der KI-Literatur werden auch die Fachbegriffe **T-Box** (**Terminological Component**) für das Schema und **A-Box** (**Assertion Component**) für die Fakten verwendet. Terminological Component drückt aus, dass mit der Festlegung des Schemas die Terminologie des Anwendungsgebiets festgelegt wird, mit der die Fakten ausgedrückt werden.

4.2 Wissensorganisation: Vom Vokabular zur Ontologie

Wir haben nun fast alle „Zutaten" für die Definition von Ontologien beisammen. Wir stellen in diesem Abschnitt verschiedene **Wissensmodelle** oder Arten der

4.2 · Wissensorganisation: Vom Vokabular zur Ontologie

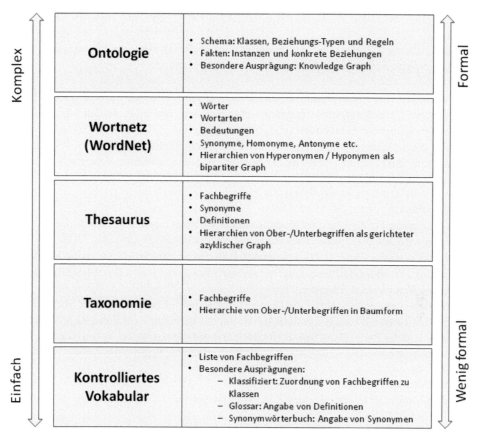

Abb. 4.4 Arten der Wissensorganisation: Von einfach bis komplex, angelehnt an (Lassila und McGuiness 2001)

Wissensorganisation (engl. **Knowledge Organization Scheme, KOS**) vor – schrittweise von einfach bis komplex (siehe ■ Abb. 4.4).

In den folgenden Abschnitten beschreiben wir kontrollierte Vokabulare, Taxonomien, Thesauri, Wortnetze und Ontologien, sowie besondere Ausprägungen. Für Beispiele bleiben wir in der Domäne der Medizin.

Es sei erwähnt, dass es für die hier dargestellten Arten der Wissensorganisation keine einheitlichen Definitionen in der Literatur gibt; unsere Erläuterungen lehnen sich jedoch an gängige Definitionen aus der Literatur an.

4.2.1 Kontrolliertes Vokabular

Ein **kontrolliertes Vokabular** ist im engen Sinn eine Liste von Fachbegriffen (genauer gesagt: deren **Benennungen**) einer bestimmten Domäne, wie *Diabetes, Hepatitis, Krebs, Masern, Mumps, Herzinfarkt, Schlaganfall*, usw.

Ein kontrolliertes Vokabular ist klassifiziert, wenn die Fachbegriffe bestimmten **Begriffskategorien** zugeordnet sind, z. B.

- *Krankheiten: Diabetes, Hepatitis, Krebs, Masern, Mumps, Herzinfarkt, Schlaganfall, ...*
- *Behandlungen: Chemotherapie, Immuntherapie, Psychotherapie, Operation, ...*
- *Symptome: Fieber, Ausschlag, Kopfschmerzen, Husten, ...*

Wir sprechen von einem **Synonymwörterbuch**, wenn zusätzlich unterschiedliche Benennungen (**Synonyme**) eines Begriffs aufgelistet werden, z. B. *Melanom, malignes Melanom, schwarzer Hautkrebs*.

Von einem **Glossar** sprechen wir, wenn zu jedem Begriff eine Begriffsklärung in Form einer informellen Definition angegeben ist, beispielsweise *Schlaganfall: akute Erkrankung des Gehirns durch Verschluss eines Blutgefäßes oder Blutung*.[3]

Aufgabe 4.1
Klassifizieren Sie die folgenden Begriffe aus der Domäne *Bundestag* in die folgenden Kategorien *Personen, Rollen/Funktionen* und *Gruppierungen*:
Bundeskanzler/in, Partei, Parteivorsitzende/r, stellvertretende/r Parteivorsitzende/r, Mitglied, Fraktion, Fraktionsvorsitzende/r, stellvertretende/r Fraktionsvorsitzende/r, Bundestagsausschuss, Abgeordnete/r, Parlament, Regierung, Kanzler/in, Vizekanzler/in, Minister/in, Kanzleramtsminister/in, Koalition, Die Linke, Die Grünen, FDP, AfD, CDU/CSU, SPD, CDU, Sozialdemokraten, Christdemokraten, Bundestag, Mitglied des Bundestags, Svenja Schulze, Helge Braun, Ausschussvorsitzende/r, Bundestagspräsident/in, Vorsitzende/r, Bundestagsabgeordnete/r, Regierungspartei, Stellvertreter/in, Regierungsmitglied

Aufgabe 4.2
Identifizieren Sie in den einzelnen Kategorien Synonyme.

4.2.2 Taxonomie

Eine **Taxonomie** ist eine hierarchische Klassifikation von Fachbegriffen in **Oberbegriffe** und **Unterbegriffe**, die in Baumform vorliegt (siehe ◘ Abb. 4.5).

Aufgabe 4.3
Ermitteln Sie in der Bundestags-Domäne die Beziehungen zwischen den Ober- und Unterbegriffen aller als *Gruppierung* klassifizierten Bezeichnungen. Notieren Sie diese als *X ist_eine Y*. Zur Vereinfachung können Sie ggf. auch mehrere Bezeichnungen durch Komma getrennt als X zusammenfassen.

4.2.3 Thesaurus

Für viele Domänen ist die hierarchische Klassifikation von Fachbegriffen in einer strengen Baumform nicht sinnvoll. In der Taxonomie für Krankheiten kann beispielsweise *Hautkrebs* sowohl den Klassen *Hautkrankheit* als auch *Krebs* zugeordnet werden oder *Windpocken* sowohl den Klassen *Kinderkrankheit* und *Hautkrankheit*. Eine hierarchische Klassifikation (**Begriffshierarchie**), in welcher ein Begriff mehre-

---

3 ▶ https://de.wiktionary.org/wiki/Schlaganfall, abgerufen am 16.10.2019.

4.2 · Wissensorganisation: Vom Vokabular zur Ontologie

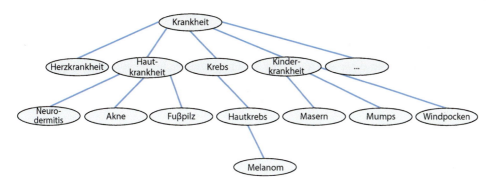

Abb. 4.5 Taxonomie für Krankheiten

ren Oberbegriffen zugeordnet werden kann, hat die Form eines **gerichteten azyklischen Graphen** (engl. **directed acyclic graph, DAG**).

Ein **Thesaurus** vereinigt alle bisher in diesem Abschnitt genannten Wissensorganisations-Schemen, inkl. einer hierarchischen Klassifikation in Form eines DAG. Diese sind u. a.:

1. Bevorzugte Benennung (engl. **preferred label**), z. B. *Melanom*
2. Alternative Benennungen oder **Synonyme** (engl. **synonyms**, **alternative labels**), z. B. *malignes Melanom, schwarzer Hautkrebs*
3. Regelmäßig falsch geschriebene Bezeichnungen (engl. **hidden label**), z. B. *malign melanom*
4. Definitionen, z. B. *große, dunkle, bösartige Geschwulst*[4]
5. **Oberbegriffe**, **Unterbegriffe** (engl. **broader terms, narrower terms**), z. B. *Hautkrebs → Melanom → Augenmelanom*
6. **Assoziierte Begriffe** (siehe auch; engl. **related terms**), z. B. *Hautkrebs siehe auch Tumor*
7. **Begriffskategorien** (engl. **top term**), z. B. *Krankheit*

Die ISO (International Organization for Standardization) hat unter der Nummer 25964-1 Thesauri standardisiert. **SKOS** (Simple Knowledge Organization System) fasst daran angelehnte Spezifikationen und Standards des W3C (World-Wide-Web Consortium) zusammen.

Beispiele für Thesauri sind:
- *MeSH* (Medical Subject Headings) zur Sacherschließung von Büchern und Zeitschriftenartikeln in Medizin und Biowissenschaften
- *Eurovoc* zur Indexierung von Dokumenten der europäischen Institutionen
- *UNESCO Thesaurus* für die Inhaltliche Erschließung in den Bereichen Bildung, Wissenschaft, Kultur, Sozial- und Humanwissenschaften, Information und Kommunikation, Politik, Recht und Wirtschaft
- *Standard-Thesaurus Wirtschaft* (STW) zur Erleichterung der Suche zu ökonomischen Themenstellungen und verwandten Fachbegriffen

---

4 Quelle: ▶ https://de.wiktionary.org/wiki/Melanom.

Aufgabe 4.4

a) Ermitteln Sie in der Bundestags-Domäne die Beziehungen zwischen den Ober- und Unterbegriffen aller als *Rollen/Funktionen* klassifizierten Bezeichnungen. Notieren Sie diese als *X ist_ein Y*. Zur Vereinfachung können Sie ggf. auch mehrere Bezeichnungen durch Komma getrennt als X zusammenfassen.

b) Identifizieren Sie die Begriffe, die unter mehrere Oberbegriffe fallen.

4.2.4 Wortnetze

Wortnetze (engl. **word net**) sind eine erweiterte Form von Thesaurus, die Anwendung in der Linguistik und Computerlinguistik finden. Da Wortnetze für die Verarbeitung natürlicher Sprache von besonderer Bedeutung sind, wollen wir sie hier vorstellen.

Das prominenteste Beispiel ist *WordNet*.[5] Betrachten wir beispielsweise den Eintrag für *dog* in WordNet[6] in ◌ Abb. 4.6.

WordNet gibt zu jedem Wort den lexikalischen Typ an, z. B. Nomen, Verb, Adjektiv etc. Wussten Sie eigentlich, dass das englische Wort *dog* nicht nur ein Nomen (noun) ist, sondern auch ein Verb (to dog: jemandem nachjagen)? Und hätten Sie gedacht, dass das Wort *dog* nicht nur das Tier bezeichnet, sondern insgesamt 7 Bedeutungen im Englischen hat? *Hot dog* ist ja sicherlich noch bekannt, aber die Wortbedeutung „*metal supports for logs in a fireplace*" (*Kaminbock zum Halten von Holzscheiten*) kennen vermutlich die Wenigsten.

WordNet listet die verschiedenen Wortbedeutungen (engl. „senses", d. h. **Homonyme**), jeweils mit einer kurzen Definition auf. Dies ist für die Verarbeitung von natürlicher Sprache, insbesondere das automatisierte Textverstehen, von großer Bedeutung.

Des Weiteren listet WordNet zu jeder Wortbedeutung jeweils **Synonyme** auf, z. B. *canis familiaris* für die Wortbedeutung als *Tier* und *andiron* für die Wortbedeutung als *Kaminbock*. Zusätzlich spezifiziert WordNet für jede Wortbedeutung (**SynSets**) Ober- und Unterbegriffe. ◌ Abb. 4.7 zeigt einen kleinen Ausschnitt von zahlreichen Ober- und Unterbegriffen des Worts *dog* in der Bedeutung eines Tiers.

WordNet bezieht sich auf die englische Sprache und ist open source und frei verfügbar. Ein Wortnetz für die deutsche Sprache ist *GermaNet*, jedoch lizenzpflichtig. Ein freies Wortnetz für die deutsche Sprache ist *OdeNet*.

4.2.5 Ontologie

Eine **Ontologie** ist eine einvernehmliche, formale Konzeptualisierung eines Wissensgebiets in Form eines semantischen Netzes von Begriffen und deren Beziehungen.[7] Insofern ist alles, was wir bisher in diesem Abschnitt beschrieben haben unter der Bezeichnung *Ontologie* subsumierbar: Ein kontrolliertes Vokabular ist eine simple

---

[5] Wir greifen an dieser Stelle auf ein englischsprachiges Beispiel zurück, da das deutschsprachige Pendent *GermaNet* keine frei zugängliche grafische Benutzerschnittstelle hat und selbst für Visualisierungszwecke lizenziert werden muss.

[6] ▶ http://wordnetweb.princeton.edu/perl/webwn?c=-1&sub=Change&o2=&o0=1&o8=1&o1=1&o7=&o5=&o9=&o6=&o3=&o4=&i=-1&h=00000000&s=dog, abgerufen am 10.04.2020)

[7] Diese Definition gilt für die Informatik und basiert auf (Gruber 1993) und (Studer et al. 1998). In der Philosophie gilt Ontologie als die Lehre vom Sein. Siehe auch (Busse et al. 2014).

4.2 · Wissensorganisation: Vom Vokabular zur Ontologie

WordNet Search - 3.1
- WordNet home page - Glossary - Help

Word to search for: dog   [Search WordNet]

Display Options: (Select option to change) ▼ [Change]
Key: "S:" = Show Synset (semantic) relations, "W:" = Show Word (lexical) relations
Display options for sense: (gloss) "an example sentence"

Noun

- S: (n) **dog**, domestic dog, Canis familiaris (a member of the genus Canis (probably descended from the common wolf) that has been domesticated by man since prehistoric times; occurs in many breeds) *"the dog barked all night"*
- S: (n) frump, **dog** (a dull unattractive unpleasant girl or woman) *"she got a reputation as a frump"; "she's a real dog"*
- S: (n) **dog** (informal term for a man) *"you lucky dog"*
- S: (n) cad, bounder, blackguard, **dog**, hound, heel (someone who is morally reprehensible) *"you dirty dog"*
- S: (n) frank, frankfurter, hotdog, hot dog, **dog**, wiener, wienerwurst, weenie (a smooth-textured sausage of minced beef or pork usually smoked; often served on a bread roll)
- S: (n) pawl, detent, click, **dog** (a hinged catch that fits into a notch of a ratchet to move a wheel forward or prevent it from moving backward)
- S: (n) andiron, firedog, **dog**, dog-iron (metal supports for logs in a fireplace) *"the andirons were too hot to touch"*

Verb

- S: (v) chase, chase after, trail, tail, tag, give chase, **dog**, go after, track (go after with the intent to catch) *"The policeman chased the mugger down the alley"; "the dog chased the rabbit"*

◘ **Abb. 4.6** WordNet-Eintrag für *dog*

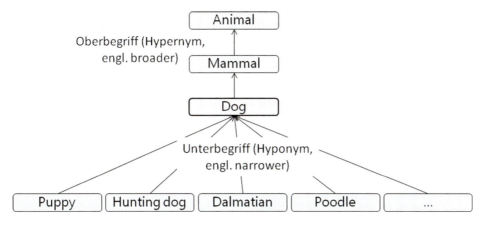

◘ **Abb. 4.7** WordNet: Ausschnitt von Ober- und Unterbegriffen des Worts *dog*

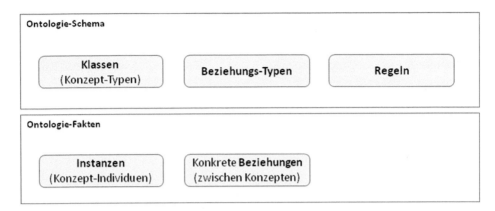

■ Abb. 4.8 Ontologie-Schema und -Fakten

Ontologie; ein Thesaurus schon deutlich komplexer. Aber während Standards für Thesauri bestimmte Arten von Beziehungen vorgeben, lässt die allgemeine Definition einer Ontologie alle Arten von Beziehungen zu.

Eine Ontologie besteht, wie in ■ Abb. 4.8 vereinfacht dargestellt, aus einem Schema und Fakten.[8]

- **Klassen** als Teil des Schemas fassen Begriffe desselben Typs zusammen. Ein Beispiel aus der Medizin-Domäne ist *Krankheit*.
- **Instanzen** sind konkrete Individuen eines Begriffs, z. B. *Krebs*. Instanzen sind Teil der Fakten.
- **Beziehungstypen** definieren im Schema Arten von Beziehungen, z. B. *ist_Behandlung_für*.
- **Beziehungen** sind die Verwendung von Beziehungstypen zur Beschreibung konkreter Instanzen, z. B. *Chemotherapie ist_Behandlung_für Krebs*. Beziehungen gehören zu den Fakten.
- **Regeln** erlauben **Schlussfolgerungen (Inferenzen**, engl. **reasoning)** aus Fakten, um neue Fakten abzuleiten.[9] Beispielsweise kann mit der Information, dass der Beziehungstyp *hat_Oberbegriff* transitiv ist und der Transitivitätsregel geschlossen werden: Wenn *Melanom hat_Oberbegriff Hautkrebs* gilt und *Hautkrebs hat_Oberbegriff Krebs* gilt, dann gilt auch das Fakt *Melanom hat_Oberbegriff Krebs*.

? **Aufgabe 4.5**
a) Identifizieren Sie in der Bundestags-Domäne die wichtigsten Beziehungstypen, die zwischen den Kategorien *Person*, *Rolle/Funktion* und *Gruppe* bestehen.
b) Probieren Sie zusätzliche Beziehungstypen zu identifizieren, die nur innerhalb einer dieser Kategorien bestehen.

---

8 Im Detail kann die Aufteilung zwischen Ontologie-Schema und -Fakten von dieser einfachen Darstellung abweichen. So können durchaus auch Instanzen zu einem Schema gerechnet werden, wenn sie allgemeingültigen Charakter haben, z. B. Maßeinheiten. Auch können Begriffe, je nach Betrachtungsweise, sowohl Klasse als auch Instanz sein. So werden beispielsweise Klassen in RDF als Instanzen der Metaklasse *rdfs:Class* deklariert. Meta-Klassen wie rdfs:Class werden manchmal auch als Meta-Schema bezeichnet.

9 Schlussfolgerungen mittels allgemeiner Regeln spielen für semantische Suchen eher eine untergeordnete Rolle. Daher werden wir hier nicht näher darauf eingehen.

Notieren Sie diese Beziehungstypen entsprechend ◘ Abb. 4.3 als Aussagen der Form: X ist_ein Beziehungstyp mit Quelle Y und Ziel Z

4.2.6 Knowledge Graph

Der Begriff **Knowledge Graph**[10] wurde 2012 von *Google* geprägt und bezeichnet ursprünglich das Wissensmodell, welches die Google-Suchergebnisse mit Informationen aus verschiedenen Quellen anreichert. Der Begriff wird mittlerweile auch zusammenfassend für Datenquellen, wie *Wikidata* und *DBpedia*, und APIs, wie das *Facebook Open Graph* Protokoll und den *Microsoft Graph*, verwendet, die den Zugriff auf Fakten-Informationen einer Organisation ermöglichen und die Struktur eines semantischen Netzes besitzen.

Obwohl *Google* keine genauen Angaben macht, kann man bei dem Google Knowledge Graph von über 70 Mrd. Fakten ausgehen,[11] bei insgesamt nur ca. 1000 Klassen.[12] Regeln und Schlussfolgerungen spielen bei Knowledge Graphen keine nennenswerte Rolle.

4.2.7 Und was benötigten wir davon für eine semantische Suche?

Bevor eine semantische Suchanwendung entwickelt werden kann, muss geklärt werden, welche Art der Wissensorganisation, d. h. welches Wissensmodell geeignet und angemessen ist. Grundsätzlich gilt: **So einfach wie möglich, so komplex wie nötig.**

Dafür müssen die Anforderungen an die semantische Suchanwendung sorgfältig erhoben und analysiert werden. ◘ Tab. 4.1 gibt eine Übersicht über Anforderungen und dazugehörigen Empfehlungen für ein Wissensmodell.

4.3 Wichtige Standards

In der Geschichte der KI wurden viele Formalismen für die Wissensrepräsentation entwickelt und genutzt, z. B. Prädikatenlogik, Frames, semantische Netze, Regelsprachen etc. Im Rahmen der Semantic Web Initiative des W3C (kurz **Semantic Web**) wurden eine Reihe von Standards für die Wissensrepräsentation entwickelt, die eine hohe Verbreitung gefunden haben. Die Vorteile dieser Standards bestehen im Wesentlichen im vereinfachten Austausch durch Festlegung einer einvernehmlichen Notation (Syntax) für Wissensmodelle. Wir stellen im Folgenden die wichtigsten dieser Standards kurz vor.

---

10 ▶ https://en.wikipedia.org/wiki/Knowledge_Graph, letzter Aufruf 10.04.2020.
11 „Apple boasts about sales; Google boasts about how good its AI is", James Vincent, 04.10.2016, ▶ https://www.theverge.com/2016/10/4/13122406/google-phone-event-stats, letzter Aufruf 12.03.2020.
12 Ausgehend von der Anzahl von Klassen in ▶ *schema.org*: ▶ https://schema.org/docs/full.html, letzter Aufruf 12.03.2020.

Tab. 4.1 Wahl eines geeigneten Wissensmodells anhand von Anforderungen

Anforderung	Beispiele	Wissensmodell
Fachbegriffe identifizieren, z. B. für die Auto-Vervollständigung bei der Sucheingabe	Hautkrebs, Immuntherapie	kontrolliertes Vokabular
Synonyme auf einen kontrollierten Begriff zurückführen	Melanom → Hautkrebs	Synonymwörterbuch, Thesaurus
Sucheingaben semantisch autovervollständigen, d. h. zusätzlich die Kategorie des Fachbegriffs benennen	Hautkrebs: Krankheit Immuntherapie: Behandlung	Klassifiziertes kontrolliertes Vokabular
Definitionen anzeigen	Hautkrebs = bösartige Veränderung der Haut[1]	Glossar
Bei einer Suche nach einem Begriff auch Dokumente mit Unterbegriffen finden	Suche nach Krebs → Text über Hautkrebs	Taxonomie, Thesaurus, Wortnetz, Ontologie
Unscharf suchen, d. h. auch nach verwandten Begriffen	Suche nach Tumor → Text über Hautkrebs	Thesaurus, Wortnetz, Ontologie
Homonyme disambiguieren	Krebs: Krankheit/Tier/Sternzeichen/…	Wortnetz, Ontologie
Fachspezifische Zusammenhänge auflösen	Suche nach Hautkrebs → Text über Immuntherapie	Ontologie

[1] ▶ https://de.wiktionary.org/wiki/Hautkrebs, abgerufen am 16.10.2019

4.3.1 RDF

RDF steht für **Resource Description Framework**. In RDF werden Aussagen als **Tripel** von **Subjekt**, **Prädikat** und **Objekt** ausgedrückt. Dies ist ein ausgesprochen schlichter, dabei ungemein mächtiger Formalismus, der es erlaubt, jegliche Art von Wissen als Graph zu repräsentieren. Die Aussage *Chemotherapie ist Behandlung für Krebs* aus dem obigen Beispiel kann in RDF als Tripel wie folgt dargestellt werden:

```
:Chemotherapy :is_treatment_for :Cancer .
```
[13]

Hierbei ist *:Chemotherapy* das Subjekt, *:is_treatment_for* das Prädikat und *:Cancer* das Objekt.

Alle drei Bestandteile dieses Tripels bilden **Ressourcen** in RDF. Ein Beispiel für eine Ressource ist <▶ http://dbpedia.org/resource/Chemotherapy>. Eine Ressource

---

13 RDF-Tripel können in unterschiedlichen Formaten serialisiert werden, u. A. RDF/XML, Turtle, N3, RDFa, etc. Wir verwenden hier die einfache Turtle Syntax.

4.3 · Wichtige Standards

wird als **Uniform Resource Identifikator (URI)**[14] – die Web-Adresse zwischen dem Kleiner- und Größer-Zeichen – repräsentiert, dem Internet-Standard für weltweit eindeutige Identifikatoren von Ressourcen.

Zur vereinfachten Notation kann ein **Namensraum** (engl. **namespace**) deklariert werden, der als Präfix verwendet werden kann. Beispiel:

```
@prefix dbr: <http://dbpedia.org/resource/> .
```

Damit kann die obige Ressource auch kürzer geschrieben werden als:

```
dbr:Chemotherapy
```

Innerhalb einer Datei kann man auch einen Basis-Namensraum (**base namespace**) festlegen, z. B.

```
@base <http://dbpedia.org/resource/> .
```

Bei fehlender Angabe des Namensraums gilt dann jeweils der Basis-Namensraum. Dann kann man, wie oben gezeigt, dieselbe Ressource noch kürzer darstellen als
:Chemotherapy

Wichtig ist, dass jede Ressource durch ihre URI weltweit eindeutig identifiziert ist. Wie im obigen Beispiel deutlich, werden nicht nur Subjekte in RDF-Tripeln durch Ressourcen gebildet, sondern auch Prädikate, z. B. *:is_treatment_for*. Auch Objekte in RDF-Tripeln können durch Ressourcen repräsentiert werden, z. B. *:Cancer*. Alternativ können als Objekte auch **Literale** angegeben werden, z. B. konkrete Zahlen oder Zeichenketten.

❓ **Aufgabe 4.6**

a) Welche Aussagen werden durch die folgenden RDF-Tripel repräsentiert?
dbr:Angela_Merkel rdfs:label "Angela Merkel" .

```
dbr:Angela_Merkel :geborene "Kasner" .
dbr:Bundesregierung :wird_geleitet_von :Bundeskanzler .
<http://dbpedia.org/page/Angela_Merkel> :hat_Funktion :Bundeskanzler .
```

b) Sind diese Aussagen entsprechend ▶ Abschn. 4.1.4 dem Schema oder den Fakten zuzuordnen? Begründen Sie ihre Zuordnung.
c) Rufen Sie die beiden URIs von Angela Merkel auf. Was stellen Sie fest?

---

14 International Resource Identifikator (IRI), die auch Sonderzeichen beinhalten können, sind auch erlaubt. Leerzeichen, Doppelpunkt und Schrägstrich sind weder in URIs noch in IRIs erlaubt. Anstelle eines Leerzeichens verwendet man oft einen Unterstrich (_) oder die CamelCase-Notation (siehe ▶ https://de.wikipedia.org/wiki/Binnenmajuskel).

4.3.2 RDFa

RDFa (Resource Description Framework in Attributes) ist eine W3C Empfehlung, die das Einbetten von RDF-Tripeln in HTML, XHTML und eine Reihe von XML-Dialekten ermöglicht. Die für Menschen geschriebenen Informationen auf einer Webseite können so mittels RDFa ergänzt werden, um ihre semantische Bedeutung auch durch Computerprogramme (z. B. Suchmaschinen) verarbeitbar zu machen. Das folgende Beispiel[15] verwendet das Vokabular von ▶ schema.org (siehe ▶ Abschn. 4.3.5) und die vereinfachte RDFa-Lite-Syntax.

```
<div vocab="http://schema.org/" typeof="Product">
  <p>Kaufen Sie den
    <span property="name">Staubsauger XF704</span>
    jetzt im Sonderangebot!
    <img property="image" src="acmeXF704.jpg" />
  </p>
</div>
```

Hierin wird durch das HTML-Attribut *vocab* das zur Beschreibung des Staubsaugers verwendete Wissensmodell, hier ▶ schema.org definiert. Das HTML-Attribut *typeof* definiert, dass es sich bei der Beschreibung um eine Instanz der Klasse *Product* handelt, mit *property* wird der *Name* des Produkts und mit der *property image* eine Abbildung des Produkts beschrieben.

4.3.3 RDFS

RDFS steht für **RDF Schema**. Es ist eine Erweiterung von RDF und stellt ein Vokabular zur Definition einfacher Ontologie-Schemata, insbesondere zur Definition von **Klassen** und **Beziehungstypen**, dar. Beispielsweise wird die Klasse *:Disease* mit RDFS wie folgt deklariert:

```
:Disease rdf:type rdfs:Class;
         rdfs:label "Disease"@en .
```
[16]

Bei *rdf:type* handelt es sich um ein im RDF-Standard vordefiniertes Prädikat, das angibt, dass die Ressource im Subjekt des Tripels vom Typ des Tripel-Objekts ist. Hierdurch wird die Instanz im Subjekt der Klasse im Objekt zugeordnet. *rdf:type* kann auch durch *a* abgekürzt notiert werden. Das Semikolon ist eine Kurzschreibweise, die es erlaubt, bei mehreren RDF-Tripeln mit demselben Subjekt die Wiederholung des Subjekts zu sparen.

Damit ist das obige Beispiel zu lesen als: *Krankheit ist eine Klasse*, deren englische Benennung *Disease* ist. Eine konkrete Instanz der Klasse *:Disease* kann dann wie folgt deklariert werden.

---

15 Quelle: ▶ https://de.wikipedia.org/wiki/RDFa, abgerufen am 10.09.2019.
16 Mit den Namensraum-Deklarationen: @prefix rdf: <▶ http://www.w3.org/1999/02/22-rdf-syntax-ns#> und @prefix rdfs: <▶ http://www.w3.org/2000/01/rdf-schema#> und einem beliebigen Base Namespace.

4.3 · Wichtige Standards

```
:Cancer   a :Disease .
```

Zu lesen: *Krebs ist eine Krankheit.*
Ein Beziehungstyp wie *:is_treatment_for* kann wie folgt deklariert werden.

```
:is_treatment_for a rdf:Property .
```

Zu lesen: *ist_Behandlung_für ist ein Beziehungstyp.*
Zusätzlich können für einen Beziehungstyp Klassen für das Subjekt und das Objekt einer konkreten **Beziehung** angegeben werden, z. B.

```
:is_treatment_for rdfs:domain :Treatment ;
                  rdfs:range  :Disease .
```

Zu lesen: *Der Definitionsbereich (Quelle) von ist_Behandlung_für ist eine Behandlung, der Wertebereich (Ziel) eine Krankheit.*
Mittels *rdfs:subClassOf* können **Oberklassen/Unterklassen**-Beziehungen deklariert werden. Dies erlaubt die Modellierung von **Taxonomien** und **Begriffshierarchien**. Das analoge Prädikat *rdfs:subPropertyOf* ermöglicht es darüber hinaus, Hierarchien von Beziehungstypen zu definieren.

Klassen und **Instanzen** in RDF/RDFS haben Ähnlichkeiten mit Klassen und Instanzen in objektorientierten Programmiersprachen wie Java. Aber es gibt auch wesentliche Unterschiede. So ist in RDF keinerlei Typ-Prüfung vorgesehen. Ob eine Ressource als Klasse deklariert ist oder nicht, ist irrelevant für ihre Verwendung mittels *rdf:type* bzw. deren Kurzform *a*. Eine Ressource muss keiner Klasse zugeordnet sein; sie kann aber auch mehreren Klassen zugeordnet sein. Eine Ressource kann auch gleichzeitig als Klasse und als Instanz deklariert werden.

Ähnlich verhält es sich mit Beziehungstypen. Eine Ressource muss nicht als *rdf:Property* deklariert sein, um als Prädikat in einem Tripel verwendet zu werden. Werden *rdfs:domain* und *rdfs:range* deklariert, so müssen bei der Verwendung Subjekt und Objekt nicht Instanzen der entsprechenden Klassen sein.[17]

Dies mag für Entwickler objektorientierter Programmiersprachen zunächst etwas verwirrend und eine potenzielle Quelle für Inkonsistenzen sein, ist aber durch die Grundidee des Semantic Web begründet: Jeder sollte prinzipiell zum weltweiten Wissen durch Veröffentlichung von RDF-Tripeln im World-Wide-Web beitragen können. Dabei soll es keinesfalls passieren dürfen, dass aufgrund von Typ-Prüfungen wenige Tripel einzelner Nutzer absichtlich oder unabsichtlich Millionen Tripel anderer Nutzer invalidieren.

❓ Aufgabe 4.7
Beschreiben Sie in RDF und RDFS im Basis-Namensraum die folgenden Auszüge der Bundestags-Domäne.

---

17 Umgekehrt ist es so, dass bei einer Angabe von *rdfs:domain* und *rdfs:range* mittels Schlussfolgerung auf die Klasse des Subjekts bzw. Objekts in einem Tripel geschlossen werden kann, auch wenn diese nicht explizit angegeben sind.

a) Definieren Sie die in Aufgabe 4.4 ermittelte Hierarchie der Rollen/Funktionen unterhalb der Klasse *Mitglied des Bundestags* als RDF-Tripel.
b) Definieren Sie die Beziehungstypen aus Aufgabe 4.5 a), inklusive ihrer Definitions- und Wertebereiche als RDF-Tripel.
c) Definieren Sie die *Personen* über ihre Zugehörigkeit zu Klassen und die Beziehungen, in denen sie stehen, als RDF-Tripel.

4.3.4 SKOS

SKOS steht für **Simple Knowledge Organization System**. SKOS ist ein auf RDF/RDFS basierender W3C Standard zur Spezifikation von **Thesauri** und anderen einfachen Wissensmodellen. Anhand eines Beispiels stellen wir einige SKOS Konzepte kurz vor.

```
:Melanoma a :Disease ;
    skos:prefLabel "Melanoma"@en, "Melanom"@de ;
    skos:altLabel "Malignant Melanoma"@en, "malignes Melanom"@de ;
    skos:hiddenLabel "malign Melanom"@en ;
    skos:related :Chemo_Therapy ;
    skos:definition "A malignant neoplasm composed of melanocytes"@en ;
    skos:broader :Cancer, :Skin_Disease ;
    skos:narrower :Breast_Melanoma, :Ocular_Melanoma .[18]
```

Zu lesen: *Melanom ist eine Krankheit; die bevorzugte Bezeichnung im Englischen ist ‚Melanoma', zu Deutsch „Melanom" mit den Synonymen ‚Malignant Melanoma' bzw. ‚malignes Melanom', die fälschlicherweise auch als ‚malign Melanom' bezeichnet wird. Die Definition ist wie oben angegeben. Oberbegriffe von Melanoma sind Krebs und Hautkrankheit, Unterbegriffe sind Brustkrebs und Augenkrebs.*

Durch das Prädikat *skos:prefLabel* ist die präferierte Bezeichnung eines Begriffs definierbar. Diese kann dazu verwendet werden, ein **kontrolliertes Vokabular** festzulegen. Mit dem Prädikat *skos:altLabel* können **Synonyme** definiert und auf kontrollierte Bezeichnungen abgebildet werden, während *skos:hiddenLabel* dazu verwendet werden kann, häufig verwendete fehlerhafte Bezeichnungen oder Schreibvarianten zu spezifizieren, die lediglich erkannt und auf die kontrollierten Begriffe abgebildet werden. Das Prädikat *skos:related* dient der Spezifikation von allgemeinen Beziehungen zwischen Begriffen, vergleichbar einem „siehe auch" oder „vergleiche" im Stichwortverzeichnis eines Buchs.

Mit *skos:broader* und *skos:narrower* können allgemeine **Oberbegriffs/Unterbegriffs**-Beziehungen zwischen Begriffen modelliert werden. Hierbei kann es sich sowohl um Super-/Subklassen-, Instanz-Klassen- als auch Teil-Ganzes-Beziehungen handeln. Da RDF/RDFS weder erlaubt, den Definitionsbereich noch den Wertebereich von Beziehungen einzuschränken, kann allein über eine Modellierung mittels *skos:broader* bzw. *skos:narrower* nicht garantiert werden, dass die modellierte Hierar-

---

[18] Mit der Namensraum-Deklaration: @prefix skos: <▶ http://www.w3.org/2004/02/skos/core#>. Das Komma ist ein Kurzschreibweise, die es erlaubt, bei mehreren RDF-Tripeln mit demselben Subjekt und Prädikat die Wiederholung des Prädikats zu sparen.

chie kohärent nur auf eine Beziehungsart beschränkt ist. Sollen sowohl RDFS-Subklassen- als auch Instanz-Klassen- oder Teil-Ganzes-Beziehungen als SKOS Ober-/Unterbegriff-Beziehungen interpretiert werden, empfiehlt es sich, diese explizit zu unterscheiden. Mit folgenden zusätzlichen Deklarationen könnten diese in Beziehung zu *skos:broader* bzw *skos:narrower* gesetzt werden:

```
rdfs:subClassOf rdfs:subPropertyOf  skos:broader .19
rdf:type rdfs:subPropertyOf  skos:broader .
:partOf rdfs:subPropertyOf  skos:broader .20
```

Aufgabe 4.8
Definieren Sie für die in Aufgabe 4.2 identifizierten Begriffe: *Mitglied des Bundestags*, *Bundeskanzler*, *Bündnis 90/Die Grünen*, *Sozialdemokratische Partei*, *Christlich Demokratische Union* und *Bundestag* ein kontrolliertes Vokabular als RDF-Tripel und deklarieren Sie für diese Begriffe die identifizierten Synonyme.

4.3.5 Schema.org

▶ Schema.org ist ein Ontologie-Schema für die Formalisierung von Daten auf Websites, das auf einer Initiative ursprünglich gestartet von *Google*, *Microsoft*, *Yahoo* und *Yandex* beruht und heute von einer offenen Community getragen wird. Häufig genutzte Begriffe in diesem Schema sind *Personen*, *Organisationen*, *Orte*, *Produkte*, *Events*, etc. Das Datenmodell von ▶ Schema.org ist von RDFS abgeleitet. Unterschiedliche Syntaxen werden unterstützt, u. a. RDFa und JSON-LD (JSON for Linking Data). Ein Beispiel, das den Sitz und die Postadresse der Hochschule Darmstadt und die JSON-LD Syntax nutzt, ist:

```
"location": {
   "@type": "Organization",
   "name": "Hochschule Darmstadt - University of Applied Sciences",
   "address": {
     "@type": "PostalAddress",
     "streetAddress": "Haardtring 100",
     "addressLocality": "Darmstadt",
     "postalCode": "64295",
     "addressCountry": "Germany"
   }
}
```

---

19 Prinzipiell könnte analog auch eine Teil-Ganzes-Beziehung als *:partOf rdfs:subPropertyOf skos:broader* definiert werden. Auch wenn dies möglich ist, ist es noch lange nicht sinnvoll. Hierdurch werden zwei logische Ebenen vermischt. Es liegt in der Verantwortung des Modellierers, ob eine solche Vermischung zweckmäßig ist oder nicht.
20 (Keet und Artale 2007) unterscheiden und analysieren unterschiedliche Formen von Teil-Ganzes-Beziehungen.

4.3.6 OWL

OWL steht für **Web Ontology Language**. OWL ist ein auf RDF/RDFS basierender W3C Standard zur Spezifikation von Ontologien. OWL geht über die Ausdrucksmächtigkeit von RDFS weit hinaus. Es werden Sprachkonstrukte eingeführt, die es erlauben, Ausdrücke ähnlich der Prädikatenlogik zu formulieren. Mittels **Schlussfolgerungen (Reasoning)** können neue Fakten aus existierenden abgeleitet werden. Darüber hinaus kann der **Reasoner**[21] die Konsistenz von OWL-Ontologien überprüfen. Hierdurch können logische Probleme, die durch fehlerhafte Typ-Zuweisungen in RDF und RDFS möglich sind, vermieden werden. Betrachten wir hierzu das folgende Beispiel.

```
:Breast_Melanoma skos:broader :Melanoma .
:Melanoma skos:broader :Cancer .
```

Das SKOS-Prädikat *skos:broader* können wir in OWL definieren als:[22]

```
skos:broaderTransitive rdf:type owl:TransitiveProperty .
skos:broader rdfs:subPropertyOf skos:broaderTransitive .
```

Hier wird der Beziehungstyp *skos:broader* als transitive Unterbeziehung von *skos:broaderTransitive* deklariert. Aus den beiden Tripeln, welche die Oberbegriff-Beziehungen zwischen *Brust-Hautkrebs*, *Hautkrebs* und *Krebs* herstellen und der Spezifikation von *skos:broaderTransitive*, kann mittels Schlussfolgerung das folgende Tripel abgeleitet werden, das als *Krebs ist ein (direkter oder indirekter) Oberbegriff für Brust-Hautkrebs* gelesen werden kann:

```
:Breast_Melanoma skos:broaderTransitive :Cancer .
```

Neben den eingebauten Schlussfolgerungen über RDF/RDFS/OWL-Konstrukte wie *owl:TransitiveProperty* können auch anwendungsspezifische Regeln als Grundlage für das Reasoning spezifiziert werden.

Die Ausdrucksmächtigkeit von OWL geht meist über den Bedarf einer semantischen Suche hinaus. Logische Schlussfolgerungen sind in der Regel zeitaufwändig. Daher sollten sie – wenn überhaupt – vorab durchgeführt, entweder um die logische Konsistenz des Wissensmodells zu überprüfen oder um abgeleitete Informationen voraus zu berechnen. Während der eigentlichen semantischen Suche werden Schlussfolgerungen praktisch nicht eingesetzt, vielmehr wird das Wissen und ggf. vorausberechnete Informationen aus RDFS- und OWL-Ontologien meist extrahiert, transformiert und in für die Suche optimierte Datenstrukturen wie z. B. Hash-Tabellen oder Suchmaschinen-Indexen geladen. Wir kommen in ▶ Abschn. 4.6 auf diesen als **semantisches ETL** bezeichneten Prozess zurück.

---

21 Die Komponente, die logische Schlussfolgerungen durchführt.
22 Siehe hierzu auch: ▶ https://www.w3.org/TR/skos-primer/#sectransitivebroader, letzter Aufruf 10.04.2020.

4.3.7 SPARQL

Wissen zu repräsentieren macht nur Sinn, wenn man es auch nutzen kann. **SPARQL** *(SPARQL Protocol And RDF Query Language)* ist die Abfragesprache für RDF, deren Syntax an SQL angelehnt ist. SPARQL ist ausdrucksmächtig und einfach zu nutzen. Ähnlich wie bei SQL werden Konstrukte für Projektion, Selektion, Joins, Aggregation, Sortierung usw. bereitgestellt. Die Projektions-Bedingungen werden in RDF (Turtle Syntax), ergänzt um Variablen, formuliert. Das folgende Beispiel stellt eine einfache Abfrage mit einer vorausgehenden Deklaration vereinfachender Präfixe dar.

```
PREFIX skos: <http://www.w3.org/2004/02/skos/core#>
SELECT *
WHERE {
    ?d a :Disease ;
        skos:broader* :Cancer .
}
```

Variablen in SPARQL beginnen mit einem „?", hier *?d*. SELECT * sucht nach allen Variablen in der WHERE-Klausel, hier ausschließlich nach der Variablen *?d*. Die Suchbedingung besagt, dass nach einer Instanz der Klasse *:Disease* gesucht wird, die gleichzeitig in einer *skos:broader* Beziehung zur Ressource *:Cancer* steht, d. h. Krebs wird hier als Oberbegriff betrachtet. Der Stern hinter *skos:broader* weist auf eine transitive Abfrage hin, d. h. dass die *skos:broader* Beziehung 0 bis n Mal hintereinander vorhanden sein kann. Während ein Stern hinter einem Prädikat bei SPARQL angibt, dass die Beziehung als transitiv und reflexiv zu verarbeiten ist, spezifiziert ein Pluszeichen, dass die Beziehung zwar transitiv aber irreflexiv ausgewertet werden soll (1 bis n mal).

Die Verarbeitung von SPARQL-Anfragen erfolgt durch eine Query Engine. Diese Query Engine interpretiert SPARQL-Anfragen als verallgemeinerten RDF-Teilgraphen – und damit als Template – und gleicht diesen Teilgraphen mit dem RDF-Graphen der Wissensbasis ab (matcht). Als Ergebnis der Anfrage werden damit alle Belegungen der Variablen, die den Teilgraphen erfüllen, zurückgeliefert. Analog zu einer SQL-Anfrage handelt es sich hierbei um ein **Retrieval-Verfahren** (siehe ▶ Abschn. 6.2). Mit den obigen Beispielen wäre das Ergebnis der obigen Anfrage:

```
:Cancer
:Melanoma
:Breast_Melanoma
:Ocular_Melanoma
```

Dieses Beispiel soll deutlich machen, dass mit SPARQL auch komplexe Bedingungen über RDF-Graphen relativ einfach ausgedrückt werden können. Versuchen Sie einmal, diese Abfrage in **SQL** auszudrücken!

❓ **Aufgabe 4.9**
Für diese Aufgabe steht Ihnen ein kleiner aufbereiteter Ausschnitt der Bundestags-Domäne in der Datei *Bundestag.ttl* im Github-Verzeichnis ▶ https://github.com/

ThomasHoppe/Buch-Semantische-Suche zur Verfügung. Die folgenden Namensraum-Präfixe können Sie voraussetzen:

```
PREFIX rdfs: <http://www.w3.org/2000/01/rdf-schema#>
PREFIX skos: <http://www.w3.org/2004/02/skos/core#>
PREFIX : <https://example.com/Buch-Semantische-Suche/bundestag#>
```

Entwickeln Sie drei relativ einfache SPARQL Abfragen, um auf unterschiedliche Informationen aus der Bundestags-Domäne zuzugreifen.
a) Ermitteln Sie mit einer SPARQL-Anfrage alle Subklassen des Konzepts *Rolle*. Denken Sie daran, nicht nur die direkten Subklassen zu ermitteln.
b) Ermitteln Sie mit einer SPARQL-Anfrage alle synonymen Bezeichnungen aller Subkonzepte unterhalb der *Rolle*. Beachten Sie, dass eine Rolle mehrere alternative Bezeichnungen haben kann.
c) Ermitteln Sie mit einer SPARQL-Anfrage die Namen aller *Personen*.

4.4 Linked Data

Die Idee hinter der Linked Data Initiative des W3C ist es, dass Organisationen im World Wide Web Ontologien zur freien Verfügung bereitstellen und Inhalte mit diesen verknüpfen. Durch gegenseitige Verweise zwischen Ontologien soll deren Nutzen noch gesteigert werden. Die Verwendung einheitlicher **Semantic Web** Standards wie **RDF** legt dafür die Grundlage. ◘ Abb. 4.9 zeigt eine Übersicht über öffentlich verfügbare Ontologien der **Linked Open Data Cloud (LOD-Cloud)**.

Jeder Knoten in der LOD-Cloud beschreibt eine Ontologie, oft mit hunderttausenden Fakten. Die Ontologien stammen aus so unterschiedlichen Domänen wie Le-

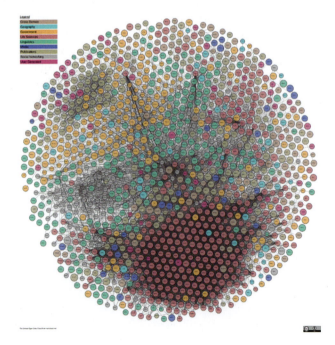

◘ **Abb. 4.9** Linked Open Data Cloud. (▶ https://lod-cloud.net, letzter Aufruf: 12.03.2020)

benswissenschaften, Geographie, öffentliche Verwaltung, Medien etc. oder sind domänen-übergreifend.

Besonders im Bereich der Lebenswissenschaften existieren viele, umfangreiche Ontologien zu Krankheiten, Symptomen, Körperteilen, Behandlungen, Medikamenten, Genen, u.v.m. Beispiele sind der *NCIt* (NCI Thesaurus des National Cancer Institutes), *MeSH* (Medical Subject Headings) und die *GO* (Gene Ontology).

Zahlreiche umfangreiche domänen-übergreifende Ontologien existieren ebenfalls, z. B. *Wikidata*, *DBpedia* oder *YAGO*. In diesen Ontologien sind Konzepte aus Wikipedia formalisiert, die Verwendung in domänen-übergreifenden semantischen Anwendungen finden.

Viele domänen-spezifische Ontologien können über ▶ BARTOC.org (Basel Register of Ontologies, Thesauri & Classifications), eine **Semantische Web Suche** (siehe ▶ Abschn. 6.2) für Klassifikationen, Thesauri und Ontologien, ermittelt werden. Über 3000 Ontologien sind dort indiziert und können nach verschiedenen Suchkriterien gefiltert werden.

4.5 Technologien

Die Liste an Technologien, die im Laufe der KI-Geschichte für die Wissensrepräsentation entwickelt wurden, ist lang. Sie schließt Programmiersprachen wie Prolog und Expertensystem-Umgebungen wie Drools Expert ein. Wir werden hier darauf nicht weiter eingehen. Wir reißen jedoch kurz einige NoSQL-Datenbank-Technologien an, die im Kontext semantischer Suche Verwendung finden.

Graphdatenbanken repräsentieren Graphen mit Knoten und Kanten und stellen Algorithmen für das einfache und effiziente Matching und Traversieren solcher Graphen bereit. Prominentes Beispiel einer solchen Graphdatenbank ist Neo4J.

RDF-Stores (auch als **Triple-Stores** bezeichnet) sind Graphdatenbanken, welche die Semantic Web Technologien RDF/RDFS, sowie SPARQL unterstützen. Datenbank Engines wie Apache Jena oder RDF4J erlauben den Zugriff über eine API. **Reasoner** wie FaCT++, HermiT und Pellet können integriert werden. **Ontologie-Editoren** wie VocBench, Protégé, WebProtégé und TopBraid Composer erlauben die Erstellung und Pflege von Thesauri und Ontologien. Integrierte Entwicklungsumgebungen wie Topbraid EDG, PoolParty Semantic Suite, i-views und OpenLink Virtuoso erlauben die Integration, Pflege und Anwendung von Ontologien.

4.6 Und woher kommt das Wissensmodell?

Das **Wissensmodell** bildet das Herzstück semantischer Anwendungen und damit auch von Anwendungen für semantische Suche. Daher ist die Bereitstellung des Wissensmodells von zentraler Bedeutung. Wir empfehlen, dafür wie folgt vorzugehen.
1. Analysieren Sie sorgfältig die Anforderungen an das Wissensmodell und die Form der Wissensorganisation, welche sich aus den Anforderungen an die semantische Suchanwendung ergeben: Inhalt, Umfang, Qualität, etc. (siehe ▶ Abschn. 4.2.7)
2. Recherchieren Sie nach passenden, verfügbaren Linked-Data-Ontologien (siehe ▶ Abschn. 4.4), welche die Anforderungen an das Wissensmodell zu mindestens

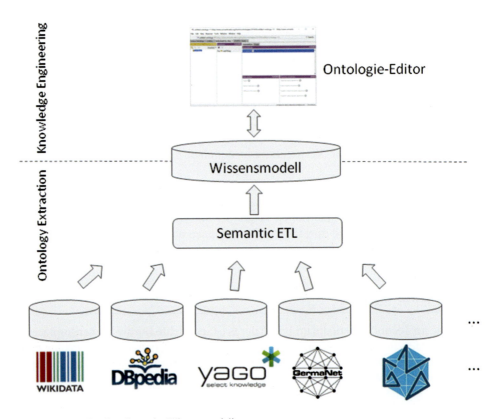

☐ **Abb. 4.10** Bereitstellung des Wissensmodells

teilweise erfüllen. Beispiele sind *Wikidata*, *DBpedia*, *YAGO*, *GermaNet*, *GND* (Gemeinsame Normdatei), etc. Hilfreich hierfür sind ▶ BARTOC.org, sowie Internet-Suchmaschinen wie Google, Bing usw.

3. Falls Sie zumindest teilweise passende Linked-Data-Ontologien finden: Entwickeln Sie Software, welche die Ontologie(n) für die Nutzung in der Anwendung aufbereitet (**Wissensextraktion**, **Ontology Extraction** – siehe ☐ Abb. 4.10). Diesen Prozess bezeichnen wir als **semantisches ETL (semantic ETL)** (Extraction, Transformation, Loading). Er kann die folgenden Prozessschritte beinhalten.
   a. Extraktion des für die Anwendung relevanten Ausschnitts der Ontologie(n), z. B. Begriffe, Bezeichnungen, Synonyme und Taxonomien
   b. Qualitätsverbesserung, z. B. Eliminierung von Inkonsistenzen
   c. Integration verschiedener Ontologien in ein einheitliches Schema, sowie Elimination von Dubletten und Anpassung von Schreibweisen
   d. Falls die gefundenen Linked-Data-Ontologien nur teilweise passen, sind sie ggf. manuell anzupassen und zu erweitern (siehe den folgenden Schritt 4).
   e. Transformation in eine für die Anwendung nutzbare Form, z. B. RDF oder JSON
   f. Laden in eine für die Anwendung passende Datenstruktur, z. B. Hash-Tabelle, Triple-Store, Datenbank oder den Index einer konventionellen Suchmaschine
4. Falls keine passenden Linked-Data-Ontologien gefunden werden konnten: Entwickeln Sie mit einem Ontologie-Editor (z. B. VocBench oder Protégé) ein

neues, passendes Wissensmodell (**Knowledge Engineering**). Da Knowledge Engineering nicht im Fokus dieses Buchs ist, hier nur einige grundlegende Empfehlungen:
   a. Beginnen Sie möglichst einfach, z. B. mit einem kontrollierten Vokabular minimalen Umfangs.
   b. Erweitere Sie das Wissensmodell schrittweise, z. B. um Synonyme, Hierarchien, Beziehungen.
   c. Stimmen Sie sich für die Erstellung und Qualitätssicherung des Wissensmodells regelmäßig mit Domänen-Experten ab.
   d. Haben Sie „Mut zur Lücke" und ignorieren Sie ruhig nicht so wichtig erscheinende Begriffe.
5. Wählen Sie für die Anwendung passende Technologie aus, z. B. eine Suchmaschine. Achten Sie dabei besonders auf die Performanz.
6. Binden Sie das Wissensmodell möglichst früh in die Anwendung ein, um deren Passung zu überprüfen und bei Bedarf nachzujustieren.

4.7 Weiterführende Literatur

Grundlagen der KI werden umfassend in (Russell und Norvig 2009, in Deutsch: Russell und Norvig 2012) vermittelt. Einen guten Überblick über semantische Technologien bietet (Dominique et al. 2011). (Humm 2016) bietet eine praktische Einführung in moderne Methoden der Entwicklung von KI-Anwendungen.

Definitionen des Begriffs *Ontologie* finden sich in (Gruber 1993) und (Studer et al. 1998).

Die Grundlagen des Semantic Web werden in (Hitzler et al. 2008) vermittelt. Neben der Einführung in das Semantic Web, RDF, RDFS, OWL und SPARQL, beschreibt das Buch auch die Formale Semantik von RDFS und OWL. Eine sehr kompakte Übersicht über RDF, RDFS und OWL, deren formale Semantik und Semantic Web Technologien bietet (Horch et al. 2013). Die formale Semantik von OWL basiert auf der modell-theoretischen Semantik von Beschreibungslogiken (Description Logic). Eine ausführliche Darstellung von Beschreibungslogiken findet sich in (Baader et al. 2007).

Knowledge Engineering im Kontext von Ontologien wird ausführlich in (Keet 2020) dargestellt. Eine pragmatische Vorgehensweise zur Modellierung von Ontologien wird in (Hoppe und Tolksdorf 2018) beschrieben.

Neben semantischen Suchanwendungen stellen die Sammelbände von (Ege et al. 2015) und (Hoppe et al. 2018) weitergehende praktische Anwendungen und Aspekte semantischer Technologien in Unternehmen und Organisationen vor.

Literatur

(Baader et al. 2007) "The Description Logic Handbook", Franz Baader, Diego Calvanese, Deborah L. McGuinness, Daniele Nardi, Peter F. Patel-Schneider (Hrsg.), 2nd Edition, Cambridge University Press, Cambridge, United Kingdom, 2007.

(Busse et al. 2014) "Was bedeutet eigentlich Ontologie? - Ein Begriff aus der Philosophie im Licht verschiedener Disziplinen", Johannes Busse, Bernhard Humm, Christoph Lübbert, Frank Moelter, Anatol Reibold, Matthias Rewald, Veronika Schlüter, Bernhard Seiler, Erwin Tegtmeier, Thomas

Zeh, Informatik Spektrum, Vol. 37/4 (2014): 286–297, Springer Verlag 2014. https://doi.org/10.1007/s00287-012-0619-2 (letzter Aufruf 10.4.2020)

(Ege et al. 2015) „Corporate Semantic Web – Wie semantische Anwendungen in Unternehmen Nutzen stiften", Börteçin Ege, Bernhard Humm, Anatol Reibold (Hrsg.), Springer-Vieweg, 2015. ISBN 978-3-642-54885-7

(Gruber 1993) "A Translation Approach to Portable Ontology Specifications", Publisher: Academic Press, 1993, also in *Knowledge Acquisition*, 5(2):199–220, 1993. https://tomgruber.org/writing/ontolingua-kaj-1993.pdf (letzter Aufruf 10.4.2020)

(Hitzler et al. 2008) "Semantic Web. Grundlagen", Pascal Hitzler, Markus Krötzsch, Sebastian Rudolph, York Sure, Springer-Verlag, Berlin Heidelberg, 2008, ISBN: 978-3-540-33993-9.

(Hoppe & Tolksdorf 2018) "Guide for Pragmatical Modelling of Ontologies in Corporate Settings", Thomas Hoppe, Robert Tolksdorf, in: Thomas Hoppe, Bernhard G. Humm, Anatol Reibold (Hrsg.): "Semantic Applications - Methodology, Technology, Corporate Use", p.13–30. Springer Verlag, Berlin, 2018. ISBN 978-3-662-55432-6

(Hoppe et al. 2018) "Semantic Applications - Methodology, Technology, Corporate Use", Thomas Hoppe, Bernhard G. Humm, Anatol Reibold (Hrsh.), Springer Verlag, Berlin, 2018. ISBN 978-3-662-55432-6

(Horch et al. 2013), "Semantische Suchsysteme für das Internet", Andrea Horch, Holger Kett, Anette Weisbecker, Fraunhofer IAO, Fraunhofer Verlag, 2013.

(Humm 2016) "Applied Artificial Intelligence - An Engineering Approach", Bernhard G Humm, Leanpub, Victoria, British Columbia, Canada, 2016. https://leanpub.com/AAI (letzter Aufruf 10.4.2020)

(Keet & Artale 2007) "Representing and Reasoning over a Taxonomy of Part-Whole Relations", C. Maria Keet and Alessandro Artale, Applied Ontology 0 (2007), IOS Press, http://www.meteck.org/files/AO07_pw_AK.pdf (letzter Aufruf 10.4.2020)

(Keet 2020) "An Introduction to Ontology Engineering", C. Maria Keet, https://people.cs.uct.ac.za/~mkeet/OEbook/ (letzter Aufruf 10.4.2020)

(Lassila & McGuiness 2001) „The Role of Frame-Based Representation on the Semantic Web", Ora Lassila, Deborah L. McGuinness, Knowledge Systems Laboratory Report KSL-01-02, Stanford University, 2001, erschien ebenso in: Linköping Electronic Articles in Computer and Information Science, Vol. 6, Nr. 005, Linköping University, 2001. https://www.ida.liu.se/ext/epa/ej/etai/2001/018/01018-etaibody.pdf (letzter Aufruf 10.04.2020)

(Russell & Norvig 2009) "Artificial Intelligence: A Modern Approach (3rd ed.)",Stuart Russell, Peter Norvig, Prentice Hall Press, Upper Saddle River, NJ, USA. 2009.

(Russell & Norvig 2012) "Künstliche Intelligenz: Ein moderner Ansatz (3. überarbeitete Auflage", Übersetzung von (Russell & Norvig 2009), Pearson Deutschland GmbH, München, 2012.

(Studer et al. 1998) "Knowledge engineering: Principles and methods", Rudi Studer, V. Richard Benjamins, Dieter Fensel, Data & Knowledge Engineering, Volume 25, Issues 1–2, März 1998, Pages 161–197.

Bausteine Semantischer Suche

Inhaltsverzeichnis

5.1	**Komponenten zur Semantifizierung konventioneller Suchfunktionen – 138**	
5.1.1	Keyword-Tools – 138	
5.1.2	Anfrageerweiterung – 140	
5.1.3	Ergebnisfilterung – 141	
5.2	**Komponenten zur Textaufbereitung – 145**	
5.2.1	Zusammenfassung zusammengesetzter Ausdrücke – 146	
5.2.2	Vereinheitlichung von Schreibweisen – 146	
5.2.3	Rechtschreibfehlerkorrektur – 150	
5.2.4	Phonetische Kodierung – 152	
5.3	**Verschlagwortung von Dokumenten und Anfragen – 153**	
5.3.1	Manuelle Verschlagwortung – 156	
5.3.2	Automatische Extraktion von Schlagwörtern und Phrasen – 157	
5.3.3	Linktext-Analyse – 158	
5.3.4	Halbautomatische Verschlagwortung anhand von kontrolliertem Vokabular – 159	
5.3.5	Automatische Verschlagwortung anhand von kontrolliertem Vokabular – 161	
5.3.6	Verschlagwortung von Anfragen – 171	
5.3.7	Exkurs: Disambiguierung – 172	
5.4	**Indexierung von Annotationen – 174**	
5.4.1	Annotationen technisch betrachtet – 174	
5.4.2	Invertierter Index über Annotationen – 175	

© Springer Fachmedien Wiesbaden GmbH, ein Teil von Springer Nature 2020
T. Hoppe, *Semantische Suche*, https://doi.org/10.1007/978-3-658-30427-0_5

5.5 Benutzerschnittstellen-Komponenten – 176
5.5.1 Semantische Auto-Vervollständigung – 176
5.5.2 Facettierte Suche – 181
5.5.3 Wissensbrowser – 186
5.5.4 Erklärung von Suchanfrage-Erweiterungen – 188
5.5.5 Hervorheben gefundener Begriffe in Snippets – 190
5.5.6 Hervorheben gefundener Begriffe in Dokumenten – 195

5.6 Weiterführende Literatur – 198

Literatur – 199

Die Grundlagen sind gelegt. Sie wissen jetzt, wie Dokumente und Anfragen aufbereitet werden können. Sie haben mit Termvektoren und invertierten Indexen Methoden kennengelernt, wie Dokumente repräsentiert werden können, um sie einfach und schnell zu finden. Sie wissen, wie Suchanfragen über invertierten Indexen verarbeitet und untereinander verknüpft werden können, welche Kriterien in die Sortierung der Ergebnisdokumente einfließen können und wie die Ähnlichkeit zwischen Dokumenten und Anfragen oder anderen Dokumenten berechnet werden kann. Sie haben unterschiedliche Wissensorganisationsschemen und -repräsentationsformate kennengelernt. Es wird Zeit, diese Grundlagen zu kombinieren und erste Komponenten für eine semantische Suche zu entwickeln.

Unser Ziel, eine semantische Suche umzusetzen, können wir auf zwei Wegen erreichen. Im einfachsten Fall konstruieren wir Komponenten, die eine konventionelle Suchfunktion erweitern und sie „intelligenter" machen, oder wir konstruieren eine semantische Suche durch Kombination herkömmlicher Information-Retrieval-Methoden mit wissensbasierten Komponenten von Grund auf neu. In beiden Fällen benötigen wir Komponenten, die das Wissensmodell nutzen, um bessere Suchergebnisse zu produzieren.

Die Umsetzung einer semantischen Suche ist nicht nur Selbstzweck, sie soll die Benutzung unterstützen und vereinfachen. Diese Unterstützung kann auf unterschiedliche Weise erfolgen, indem:

- Benutzer bei der Formulierung von Suchanfragen intelligent unterstützt werden
- Bezeichnungen berücksichtigt werden, die Benutzer nicht kennen
- verwandte Begriffe bei der Suche berücksichtigt werden
- zusätzliche Suchergebnisse geliefert werden, die über die eigentliche Suchanfrage hinausgehen
- Mehrdeutigkeiten – sofern möglich – aufgelöst werden, um präzisere Ergebnisse zu liefern
- die Suchergebnisse so anzuordnen, dass die vermutlich „besten" Treffer vor „schlechteren" Treffern angezeigt werden
- Benutzer zusätzliche Erklärungen erhalten, warum Treffer ausgewählt wurden

Hieraus ergibt sich für dieses Kapitel das Ziel, nicht nur Skizzen und Beispiele für diese Komponenten darzustellen, sondern auch deren Vor- und Nachteile bzgl. ihrer Umsetzung und hinsichtlich der Nutzerunterstützung aufzuzeigen. Unser Fokus liegt hierbei – wie bereits im Vorwort und ▶ Kap. 1 erläutert – auf Komponenten, die intelligente Suchverfahren für spezifische Anwendungsbereiche unterstützen. Solche Suchverfahren besitzen eine größere praktische Relevanz, als mit einer intelligenten, Anwendungsgebiet-übergreifenden Internet-Suchmaschine, wie Google, Bing, etc., konkurrieren zu wollen.

Im Folgenden stellen wir vier unterschiedliche Klassen von Komponenten vor. Die erste Klasse sind semantische Komponenten, die quasi als Add-on für konventionelle Suchfunktionen verwendet werden können und eine intelligente Vor- bzw. Nachverarbeitung von Suchanfragen resp. Suchergebnissen realisieren. Die zweite Klasse beschreibt Komponenten zur Aufbereitung von Dokumentinhalten, die dritte Klasse umfasst Komponenten der Anfragebearbeitung und die vierte und letzte Klasse umfasst Komponenten, die die Ergebnisdarstellung unterstützen.

5.1 Komponenten zur Semantifizierung konventioneller Suchfunktionen

Die erste Klasse umfasst Komponenten, mit denen konventionelle Suchfunktionen, ohne sie zu modifizieren, durch semantische Technologien erweitert werden können, um sie intelligenter zu machen.

Wie aber können wir eine Suchfunktion bessere Suchergebnisse liefern lassen, wenn wir keine Möglichkeit besitzen, die Suchfunktion selbst zu verändern? Auch wenn es so scheint, als ob wir nicht imstande wären, die Suchergebnisse zu beeinflussen, gibt es doch zwei Ansätze hierfür, die kombinierbar sind. Unter Verwendung von Hintergrundwissen können wir einerseits die Anfragen in einem Vorverarbeitungsschritt modifizieren und andererseits die Suchergebnisse aufbereiten.

5.1.1 Keyword-Tools

Die Idee für den ersten Ansatz, als sogenannte **Keyword-Tools** bezeichnet, stammt aus dem Bereich **Search-Engine-Optimization** (**SEO**). Dieser Ansatz dient in der Regel der Keyword-Recherche, um das Ranking einer Webseite in Suchmaschinen oder für die Online-Werbung zu verbessern. Hierbei werden Suchanfragen, die in der Vergangenheit an Suchmaschinen gestellt wurden, dazu genutzt, um Vorschläge für ergänzende Begriffe zu generieren. Diese Begriffe werden zur Erweiterung oder Modifikation der Webseiten-Inhalte herangezogen, um damit die Seiten besser findbar zu machen. Darüber hinaus können diese Begriffe als zusätzliche Keywords in Werbeauktionen, z. B. in *Google AdWords*, verwendet werden, um den Ausgang der Auktion zu beeinflussen und damit die Anzeige der Werbung oder ihr Ranking zu verbessern.

Eine ganze Reihe solcher Keyword-Tools, die den Zugriff auf historische Suchanfragen unterschiedlicher Suchmaschinen ermöglichen, lassen sich durch eine Internet-Recherche schnell finden. Man stellt jedoch fest (siehe ◘ Abb. 5.1), dass es sich bei den Vorschlägen, die diese Keyword-Tools liefern, oft nur um syntaktisch verwandte **Komposita**, **Phrasen**, Präpositionalphrasen oder Fragen handelt. Wirkliche Synonyme, Oberbegriffe oder Unterbegriffe werden eher selten vorgeschlagen.

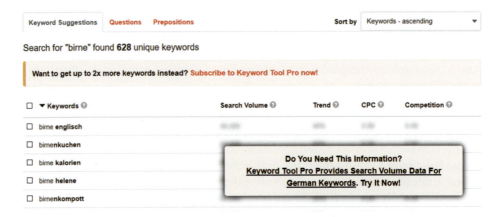

◘ Abb. 5.1 Beispiel der Ergänzungsvorschläge von keywordtool.io für Google

5.1 · Komponenten zur Semantifizierung konventioneller Suchfunktionen

Auch wenn diese Keyword-Tools nicht direkt hilfreich für eine semantische Suche sind, kann deren Funktionsprinzip jedoch verwendet werden, um für Suchanfragen Vorschläge für ergänzende Begriffe aus einem Wissensmodell, wie z. B. aus einem **Thesaurus**, einer **Ontologie** oder einem **Wortnetz**, abzuleiten. Ein entsprechender Service, der zwischen Anfrage und Suchmaschinen-Aufruf dem Benutzer ergänzende Begriffe zur Auswahl vorlegt, lässt sich über eine vorgeschaltete Webseite realisieren. Vom Benutzer ausgewählte Begriffe können von solchem Service dann mit der ursprünglichen Anfrage kombiniert und an die eigentliche, unmodifizierte Suchfunktion weitergeleitet werden.

Angenommen, das Hintergrundwissen ist in einem **Triple-Store** gespeichert, dann kann zur Ermittlung der Vorschläge aus dem Hintergrundwissen eine **SPARQL-Anfrage** oder ein Aufruf einer entsprechenden API-Funktion an den Triple-Store abgesetzt werden. Ist das Hintergrundwissen beispielsweise als **Thesaurus** im **SKOS**-Format repräsentiert, sieht eine solche SPARQL-Anfrage schematisch wie folgt aus,[1] um deutschsprachige, alternative und versteckte Bezeichnungen – sprich **Synonyme** – für eine gegebene Bezeichnungen zu ermitteln:

```
SELECT DISTINCT ?conceptID ?synonym
    WHERE {
        VALUES ?rel {rdfs:label skos:altLabel}
        VALUES ?rel2 {skos:altLabel skos:hiddenLabel}
        ?conceptID ?rel ?X@de;
        ?rel2 ?synonym FILTER ( lang(?synonym)="de" ).
        FILTER ( ?rel != ?rel2)
    }
```

Eine SPARQL-Anfrage, angewandt auf *WikiData,* zum Retrieval von Synonymen des Begriffs *Dekubitus*, würde beispielsweise wie folgt aussehen:[2]

```
SELECT DISTINCT ?conceptID ?synonym
    WHERE {
        VALUES ?rel {rdfs:label skos:altLabel}
        VALUES ?rel2 {rdfs:label skos:altLabel}
        ?conceptID ?rel "Dekubitus"@de;
        ?rel2 ?synonym FILTER ( lang(?synonym)="de" ).
        FILTER ( ?rel != ?rel2)
    }
```

Mit dieser SPARQL-Anfrage werden aus *WikiData* für alle Begriffe, die ein *rdfs:label* oder *skos:altLabel* mit der Bezeichnung *Dekubitus* enthalten, alle Synonyme zusammen mit der jeweiligen Konzept-ID zurückgeliefert.

❓ Aufgabe 5.1

Schreiben Sie eine Abfrage für *WikiData*, um eine sortierte Liste aller deutschsprachigen Bezeichnungen aller Unterbegriffe des Begriffs *Buch* zu ermitteln. Tipp: Der

---

1 Hier mit SPARQL 1.1 Konstrukten realisiert. Das SPARQL 1.1 VALUES Keyword wird anschaulich beschrieben in: „SPARQL 1.1's new VALUES keyword", Bob DuCharme, 29.09.2012, ▶ http://www.snee.com/bobdc.blog/2012/09/sparql-11s-new-values-keyword.html, letzter Aufruf 12.03.2020.
2 Unter ▶ https://query.wikidata.org kann diese Anfrage direkt ausprobiert werden.

Identifikator der Relation *SubClassOf* – mit dem in *WikiData* Unterbegriffe repräsentiert werden – lautet im Namensraum von *WikiData wdt:P279*.

❓ Aufgabe 5.2
Inspizieren Sie die gefundenen Unterbegriffe. Welche vier Aussagen können Sie über die gefundenen Bezeichner treffen?

Für das Retrieval von Synonymen, Subklassen und anderen Informationen aus Ontologien können analoge Anfragen konstruiert werden. Dies setzt jedoch voraus, dass die Struktur der Ontologie und die in ihnen verwendete Terminologie bekannt ist. In den obigen WikiData-Beispielen haben wir das dadurch vereinfacht, dass wir im Synonym-Beispiel die Struktur vorgegeben haben und in der Aufgabe den Relation-Identifikator, der von *WikiData* für die *SubClassOf*-Beziehung verwendet wird.

- **Vorteile**
- Nutzbar mit beliebigen Suchfunktionen, wie Volltext- oder Schlagwortsuche, Datenbanken, etc.
- Leicht mit bestehenden Suchverfahren zu kombinieren.
- Keine Modifikationen an existierenden Indexen notwendig.
- Diverse linguistische Verfahren integrierbar zur
  - Berücksichtigung unterschiedlicher Schreibweisen
  - Schreibfehlerkorrektur
  - Erkennung zusammengesetzter Ausdrücke
  - Kompositazerlegung
- Wissensmodell liefert Erweiterungsvorschläge aus kontrolliertem Vokabular.

- **Nachteile**
- Erweiterungsvorschläge sind auf das Vokabular der genutzten Wissensmodelle beschränkt.
- Qualität der Erweiterungsvorschläge hängt von der Qualität der Wissensmodelle ab.
- Komplexere logische Anfragen schwerer zu realisieren.
- Abhängig von der verwendeten Suchfunktion wird die Ergebnismenge u. U. größer.
- Manuelle Intervention durch den Benutzer zur Auswahl der zu verwendenden Begriffe notwendig.
- Antwortzeiten verlängern sich.
- Ranking der Ergebnismenge kann nicht durch die Ähnlichkeit der aus dem Hintergrundwissen ermittelten Begriffe beeinflusst werden.

5.1.2 Anfrageerweiterung

In analoger Weise funktioniert die sogenannte **Anfrageerweiterung** (engl. **query expansion, query string refinement**). Hierbei wird Hintergrundwissen genutzt, um die Anfrage automatisch um relevante zusätzliche Begriffe zu erweitern (siehe hierzu (Sack 2010)). Da diese Erweiterungen jedoch automatisch erfolgen, ist bei der Auswahl der erweiternden Begriffe Vorsicht geboten. Es empfiehlt sich, lediglich Synonyme und ggf. noch direkte Unterbegriffe zu berücksichtigen. Aus drei Gründen sollte dabei eher konservativ vorgegangen werden:

1. Im Gegensatz zu einem **Keyword-Tool** nimmt der Benutzer keinen Einfluss auf die automatische Auswahl. Wird die Anfrage um semantisch zu weit entfernte Begriffe erweitert, ist für den Benutzer nicht mehr nachvollziehbar, weshalb bestimmte Ergebnisse erzielt werden.
2. Erweiterungen einer Anfrage erfolgen in der Regel durch zusätzliche alternative Begriffe, wie Synonyme oder Unterbegriffe. Aus logischer Perspektive sind diese Begriffe als **Disjunktionen** zu behandeln, die die unangenehme Eigenschaft haben, den Raum der zu betrachtenden Alternativen exponentiell zu vergrößern und die Antwortzeiten zu verlängern.
3. Die verarbeitbare Länge von Anfragen wird von Suchmaschinen in der Regel beschränkt.

> **Tipp**
>
> Konventionelle Suchfunktionen haben in der Regel Beschränkungen bzgl. der erlaubten Anfragelänge. Während bei *Apache Lucene*, *Solr* und *ElasticSearch* die Anfragelänge standardmäßig auf 1024 Terme beschränkt ist – und notfalls rekonfiguriert werden kann, ist die Länge von Anfragen bei der *Microsoft Sharepoint* eigenen FAST-Suche auf 2048 Zeichen begrenzt. Selbst bei *Google* sind Anfragen auf 32 Worte mit maximal 128 Zeichen beschränkt.[3] Werden Anfragen durch Anfrageerweiterungen zu groß, werden sie daher u. U. nicht korrekt verarbeitet oder führen zu Fehlern.

Die Vor- und Nachteile des Keyword-Tools-Ansatzes gelten für Anfrageerweiterungen daher entsprechend. Hinzu kommen

- **Vorteile**
- Kein Nutzereingriff erforderlich.

- **Nachteile**
- Erweiterte Anfrage vom Nutzer nachträglich nicht korrigierbar.
- Beschränkungen der maximalen Anfragelänge der verwendeten Suchmaschine begrenzen die Anzahl der verwendbaren zusätzlichen Terme.
- Disjunktionen können zu Performanz-Verlust führen.
- Nur sehr konservative Erweiterungen zweckmäßig.

5.1.3 Ergebnisfilterung

Die Nachteile der vergrößerten Ergebnismenge der beiden vorausgegangenen Methoden lassen sich durch eine nachträgliche Filterung der Suchergebnisse etwas ausgleichen. Die nachträgliche Filterung dient hierbei dazu, die ermittelten Suchergebnisse anhand von Hintergrundwissen weiter einzuschränken und nur diejenigen

---

3 „20 of Google's limits you may not know exist", Patrick Stox, Search Engine Land, 06.09.2017, ▶ https://searchengineland.com/20-googles-limits-may-not-know-exist-281387, letzter Aufruf 12.03.2020.

Ergebnisse zurück zu liefern, an denen ein Nutzer interessiert ist oder an denen ein Bedarf besteht.

Auch wenn diese Technik in der Regel eher im Kontext des fokussierten Webcrawlings verwendet wird, lassen sich mit ihr auch für konventionelle Volltextsuchen intelligentere Ergebnisse erzielen. In diesem Abschnitt gehen wir exemplarisch auf zwei solcher Ansätze ein, die Boolesche Anfragen und Hintergrundwissen nutzen, um die nachträgliche Filterung gesammelter Treffer zu realisieren.

5.1.3.1 Boolesche Filterung

Als ein Ansatz zur Booleschen Filterung wird hier exemplarisch die Methode beschrieben, die *ubermetrics*[4] nutzt, um durch **Web-Crawler** gesammelte Informationen aus Social Media, Nachrichten- und Unternehmens-Webseiten zu filtern. Diese Filterung wird Kunden verfügbar gemacht, um Marktgeschehnisse zu verfolgen und unternehmerische Entscheidungen durch Fakten und Analysen zu unterstützen.

Im Regelbetrieb sammelt ubermetrics nach eigenen Angaben[5] durch verteiltes, Schlüsselwort-basiertes Webcrawling mehr als 50.000 Dokumente pro Minute von 400 Mio. Online-Quellen aus mehr als 200 Ländern, von 33.000 Druckerzeugnissen und Fernseh- und Radiosendern aus 43 Ländern.

Diese Dokumente dienen der Analyse von Wettbewerbern, deren Kommunikationskanälen, deren Einflusses und der Analyse des Einflusses von Influencern. Wesentliche Voraussetzung für solche Analysen ist die Filterung der Dokumente, die für einen Kunden von Interesse sind. Hierzu wird dem Kunden die Möglichkeit zur Erstellung eigener Suchagenten[6] bereitgestellt, mit dem die Plattform-Nutzer ihre Interessen in Form von **Booleschen Anfragen** spezifizieren können.

Wie aus ◌ Abb. 5.2 ersichtlich ist, werden die aussagenlogischen Ausdrücke mittels der Booleschen Operatoren **AND**, **OR**, **NOT** und **NEAR** formuliert. Anführungszeichen „" werden verwendet, um **Phrasen** zu identifizieren, die in der angegebenen Schreibweise im Dokument vorkommen müssen. Ein **Wildcard-Operator** wird genutzt, um unterschiedliche Schreibweisen von Termen zu erfassen. Die Booleschen Operatoren und die Abwesenheit von Variablen und Quantoren zeigen, dass die Anfragesprache aussagenlogisch und damit entscheidbar ist. Durch den NEAR, Wildcard und **Phrasen-Operator** wird die Anfragesprache durch bekannte Ausdrucksmittel des Information Retrievals erweitert, bleibt aber weiterhin entscheidbar

> **Aufgabe 5.3**
> Warum bleibt die Anfragesprache durch die Erweiterungen NEAR, Phrasen-Operator und Wildcard entscheidbar?

Offensichtlich erlaubt diese Anfragesprache den Nutzern, ihre Interessen und ihr Wissen über einen Anwendungsbereich in Form komplexer logischer Ausdrücke mit einer bekannten formalen Semantik zu formulieren. In diesem Sinn kann diese Art der Filterung durch Boolesche Ausdrücke auch als eine Form semantischer Filterung

---

4   ▶ https://www.ubermetrics-technologies.com/de/, letzter Aufruf 12.03.2020.
5   Basierend auf einer Unternehmenspräsentation im Rahmen des Projekts Qurator und ▶ https://www.ubermetrics-technologies.com/wp-content/uploads/Ubermetrics-Faktenblatt.pdf (Stand: 10.04.2020).
6   ▶ https://www.ubermetrics-technologies.com/de/blog/medienbeobachtung-mit-neuen-features-schneller-effektive-suchagenten-erstellen/ (Stand: 10.04.2020).

5.1 · Komponenten zur Semantifizierung konventioneller Suchfunktionen

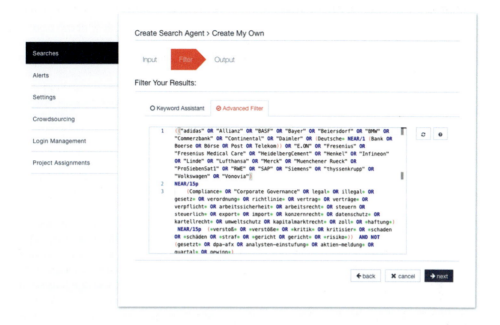

Abb. 5.2 Formulierung eines erweiterten Filters mittels aussagenlogischer Ausdrücke. (Quelle: ubermetrics)

betrachtet werden, welche prinzipiell auch für die weitergehende Filterung der Treffer einer Suchmaschine eingesetzt werden kann.

Wie jedoch aus der Abbildung ersichtlich wird, können die Filterausdrücke sehr groß und damit sehr unübersichtlich werden. Eine **Auto-Vervollständigung** (▶ Abschn. 5.5.1) kann zwar die Nutzer bei der Auswahl von Termen unterstützen, ob damit aber auch die Übernahme ganzer Teilausdrücke aus den Filtern anderer Nutzer bzw. Kunden möglich ist, ist unklar. Auch ist unklar, ob die Auto-Vervollständigung auf allen in Dokumenten genutzten Begriffen basiert, oder ob hierfür externes Hintergrundwissen genutzt wird.

- **Vorteile**
- Filterung von Dokumenten anhand von aussagenlogischen Ausdrücken.
- Einschränkung der Ergebnismenge.
- Nachvollziehbarkeit der Ergebnisse anhand explizit vom Nutzer vorgegebenen Termen.

- **Nachteile**
- Eine nachträgliche Filterung von Ergebnissen bedeutet in der Regel immer einen zusätzlichen Aufwand.
- Rückgriff auf linguistische Methoden, wie z. B. Lemmatisierung oder Stemming, um den Umgang mit Flektionen oder Singular/Plural zu vereinfachen, erfordert eine zusätzliche Verarbeitung der Filterausdrücke und der zu filternden Dokumente.
- Hohe Komplexität der Filterkriterien.

5.1.3.2 Semantische Filterung

Durch die Nutzung von Hintergrundwissen zur Formulierung der Filterkriterien lässt sich der letzte Nachteil Boolescher Filterung beheben. Durch kundenspezifisches Hintergrundwissen kann die Komplexität der Filterkriterien und damit ihre Formulierung signifikant vereinfacht werden.

> ▶ Praxisbeispiel
>
> Im Rahmen eines Kundenprojektes haben wir „Semantische Filterung" dazu verwendet, um für ein Personalvermittlungsunternehmen die Menge der von einem **Web-Crawler** gelieferten Stellenanzeigen durch eine nachgeordnete Filterung zu verringern (Hoppe 2013).
>
> Der Personalvermittler war spezialisiert auf Stellenvermittlungen zum Themenbereich *SAP*. Hierzu wurde von einem dritten Anbieter ein Web-Crawler bereitgestellt, der täglich neue Stellenanzeigen aus diesem Bereich lieferte.[7] Für den Personalvermittler waren aus wirtschaftlichen Gründen jedoch nur Stellen für *Fach- und Führungskräfte* von Interesse. Diese filterten wir anhand von Bezeichnungen, die auf *Beratungs-, Entwickler- und Managementpositionen*, auf bestimmte *Kompetenzen* und auf *Kenntnisse von spezifischen SAP Produkten und Modulen* schließen ließen. Zusätzlich wurden alle Anzeigen herausgefiltert, die Bezeichnungen enthielten, die sich auf *Praktika, Abschlussarbeiten* oder den *Status von Berufsanfängern* bezogen, oder reine Dubletten waren. ◀

Zur Umsetzung dieses Ansatzes modellierten wir einen **Thesaurus**, der Hintergrundwissen aus dem Bereich *Stellenanzeigen* umfasste. In diesem Thesaurus wurden Positivkriterien in Form von Bezeichnungen zu relevanten *Stellenbezeichnungen, Kernkompetenzen, Kompetenzen, Nebenkompetenzen, Kompetenzniveau, Komponenten* und *Tätigkeiten* in jeweils einer Begriffshierarchie modelliert. Eine Begriffshierarchie von Ausschlussbegriffen diente der Modellierung von Negativkriterien.

Mit Hilfe einer erweiterten Form von **regulären Ausdrücken**, die alternative Bezeichnungen aus den **Unterbegriffen** der Begriffshierarchie bezog, konnte die Menge der positiven Filterkriterien auf sieben Muster für relevante Kernkompetenzen und drei Muster für Stellenanzeigen drastisch reduziert werden. Der folgende Code zeigt exemplarisch drei dieser Muster.

```
# Kompetenzbegriff gefolgt von jeweils mindestens einer Tätigkeit,
# Komponentenbezeichnung und Kernkompetenz, jeweils u.U. durch
# irrelevante Terme verbunden
(Kompetenz .*)+ (Tätigkeit .*)+ (Komponente .*)+ ({Kernkompetenz}
.*)+
# Eine Tätigkeitsbezeichnung, gefolgt von jeweils mindestens einer
Kernkompetenz,
# und Komponentenbezeichnung, jeweils u.U. durch irrelevante Terme
verbunden
Tätigkeit ({Kernkompetenz} .*)+ (Komponente .*)+
# Optionales Kompetenzniveau, gefolgt von jeweils mindestens einer
Stellenbezeichnung,
# und Kernkompetenz, jeweils u.U. durch irrelevante Terme verbunden
Kompetenzniveau* (Stellenbezeichnung .*)+ ({Kernkompetenz} .*)+
```

---

7   Abstrakt betrachtet, kann dies als die Ausgabe einer Suchmaschine zur Anfrage *SAP* betrachtet werden, die täglich die neuesten Stellenanzeigen durchsucht.

Durch diese Muster kann eine große Zahl von relevanten Begriffskombinationen mit einer kleinen Anzahl von Mustern formuliert werden. Indem die Begriffe durch eine **Disjunktion** all ihrer Unterbegriffe ersetzt werden, wird so die Formulierung aller möglichen Kombinationen von Such- resp. Filterkriterien signifikant vereinfacht.[8]

Das verwendete Hintergrundwissen kann durch Berücksichtigung von Begriffsähnlichkeiten (siehe ▶ Abschn. 3.6.2.2) darüber hinaus zum nachträglichen **Ranking** der verbliebenen Treffer genutzt werden.

Eine vereinfachte Form dieses Ansatzes verwendet anstelle eines Thesaurus lediglich ein kategorisiertes **kontrolliertes Vokabular** (siehe ▶ Abschn. 4.2.1) und formuliert die entsprechenden Muster über die Kategoriebezeichnungen. Hierdurch lassen sich sowohl Positiv- als auch Negativlisten realisieren, die zur Filterung verwendet und jeweils kundenspezifisch formuliert werden können. Diese Positiv- und Negativlisten realisierten in Listenform die „muss enthalten" (+) und „darf nicht enthalten" (–) Operatoren (siehe ▶ Abschn. 3.2).

- **Vorteile**
- Nutzbar für Suchergebnisse von Suchfunktionen und Dokumentenströmen von Web-Crawlern.
- Reduktion der Ergebnismenge.
- Vereinfachung der Formulierung von Filterkriterien durch Hintergrundwissen, das den Sprachgebrauch von Autoren und Nutzern abbildet.

- **Nachteile**
- Eine nachträgliche Filterung von Ergebnissen bedeutet in der Regel immer einen Mehraufwand.
- Das nachträgliche Ranking der Treffer anhand von Begriffsähnlichkeiten erfordert eine zusätzliche Analyse der Dokumente und resultiert in Zusatzaufwänden.
- Zusätzliche Wartezeit für den Benutzer, daher Nutzung in interaktiven Kontexten nicht sinnvoll.

5.2 Komponenten zur Textaufbereitung

In ▶ Kap. 2 hatten wir einige grundlegende Methoden der Textverarbeitung kennen gelernt. Neben dem **Tokenizing**, das eine Grundvoraussetzung für die Indexierung von Dokumenten darstellt, hatten wir auch die Erkennung von **Kollokationen**, **Nominalphrasen** und **anwendungsgebiets-spezifischen Entitäten**, die **Rechtschreibfehlerkorrektur** und **phonetische Kodierung** kennengelernt. In diesem Abschnitt beschreiben wir, wie diese Techniken für die Realisierung von Komponenten von Suchmaschinen genutzt werden können, um deren Ergebnisqualität zu steigern, und welche Vor- und u. U. Nachteile sich daraus ergeben.

Im Kontext einer Suchmaschine und insbesondere im Kontext semantischer Suchmaschinen sind diese Komponenten sowohl auf die Dokumententexte, als auch auf die Anfragen und teilweise auch auf die Begriffe von Wissensmodellen anzuwen-

---

8 Zur Auswertung dieser „semantisch erweiterten regulären Ausdrücke" wurde ein endlicher Automat entsprechend modifiziert.

den. Wir beschreiben sie daher separat, bevor wir im nächsten Abschnitt auf weitere Komponenten zur Anfrage- und Dokumentenanalyse eingehen.

5.2.1 Zusammenfassung zusammengesetzter Ausdrücke

Tokenizing zerlegt Texte in einzelne Terme. In ▶ Kap. 2 hatten wir jedoch gesehen, dass es Kombinationen von Termen gibt, die eine eigenständige Bedeutung besitzen und die wir eigentlich gerne als zusammengesetzte Ausdrücke beibehalten würden. Hierzu zählen **Kookkurrenzen** und **Kollokationen** (▶ Abschn. 2.7), **Nominalphrasen** (▶ Abschn. 2.9), **anwendungsgebiets-spezifische Entitäten** (▶ Abschn. 2.11) und insbesondere bei Anfragen auch die in den ▶ Abschn. 1.8 und 3.6.3 erwähnten **impliziten Phrasen**. Wie aber kann identifiziert werden, welche Terme als zusammengesetzte Ausdrücke beizubehalten sind?

Nominalphrasen können aus der Satzstruktur, anwendungsgebiets-spezifische Entitäten ebenso wie implizite Phrasen anhand von Zusatzwissen erkannt werden. Die in ▶ Abschn. 2.7.4 gegenüber gestellten Maße zur Bewertung von Kookkurrenzen können genutzt werden, um zu beurteilen, welche dieser zusammengesetzten Ausdrücke bezogen auf die Häufigkeiten bzw. Wahrscheinlichkeiten der einzelnen Terme des Korpus signifikant sind und beibehalten werden sollten.

Werden zusammengesetzte Ausdrücke im Hintergrundwissen explizit repräsentiert, wurde die Entscheidung über deren Signifikanz für ein Anwendungsgebiet bereits beim Aufbau des Wissensmodells getroffen. Da die Wissensmodelle jedoch unabhängig von einer konkreten Anwendung modelliert wurden, kann es hilfreich sein, die Relevanz der in ihnen repräsentierten zusammengesetzten Ausdrücke zusätzlich anhand des von der Suchmaschine indexierten Korpus zu bewerten. Auch hierzu können die in ▶ Abschn. 2.7.4 erläuterten Maße herangezogen werden.

- **Vorteile**
- Präzisere Suchergebnisse für zusammengesetzte Ausdrücke.
- Vereinfachung der Interpretation impliziter Phrasen.

- **Nachteile**
- Lemmatisierung und Stemming zusammengesetzter Ausdrücke erfordern zusätzliche Überlegungen.
- Effekt präziserer Suchergebnisse wird durch Lemmatisierung und Stemming u. U. zunichte gemacht.

5.2.2 Vereinheitlichung von Schreibweisen

In ▶ Abschn. 2.4 hatten wir die im Deutschen verbreiteten **Nominalkomposita** kennengelernt und erläutert, dass diese nicht nur eine Quelle für variierende Schreibweisen (Stichwort: Nominalkomposita mit Bindestrich und **Durchkopplung**) sondern auch für Rechtschreibfehler (Stichwort: **Leerzeichen in Komposita** und **Genitiv-Apostroph**) darstellen.

5.2 · Komponenten zur Textaufbereitung

Offensichtlich sollte eine intelligente Suchfunktion möglichst tolerant bezüglich dieser unterschiedlichen Schreibweisen sein. Um diese jedoch effizient erkennen zu können, sind spezielle Verfahren notwendig. Ein Verfahren, mit denen zusammengeschriebene Nominalkomposita, Nominalkomposita mit Bindestrich, Durchkopplungen, Leerzeichen in Komposita und Genitiv-Apostroph effizient gegen die korrekte Schreibweise verglichen werden können, ist der bei Google entwickelte und in der Software *OpenRefine* eingesetzte, sogenannte **N-Gram Fingerprint** Algorithmus. Dieses Verfahren basiert auf der Idee, für Terme einen repräsentativen *Fingerabdruck* zu berechnen, der den schnellen Vergleich unterschiedlicher Terme ermöglicht.[9]

```
import re, string
PUNCTUATION = re.compile('[ %s]' % re.escape(string.punctuation))
def n_gram_fingerprinting (s, n=1):
    s = PUNCTUATION.sub('', s.strip().lower())
    sorted_ngrams = sorted([s[i:i + n] for i in range(len(s) - n + 1)])
    seen = set()
    return ''.join([x for x in sorted_ngrams if not (x in seen or seen.add(x))])
```

Dieser Algorithmus bildet unterschiedliche – sowohl korrekte, als auch fehlerhafte – Schreibweisen von Nominalkomposita und zusammengesetzten Ausdrücken auf den gleichen, aus sortierten **N-Grammen** bestehenden *Fingerabdruck* ab. Dieser Fingerabdruck kann als Schlüssel für ein schnelles Retrieval der korrekten Schreibweise, beispielsweise über eine Hash-Tabelle, einen **Präfix-Baum** oder **Radix-Tree**, genutzt werden.

```
> print(n_gram_fingerprinting('Pflegebasiskurs',n=2))
asbaebegflgeiskulepfrssiskur
> print(n_gram_fingerprinting('Pflege-Basiskurs',n=2))
asbaebegflgeiskulepfrssiskur
> print(n_gram_fingerprinting('Pflegebasis-Kurs',n=2))
asbaebegflgeiskulepfrssiskur
> print(n_gram_fingerprinting('Pflege(-basis)kurs',n=2))
asbaebegflgeiskulepfrssiskur
> print(n_gram_fingerprinting('Pflege Basis Kurs',n=2))
asbaebegflgeiskulepfrssiskur
```

Die Identifikation von unterschiedlichen Schreibweisen wäre bei diesen Beispielen auch durch Löschen von Sonder- und Leerzeichen, Konkatenieren und Umwandlung in Kleinbuchstaben möglich, dennoch besitzt **N-Gram Fingerprint** einen kleinen Vorteil: In bestimmten Situationen ist der Algorithmus tolerant gegenüber alter und neuer Rechtschreibung und Schreibfehlern, die auf sich wiederholenden N-Gramm-Sequenzen basieren.

---

9 ‚Fingerprinting.ipynb' im Github Repository ▶ https://github.com/ThomasHoppe/Buch-Semantische-Suche.

```
> print(n_gram_fingerprinting('Sauerstoffflasche',n=2))
asaucherffflhelaofrssascsttoue
> print(n_gram_fingerprinting('Sauerstoff-Flasche',n=2))
asaucherffflhelaofrssascsttoue
> print(n_gram_fingerprinting('Sauerstoffflasche',n=2))
asaucherffflhelaofrssascsttoue
```

Die Frage stellt sich natürlich: Auf welche Terme bzw. zusammengesetzte Ausdrücke soll dieser Algorithmus angewendet werden? Eine generelle Anwendung auf alle Terme bzw. zusammengesetzte Ausdrücke eines Dokuments wäre zu aufwändig. Darüber hinaus ist unklar, wie lang die betrachteten zusammengesetzten Ausdrücke überhaupt sein dürfen, zwei Terme, drei, oder sogar noch mehr?

Die Identifikation unterschiedlicher Schreibweisen ist im Kontext semantischer Suchverfahren insbesondere für zusammengesetzte Ausdrücke sinnvoll, die a) im Wissensmodell auftreten und daher als wichtig innerhalb eines Anwendungsgebiets angesehen werden oder b) häufig auftretende **Kollokationen** (▶ Abschn. 2.7) des **Korpus**.

Prinzipiell können variierende Schreibweisen sowohl in Dokumenten als auch Anfragen vorkommen. Es kann jedoch davon ausgegangen werden, dass Varianten mit **Leerzeichen in Komposita** in Dokumenttexten oder Wissensmodellen seltener auftreten. Stattdessen ist zu erwarten, dass in Dokumenten eher die korrekte Schreibweise u. U. auch in der Bindestrich-Variante verwendet wird. Bei Anfragen hingegen legen Benutzer häufig weniger Wert auf korrekte Rechtschreibung, so dass hier die Deppenleerzeichen-Variante häufiger anzutreffen ist.

Wir hatten in ▶ Abschn. 1.8 gesehen, dass Benutzer in Anfragen oft **implizite Phrasen** verwenden und angemerkt, dass im Kontext von Suchfunktionen die Erkennung solcher aufeinanderfolgender Terme zweckmäßig ist, um Anfragen intelligent zu interpretieren. Ein Verfahren, mit dem implizite Phrasen in Anfragen identifiziert werden können, wird in (Hoppe et al. 2020) beschrieben. Dieses Verfahren kann ebenso für die Identifikation von Deppenleerzeichen-Varianten genutzt werden, sofern diese Varianten aus dem verwendeten Hintergrundwissen abgeleitet werden können.

Wurden so Termsequenzen von Komposita mit Leerzeichen in Anfragen identifiziert, wird es möglich, für diese ihren jeweiligen N-Gram Fingerprint zu berechnen und mit einem N-Gram-Fingerprint-Verzeichnis in Form einer Hash-Tabelle, eines Präfix-Baums oder Radix-Tree zu vergleichen, um für Deppenleerzeichen-Varianten die richtige Schreibweise zu identifizieren.

5.2.2.1 Kompositazerlegung

Eine weitere Vereinheitlichung von Schreibweisen betrifft die Erkennung und Gleichsetzung von **Komposita** und **Nominalphrasen**, die wir schon in ▶ Abschn. 2.9 kurz angerissen hatten. Ob wir nun von *Automotor* reden oder *Motor des Autos*, von *Bucheinband* als dem *Einband des Buches*, von *Arbeitszeiterfassung* als *Erfassung der Arbeitszeit* oder *Zeiterfassung der Arbeit*, in allen Fällen meinen wir das Gleiche. Die Ergebnisse einer Suchfunktion für deutschsprachige Dokumente können daher allein schon durch Kompositazerlegung und Identifikation der dazu passenden Nominalphrasen verbessert werden.

5.2 · Komponenten zur Textaufbereitung

Kompositazerlegungen sind aus linguistischer Sicht nicht trivial. Einerseits, da die Zerlegungen auf unterschiedliche Arten erfolgen können und sie damit mehrdeutig sind. Andererseits, da in Komposita unterschiedliche **Fugenelemente**[10] auftreten können, deren Bildungsregeln nicht transparent sind. Standardbeispiel aus der Linguistik für den ersten Falls ist der Begriff *Mädchenhandelsschule,* der nur in der Interpretation als *Handelsschule für Mädchen* wirklich Sinn macht.[11]

Ein einfaches Verfahren zur Zerlegung von Komposita bestünde darin, in einem Vokabular nach allen Termen zu suchen, die – ggf. unter Vernachlässigung von Fugenelementen – zusammengenommen das Kompositum ergeben.[12]

❓ Aufgabe 5.4
Ermitteln Sie mit diesem einfachen Ansatz alle möglichen Zerlegungen des Begriffs *Abteilungen*. Vernachlässigen Sie hierbei Längenbeschränkungen der Teilwörter. Achten Sie darauf, dass alle Teilwörter auch in einem konventionellen Wörterbuch vorkommen.

Eine zweckmäßige Heuristik wäre es, bei einer solchen Zerlegung längere Terme kürzeren vorzuziehen und Zerlegungen zu bevorzugen, die aus einer minimalen Anzahl von Worten bestehen (Koehn und Knight 2003).

Mit dieser Strategie könnten zwar sowohl die Terme *Mädchenhandelsschule* und *Abteilungen* zerlegt werden, offensichtlich aber müssten wir nicht nur mehrdeutige Zerlegungen behandeln, sondern auch mit einer großen Anzahl von inhaltlich unsinnigen Zerlegungen umgehen.

Für den Umgang mit mehrdeutigen Begriffen benötigt man ein Maß, um zu entscheiden, welches die plausibelste Zerlegung ist. Hierzu könnte man bezogen auf den Korpus pro Zerlegung das geometrische Mittel aller **Termfrequenzen** (TF) oder der **TF-IDF** verwenden (Koehn und Knight 2003). Um jedoch unsinnige Zerlegungen auszuschließen, benötigt man weiteres Wissen darüber, welche Terme sinnvoll sind. Hierfür könnte ein Wissensmodell des jeweiligen Anwendungsgebiets genutzt werden. Dies setzt jedoch voraus, dass im verwendeten Hintergrundwissen entweder Nominalphrasen modelliert sind, oder diese sich über Beziehungen ableiten lassen.

- **Vorteile**
- Automatische Identifikation gleicher Begriffe in unterschiedlichen Schreibweisen.
- Automatische Identifikation von Nominalkomposita über Nominalphrasen.

- **Nachteile**
- Zusätzliche Datenstrukturen notwendig, um Schreibvarianten auf richtige Schreibweise abzubilden.
- Vollständige und korrekte Behandlung von Komposita erfordert weitergehendes linguistisches Wissen.

---

10 ▶ https://deutschegrammatik20.de/wortbildung/fugenelemente/, letzter Aufruf 10.04.2020.
11 Natürlich ist heutzutage zu bezweifeln, ob eine *Handelsschule allein für Mädchen* überhaupt noch Sinn macht. Nichtsdestotrotz kann ein solcher Begriff immer mal wieder in historischen Dokumenten auftreten.
12 Ein sehr simpler Algorithmus, der nur drei Formen von Fugenelementen berücksichtigt und noch einige Schwächen hat, wird in ▶ http://textmining.wp.hs-hannover.de/Korrektur.html#Ausflug:-Komposita-erkennen (letzter Aufruf 10.04.2020) beschrieben.

5.2.3 Rechtschreibfehlerkorrektur

▶ Abschn. 2.5 hatte uns bereits gezeigt, wie **Schreibfehler** erkannt und bewertet werden können, und welche Korrekturvorschläge in der Regel sinnvoll sind. Voraussetzung ist natürlich immer ein Lexikon oder eine andere Form von Informationsquelle, die ein Vokabular mit der richtigen Schreibweise der Worte bereitstellt.

Im Kontext einer allgemeinen Suchfunktion könnte dies beispielsweise der Dokumentenkorpus sein. Hierfür müssten wir jedoch voraussetzen, dass die Dokumente weitestgehend fehlerfrei geschrieben sind. Für bestimmte Dokumentarten wie Verlagsinhalte, Gesetzestexte, Protokolle öffentlicher Sitzungen, juristische Texte, deren Inhalte in der Regel von mehreren Personen bearbeitet, überarbeitet, korrigiert und dabei mehrfach gelesen werden, ist diese Annahme gerechtfertigt. Für andere Dokumentarten, insbesondere Gebrauchstexte, wie Nachrichtenmeldungen, Stellen- und Kleinanzeigen, firmeninterne Dokumentationen, kann von der Fehlerfreiheit und korrekter Rechtschreibung nicht unbedingt ausgegangen werden.

Um Rechtschreibfehler zu erkennen und ggf. zu korrigieren, müssen in der Regel zusätzliche Quellen genutzt werden. Für die Korrektur umgangssprachlicher Begriffe können hierzu beispielsweise Wörterbücher, Lexika, genutzt werden. Diese werden jedoch fachspezifische Begriffe nicht unbedingt abdecken.

Unter der Annahme, dass Schreibfehler in Dokumenten seltener auftreten als die richtigen Schreibweisen, bestünde ein probates Mittel darin, bei der **Rechtschreibfehlererkennung** bzw. -korrektur all diejenigen Begriffe als richtig geschrieben zu betrachten, die häufiger auftreten und die Erkennung bzw. Korrektur auf deren Basis durchzuführen.

Im Rahmen von semantischen, bzw. wissensbasierten Suchfunktionen steht uns als weitere Quelle natürlich das **Wissensmodell** selbst zur Verfügung. Wissensmodelle, wie **Taxonomien**, **Thesauri**, **Wortnetze** oder **Ontologien** sollen Wissen vielen Anwendungen verfügbar machen, so dass davon ausgegangen werden kann, dass neben der inhaltlichen Richtigkeit der repräsentierten Zusammenhänge auch auf die richtige Schreibweise der erfassten Begriffe geachtet wird und – zumindest im Kontext von Thesauri – alternative Schreibweisen gleich miterfasst werden.

> **Tipp**
>
> Natürlich können mit dem Vokabular eines Wissensmodells nicht alle Tipp- und Schreibfehler korrigiert werden, da das Wissensmodell nur die anwendungsgebietsspezifischen und damit nur einen Teil aller Begriffe des Dokumentkorpus umfasst. Für eine spezialisierte semantische Suche stellt diese Einschränkung in der Regel jedoch kein größeres Problem dar, da sie ja gerade den Zugriff auf anwendungsgebietsspezifische Informationen verbessern soll.

Eine Komponente zur Rechtschreibfehlererkennung muss aus diesen Quellen, seien es jetzt der Dokumentenkorpus, externe Wörterbücher oder Wissensmodelle die Schreibweisen der Begriffe extrahieren und effizient zugreifbar speichern.

Eine Möglichkeit, Zeichenketten effizient erkennen zu können, hatten wir bereits in ▶ Abschn. 3.1.3 kennen gelernt. Dort hatten wir die Datenstruktur des **Präfix-Baums (Trie)** bzw. seine speicher-effizientere Implementierung, den **Radix-Tree**, zur

5.2 · Komponenten zur Textaufbereitung

Realisierung des **Wildcard-Operator**s kennen gelernt. Diese Datenstruktur können wir gleichzeitig nutzen, um eine effiziente Rechtschreibfehlererkennung umzusetzen.

> **Aufgabe 5.5**
> Erläutern Sie, warum ein Präfix-Baum die Umsetzung einer effizienten Rechtschreibfehlererkennung unterstützt.

Um Rechtschreibfehler über einen Präfix-Baum zu erkennen, benötigen wir eine Funktion, die in diesem Baum nach einer zu überprüfenden Zeichenkette sucht, bis sie auf eine Abweichung (sprich einen nicht im Trie erfassten Knoten trifft). Ab dieser Position liegt entweder ein unbekannter Begriff vor oder ein potentieller Tippfehler. Alle unterhalb dieses Knoten bis zu den Blättern verlaufenden Pfade (die komplette Begriffe markieren) stellen potentielle Korrekturkandidaten dar und können zur Bewertung zurückgeliefert werden.

> **Tipp**
>
> Wie oben beschrieben, ist es daher zweckmäßig, anstelle von einfachen Hash-Tabellen invertierte Indexe gleich durch Präfix-Bäume umzusetzen. Darüber hinaus kann aus der Termhäufigkeit des invertierten Indexes eine bedingte Wahrscheinlichkeit für jeden Korrekturvorschlag ermittelt werden, die zusammen mit weiteren Informationen, wie der Editierdistanz, dazu verwendet werden kann, die einzelnen Korrekturvorschläge zu bewerten.

> **Aufgabe 5.6**
> Erweitern sie die Implementierung des Präfix-Baums und des Radix-Trees in ‚Präfix-Baum.ipynb' im Github Repository ▶ https://github.com/ThomasHoppe/Buch-Semantische-Suche um jeweils eine Funktion zur Ermittlung aller potentieller Korrekturvorschläge für einen gegebenen falschgeschriebenen Term. Tipp: Der gegebene Term muss solange Durchlaufen werden bis keine Verzweigung in einen Unterbaum mehr möglich ist. Ab diesem Punkt sind alle Unterbäume zu traversieren und alle ihre Terme aufzusammeln. (Ohne Lösung)

Dass die Suchanfragen selbst auf korrekte Rechtschreibung untersucht werden sollten, um entweder dem Benutzer Hinweise auf die korrekte Schreibweise geben zu können oder um fehlertolerant einfache Tippfehler direkt zu korrigieren, ist vermutlich einleuchtend. Alle Dokumente jedoch auf korrekte Rechtschreibung zu überprüfen, macht wenig Sinn, da weder deren Autor noch das System die Dokumente selbst nachträglich korrigieren kann, sollte bzw. darf.

Im besten Fall kann die Rechtschreibfehlererkennung einen Begriff identifizieren, der orthografische Fehler korrigiert. In einigen Fällen werden jedoch unterschiedliche Korrekturen möglich sein. In anderen Fällen, insbesondere wenn es sich um bisher unbekannte (**out-of-vocabulary**) Worte handelt, werden Korrekturvorschläge mit den obigen vokabular-basierten Ansätzen nicht möglich sein.[13]

---

[13] Um auch in solchen Fällen noch Korrekturvorschläge generieren zu können, könnten Bayes'sche Verfahren wie Hidden-Markow-Modelle (HMM), Künstliche Neuronale Netze wie Long-Short-Term-Memories (LSTM) oder N-Gramm-basierte Word Embeddings wie *FastText* verwendet werden, auf die einzugehen jedoch den Rahmen dieses Buchs sprengen würde.

Sofern mehrere alternative Korrekturvorschläge ableitbar sind, können diese anhand ihrer **Editierdistanz** bewertet werden, um – Ockham's Rasiermesser folgend – die Korrekturen mit den geringsten Abweichungen auszuwählen. Selbst wenn es jedoch nur eine Korrekturmöglichkeit gibt, stellt sich die Frage, ob diese automatisch durchgeführt werden oder ob man den Benutzer lediglich darauf hinweisen und ihm die Wahl lassen sollte?

Allgemein lässt sich diese Frage nicht beantworten, da die Antwort in der Regel eher eine Frage der Benutzerfreundlichkeit ist und von pragmatischen Gesichtspunkten abhängt. Es kann durchaus sein, dass

1. ein Nutzer mit einer Suchfunktion vielleicht bewusst nach einem vermeintlich falsch geschriebenen Term suchen will,
2. die Zielgruppe eine größere Hilfestellung benötigt, wie beispielsweise Kinder oder lese-/rechtschreibschwache Personen, oder
3. Nutzer nicht bevormundet werden sollten.

Eine automatische Korrektur birgt darüber hinaus immer die Gefahr, dass die Intention des Nutzers falsch interpretiert wird und der **Bias,** der durch das Referenzvokabular gegeben ist, die Ergebnisse verändert.

- **Vorteile**
- Benutzern Hinweise auf Tippfehler geben und sie ggf. die korrekte Schreibweise lehren.
- Unterstützung von Benutzern durch fehlertolerante Verarbeitung von Suchanfragen.
- Wissensmodelle stellen Vokabular für anwendungsbereichsspezifische Rechtschreibfehlererkennung und -korrektur bereit.

- **Nachteile**
- Worte, die nicht im genutzten Vokabular enthalten sind (out-of-vocabulary), können ohne zusätzliche Maßnahmen nicht korrigiert werden.
- Vollautomatische Korrekturen erzeugen eine *Suchblase*. Benutzer verlieren die Möglichkeit, nach Begriffen zu suchen, die nicht im verwendeten Referenzvokabular, aber in den Dokumenten enthalten sind.

5.2.4 Phonetische Kodierung

In ▶ Abschn. 2.15 hatten wir die **phonetische Kodierung** kennen gelernt und motiviert, dass sie in bestimmten Anwendungsfällen für bestimmte Nutzergruppen, wie z. B. Kinder oder rechtschreibschwache Personen, hilfreich sein kann.

Als eigenständige Komponente muss eine phonetische Kodierung nicht unbedingt realisiert werden, es reicht aus, sie als Funktion zu realisieren, die von unterschiedlichen Teilen der Suchfunktion für die Kodierung aufgerufen wird. Insofern kann sie als funktionale Komponente einer intelligenten Suchfunktion betrachtet werden.

Wesentlich für diese Funktion ist jedoch, dass sie immer dann abschließend aufzurufen ist, wenn ein Term innerhalb der Suchfunktion gespeichert oder gesucht werden muss. Dies garantiert, dass system-intern immer nur die codierte Form des Terms verwendet wird. Ihr Aufruf ist daher immer dann notwendig, wenn

- ein Term aus einem verwendeten Wissensmodell intern gespeichert und zu einem späteren Zeitpunkt verwendet werden soll,
- ein Dokument die Pipeline der Textverarbeitung durchlaufen hat und die aufbereiteten Terme nach der Zusammenfassung zusammengesetzter Ausdrücke (▶ Abschn. 5.2.1), der Vereinheitlichung von Schreibweisen (▶ Abschn. 5.2.2) oder einer Rechtschreibfehlerkorrektur (▶ Abschn. 5.2.3) der Indexierungskomponente zugeführt werden sollen, oder
- Anfragen nach der Anfrageaufbereitung über die Retrieval-Komponente verarbeitet werden sollen, um die anzuzeigenden Treffer zu ermitteln.

> **Tipp**
>
> Die phonetische Kodierung dient lediglich dazu, phonetisch vergleichbare Schreibweisen aufeinander abzubilden. Sie entspricht daher einem weiteren, internen Normalisierungsschritt unterschiedlicher Schreibweisen. Die kodierten Begriffe werden lediglich zum internen Vergleich benötigt und brauchen in der Regel nicht angezeigt zu werden. Um jedoch verständliche Ausgaben zu generieren, müssen insbesondere die Benutzerschnittstellen-Komponenten in ▶ Abschn. 5.5, die kodierten Terme in die ursprünglichen Anfrageterme zurückübersetzen. Ebenso müssen aus dem Wissensmodell abgeleitete, kodierte Terme in die präferierten Bezeichnungen des Wissensmodells übersetzt werden. Im einfachsten Fall kann dies über eine Hash-Tabelle realisiert werden, um für phonetisch kodierte Terme den korrespondierenden, normativen Term des Wissensmodells zu ermitteln.

- **Vorteile**
- Abbildung lautgetreuer Schreibung auf einen kontrollierten Term.
- Ausgleich von Fehlern lautgetreuer Schreibung.
- Fehlertoleranz bei Rechtschreibschwächen und fremdsprachlichen Begriffen.

- **Nachteile**
- Quelle für zusätzliche Fehler, je nach verwendeter phonetischer Kodierung.
- Phonetisch nicht-verwandte Terme werden auf die gleiche Kodierung abgebildet.
- Phonetisch gleiche Terme werden auf unterschiedliche Kodierungen abgebildet.

5.3 Verschlagwortung von Dokumenten und Anfragen

Im vorangegangenen Abschnitt haben wir einige Komponenten und Techniken kennengelernt, mit denen unterschiedliche Schreibweisen von Begriffen vereinheitlicht werden können. Hierdurch werden all diese Varianten suchbar und Dokumente damit findbar, selbst wenn in ihnen eine andere Schreibvariante genutzt wird. Zwar handelt es sich hierbei im strengen Sinn nur um eine rein **syntaktische** Aufbereitung, diese hat jedoch einen vereinheitlichen Effekt und bildet unterschiedliche Schreibweisen auf dieselbe Bedeutung ab. Insofern kann sie auch als **semantisch** bezeichnet werden. In diesem Abschnitt gehen wir noch einen Schritt weiter und betrachten Komponenten, die diese vereinheitlichten Schreibweisen nutzen, um mithilfe zusätzlicher Informationen Anfragen und Dokumente semantisch vergleichbar zu machen, die durch unterschiedliche Begriffe beschrieben werden.

Wir hatten in ▶ Abschn. 2.3 bereits die Unterscheidung zwischen **Autosemantika (Inhaltsworten)**, **Synsemantika (Funktionsworten)**, anwendungsbereichs-spezifischen **Stoppworten** und bedeutungstragenden Bezeichnungen kennengelernt. In diesem Abschnitt fokussieren wir uns auf die bedeutungstragenden Bezeichnungen. Diese Bezeichnungen werden bei der Dokumenten- bzw. Anfrageanalyse genutzt, um Dokumente bzw. Anfragen mit Begriffen zu verschlagworten und sie damit auf inhaltsbeschreibende Metadaten abzubilden.

Schlagworte können einerseits manuell vergeben werden (diese Form der Verschlagwortung wird häufig als **tagging** bezeichnet und die Schlagworte selber als **Tags**), andererseits können die Annotationen auch durch automatisierte Verschlagwortung ermittelt werden, die in zwei Formen unterschieden werden kann.

Die einfachste Form automatischer **Verschlagwortung**[14] bestimmt die Schlagworte der Annotationen allein anhand der in den Dokumenten vorkommenden Terme. Bei dieser Form steht die Frage im Vordergrund: Wie sind geeignete Terme des Dokuments für die Verschlagwortung auszuwählen? Welche Terme sind relevant für die Beschreibung des Dokuments?

Für eine semantische Suche ist in der Regel die zweite Form der automatischen Verschlagwortung relevanter. Bei dieser Form werden die Schlagworte anhand eines eindeutigen, kontrollierten Vokabulars – in Form eines Wissensmodells – ermittelt. Diese Form der **semantischen Verschlagwortung** ist für semantische Suchen von größerer Bedeutung. Wir kommen darauf unten noch einmal zurück.

Im Kontext semantischer Technologien werden Metadaten eines Dokuments, die den Inhalt des Dokuments anhand einer Menge von Schlagworten beschreiben, als **Annotationen** bezeichnet. Im spezifischen Kontext semantischer Suchverfahren bestehen die Annotationen aus Schlagworten eines eindeutigen, kontrollierten Vokabulars.

❓ Aufgabe 5.7

Recherchieren Sie, worin sich diese Bedeutung des Begriffs *Annotation* vom Begriff der Annotation in der a) Linguistik, b) Programmierung, c) Biologie und d) im Bibliothekswesen unterscheidet? Was haben diese unterschiedlichen Bedeutungen gemeinsam?

Verschlagwortungsmethoden können anhand der folgenden Kriterien unterschieden werden:
- **Manuelle vs. halbautomatische vs. vollautomatische Verschlagwortung**: Bei manueller Verschlagwortung werden die Schlagworte – wie es schon die Bezeichnung nahe legt – manuell durch Nutzer vergeben. Bei halbautomatischer Verschlagwortung werden automatisch generierte Vorschläge dem Benutzer zur Auswahl vorgelegt, während bei einer vollautomatischen Verschlagwortung die Verschlagwortung ohne Zutun der Nutzer erfolgt. Offensichtlich, hat die letzte Form gegenüber den beiden erstgenannten den Vorteil der Reproduzierbarkeit, während die zweite Form in der Regel qualitativ hochwertigere – da intellektuell geprüfte – Annotationen ergibt.

---

14 Da hierbei die Schlagworte nicht aus einem kontrollierten Vokabular stammen, müssten wir korrekterweise eigentlich von „Verstichwortung" sprechen.

5.3 · Verschlagwortung von Dokumenten und Anfragen

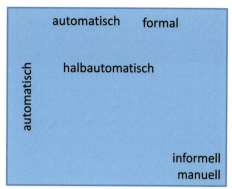

Abb. 5.3 Klassifikation von Verschlagwortungsmethoden

- **Informelle vs. formelle Annotationen**: Informelle Annotationen werden durch Menschen kreiert, entweder durch manuelle Verschlagwortung oder durch den von Autoren verwendeten Sprachgebrauch in Dokumenten, aus denen Stichworte ausgewählt werden. Formelle Annotationen hingegen beinhalten Schlagworte die einem formalen Wissensmodell entstammen, das der Normalisierung der Annotationen dient.
- **Breites vs. tiefes Anwendungsgebiet**: Die Art des Anwendungsgebietes, ob dieses breit ist und sich über unterschiedliche, horizontale Wissensbereiche erstreckt, oder ob es sich um ein tiefes, vertikales, hoch-spezialisiertes Wissensgebiet handelt, legt fest, welche Art von Wissensmodell für die Verschlagwortung verwendet werden muss.

Das in Abb. 5.3 dargestellte Modell ordnet Verschlagwortungsmethoden qualitativ bzgl. der vier Dimensionen *Aufwand, Vollständigkeit, Reproduzierbarkeit* und *Genauigkeit* der Annotationen ein.[15] Jede Ecke bzw. Kante repräsentiert den höchsten Grad und die jeweils gegenüberliegenden Seitenlinien den geringsten Grad dieser Eigenschaften.

Manuelle Verschlagwortung zieht für die Autoren manuellen und intellektuellen Aufwand nach sich, bei einem eher geringen Grad an Vollständigkeit, Genauigkeit und Reproduzierbarkeit der Annotationen.

Halbautomatische Verschlagwortung unterstützt Autoren zwar bei der manuellen und intellektuellen Auswahl der Schlagworte und verringert somit den Aufwand, der Grad der Vollständigkeit, der Genauigkeit und der Reproduzierbarkeit liegen jedoch noch immer in der Hand der Autoren. Da die Schlagworte aus einem Vokabular vorgeschlagen und ausgewählt werden, besitzen die in den Annotationen verwendeten Begriffe zwar eine eindeutigere Bedeutung, die Reproduzierbarkeit der Annotationen hängt aber immer noch von der Auswahl ab.

---

15 Mit dem Grad der *Genauigkeit* ist hierbei die Genauigkeit der Annotation bezüglich der Beschreibung des Dokuments gemeint; mit dem Grad der *Reproduzierbarkeit* die Eindeutigkeit mit der die gleichen Schlagworte bei Verschlagwortung durch unterschiedliche Autoren bzw. bei wiederholter Verschlagwortung gewählt werden.

Automatische Verschlagwortung erzeugt keinerlei Aufwand auf der Autorenseite und kann dabei einen hohen Grad an Vollständigkeit und Genauigkeit, und durch die vollständige Automatisierung auch einen hohen Grad an Reproduzierbarkeit erreichen.

Semantische Verschlagwortung, im Folgenden vereinfachend nur noch als Verschlagwortung bezeichnet, dient einerseits der Abbildung von Synonymen auf die Begriffe eines Wissensmodells und andererseits dazu, Annotationen ggf. um zusätzliche verwandte Begriffe anzureichern. Diese Abbildung auf das *kontrollierte Vokabular eines Wissensmodells*[16] dient dem wesentlichen Zweck, sowohl die Dokumente bzw. ihre Annotationen, als auch die Anfragen in den gleichen Sprachraum zu überführen und damit vergleichbar zu machen. Die zusätzliche Anreicherung mit verwandten Begriffen erlaubt es darüber hinaus, Annotationen auch mit anderen Begriffen findbar zu machen.

Bevor wir auf den Prozess der semantischen Verschlagwortung eingehen, skizzieren wir zunächst jedoch auch die beiden anderen Formen der manuellen und halbautomatischen Verschlagwortung, um die Vor- und Nachteile automatischer Verschlagwortung herausarbeiten zu können.

5.3.1 Manuelle Verschlagwortung

Bei der manuellen Verschlagwortung, die auch als **tagging** gezeichnet wird, liegt die Auswahl der Begriffe, mit denen ein Dokument annotiert wird, vollständig in den Händen der Autoren. Im sogenannten Web 2.0, dem Social Internet, ist die Methode der manuellen Verschlagwortung weit verbreitet. Durch die Einsicht der Autoren in die Nützlichkeit annotierter Inhalte ist sichergestellt, dass Inhalte auch verschlagwortet werden.

Sofern jedoch die manuelle Verschlagwortung nicht aus der Einsicht und dem Eigeninteresse der Autoren erfolgt, sondern autoritativ den Autoren auferlegt wird, wie z. B. durch Regelungen innerhalb von Organisationen oder durch Vorgesetzte, hat sich die manuelle Verschlagwortung durch den Mehraufwand als nicht erfolgreich herausgestellt. Dies liegt mit großer Wahrscheinlichkeit an der **Unwahrnehmbarkeit** (Hoppe 2015) ihres Nutzens.

Ein wesentliches Problem jedoch, dass die manuelle Verschlagwortung und damit jede manuell erstellte Annotation immer mit sich bringt, besteht darin, dass ein und derselbe Inhalt von unterschiedlichen Nutzern mit unterschiedlichen **Tags** annotiert werden kann, deren Bedeutung nicht explizit definiert ist.[17] In Begriffen von ▶ Abschn. 1.4 annotieren unterschiedliche Nutzer einen Inhalt in ihren eigenen Sprachwelten mit den Schlagworten, die sie für den Inhalt als relevant und deskriptiv betrachten. In diesem Sinn sind manuelle Annotationen immer subjektiv.

---

16 In ▶ Abschn. 4.2.1 hatten wird den Begriff *kontrolliertes Vokabular* für eine einfache Form von Ontologie genutzt, die im Wesentlichen aus einer Menge von Begriffen besteht. Diese Menge von Begriffen können wir natürlich auch aus anderen Formen von Wissensmodellen ableiten. In einem erweiterten Sinn, stellt damit jedes Wissensmodell auch immer ein *kontrolliertes Vokabular* bereit.

17 Siehe hierzu auch (d'Aquin et al. 2011), S. 288.

5.3 · Verschlagwortung von Dokumenten und Anfragen

- **Vorteile**
- Einfach nutzbar, keine technischen Voraussetzungen notwendig.
- Verteilter Aufwand bei dezentralisierter Verschlagwortung durch die Autoren.

- **Nachteile**
- Zusätzlicher manueller und intellektueller Aufwand seitens der Autoren.
- Hoher manueller und intellektueller Aufwand bei zentralisierter Verschlagwortung.
- Manuelle Verschlagwortungen funktionieren nur bei hoher Motivation der Nutzer (Erkennen des Nutzens), eine Verordnung der manuellen Verschlagwortung hat sich in der Regel als wenig erfolgreich herausgestellt.
- Inkohärente Annotationen, da die Bedeutung der verwendeten Tags nicht explizit definiert ist.
- Mangelnde Unterstützung semantischer Suche, da die zur Annotation verwendeten Tags zueinander in keinerlei Beziehung stehen.

5.3.2 Automatische Extraktion von Schlagwörtern und Phrasen

Neben der manuellen Annotation könnten die Dokumente selbst herangezogen werden, um Schlagwörter oder Phrasen aus dem Text zu ermitteln. Einige der Methoden, die hierfür verwendet werden können, hatten wir bereits im ▶ Kap. 2 kennen gelernt. Neben häufigen Termen, **Nominalphrasen** und **Komposita** mit einem hohen Informationsgehalt, (**TF-IDF**) können auch häufig auftretende N-Gramme von N aufeinander folgenden Worten, **Kookkurrenzen** und **Kollokationen**, **anwendungsgebiets-spezifischen Entitäten** oder mit dem *TextRank*-Verfahren (Mihalcea und Tarau 2004) ermittelte wichtige Worte und Phrasen als Kandidaten zur (semi-)automatischen Verschlagwortung herangezogen werden.

All diese Ansätze beurteilen die Relevanz von Begriffen zur Beschreibung von Dokumenten anhand rein linguistischer, mathematischer, statistischer oder informationstheoretischer Methoden.

Offensichtlich würden die mit diesen Ansätzen gewonnenen Annotationen, ebenso wie manuelle Annotationen, lediglich auf Termen aus der Sprachwelt der Autoren basieren. Allein eine automatische Verschlagwortung würde daher eine bessere Findbarkeit von Dokumenten noch nicht sicherstellen. Da Nutzer entsprechend ▶ Abschn. 1.4 Anfragen in ihrer eigenen Sprachwelt formulieren, müssten sie, z. B. durch eine einfache Auto-Vervollständigung (▶ Abschn. 5.5.1), an die zur Annotation verwendeten Begriffe herangeführt werden. Im schlimmsten Fall jedoch, wenn sie einen zu einem Dokumententerm synonymen Begriff verwenden, wird Ihnen eine einfache Auto-Vervollständigung auch nicht weiterhelfen.

- **Vorteile**
- Bei vollständiger Automatisierung, kein Aufwand seitens der Autoren.

- **Nachteile**
- Qualität der Annotationen nicht garantiert.
- Bedeutung der annotierenden Begriffe nicht explizit definiert.

- Mangelnde Unterstützung semantischer Suche, da die für die Annotation verwendeten Begriffe zueinander in keinerlei Beziehung stehen.
- Keine Unterstützung bei der Suche mit synonymen Bezeichnungen.

5.3.3 Linktext-Analyse

Sowohl manuelle Annotationen oder aus den Dokumenttexten ermittelte Annotationen haben beide den Nachteil, dass ihre Schlagworte aus der subjektiven Vorstellungs- bzw. Sprachwelt des jeweiligen Autors entstammen. Damit unterliegen sie der Gefahr der bewussten Manipulation oder eines ungewollten, impliziten sprachlichen **Bias** des Autors. Insbesondere in Hypertexten, wie dem World-Wide-Web, Wikipedia oder Wiki-Systemen, gibt es jedoch einen objektiven Mechanismus zur Verschlagwortung von Inhalten: die **Linktexte** von Hyperlinks.

▶ Praxisbeispiel

Ca. ein Jahr bevor Google online ging, gegen Ende der 1990er-Jahre, ließen wir bei der *T-Systems Berkom* im Rahmen eines Projektes einige Studenten unseres damaligen Auftragnehmers der *Infonie* – heute bekannt unter dem Namen *Neofonie* – ein paar kleinere Experimente durchführen. Unter anderem experimentierte ein Student mit einer neuen Art von Indexierung und indexierte dabei die Webseiten der *Technischen Universität Berlin*. Am Tag der Demonstration des Experiments stellte ich als erstes die Suchanfrage *Hauptgebäude* und als ersten Treffer erhielt ich eine Grafik mit einer schematischen Darstellung des TU-Hauptgebäudes. Mir war sofort klar, dass dies eine neue Qualität einer Suchfunktion darstellte, da zum damaligen Zeitpunkt die Suche nach Bildinhalten noch nicht möglich war.

Auf Nachfrage stellte sich heraus, dass der Student neben den Inhalten der Webseiten auch die Linktexte indexiert hatte, mit denen auf einen Inhalt verwiesen wurde. Diese Linktexte stellen in gewisser Weise Mikro-Annotationen der Inhalte dar. Auf diesem Prinzip entwickelten wir zusammen mit der *Infonie* in einem Folgeprojekt die Suchmaschine *TeleScout* für das Intranet der Deutschen Telekom und meldeten gemeinsam ein Patent (Ewert et al. 2000) zu diesem Verfahren an. Die Qualität der Ergebnisse *TeleScouts* übertraf zum damaligen Zeitpunkt die der ebenfalls im Telekom-Intranet verfügbaren *AltaVista* Suchmaschine. ◄

Der wesentliche Punkt, weshalb dieses Verfahren funktionierte, ist die Qualität der Linktexte. Hierbei handelt es sich größtenteils um kurze und prägnante Beschreibungen des Inhalts, auf den der Link verweist. Das Wichtige hierbei ist, dass der Autor des Linktextes den referenzierten Inhalt in der Regel sehr genau beschreibt, damit der Leser weiß, was ihn hinter dem Link erwartet. Linktexte können daher als eine Art manuell erstellter Mikro-Annotationen betrachtet werden, die den referenzierten Inhalt mit beschreibenden Begriffen neutral und in der Regel unabhängig von den Interessen des Autors oder seinem persönlichen Sprachgebrauch annotieren.

Linktexte stellen daher eine manuelle Annotation des referenzierten Inhalts durch externe Leser dar. Eine große Menge solcher Linktexte, die auf ein und denselben Inhalt verweisen, ergeben daher eine qualitativ hochwertige, neutrale Beschreibung des Inhalts mit unterschiedlichen Begriffen und aus unterschiedlichen Perspektiven.

- **Vorteile**
  - Qualitativ hochwertige Annotationen.
  - Verteilter Annotations-Aufwand.
  - Variantenreicher Sprachgebrauch der Annotationen.
  - Beschreibung eines Inhalts aus mehreren, unterschiedlichen Perspektiven.

- **Nachteile**
  - Die Umfänge der Annotation sind ungleichmäßig verteilt, da sie abhängig sind von den Links, die auf ein Dokument verweisen.
  - Nur für Hypertext-Dokumente nutzbar.
  - Mangelnde Unterstützung semantischer Suche, da die Linktexte zueinander in keiner direkten Beziehung stehen.
  - Synonyme Bezeichnungen treten, wenn überhaupt, nur unsystematisch in den Linktexten auf.

5.3.4 Halbautomatische Verschlagwortung anhand von kontrolliertem Vokabular

Bei einer halbautomatischen Verschlagwortung werden Vorschläge für die Verschlagwortung von Dokumenten automatisch anhand eines **kontrollierten Vokabulars** ermittelt. Anstatt aber die Annotation vollkommen automatisch zu übernehmen, werden sie zunächst einem Nutzer zur Qualitätskontrolle vorgelegt. Der Nutzer hat hierbei die Aufgabe, die Richtigkeit der Annotation zu überprüfen und gegebenenfalls zu korrigieren.

> ▶ Praxisbeispiel
>
> Im Rahmen des Wissensmanagements der *T-Systems Business Services* haben wir diesen Ansatz ab 2004 verfolgt. ◘ Abb. 5.4 zeigt einen Ausschnitt aus der Arbeitsumgebung für Wissensmanager, deren Aufgabe es war, einerseits die Annotation der im Kontext des Wissensmanagements gesammelten Dokumente zu kontrollieren und zu korrigieren; andererseits sollten die Wissensmanager signifikante Dokumentenbegriffe beurteilen, die die zugrundeliegende Suchfunktion – mit dem in ▶ Abschn. 5.3.2 skizzierten Ansatz – ermittelte. Sofern diese Begriffe noch nicht Bestandteil des kontrollierten Vokabulars waren und von den Wissensmanagern als relevant beurteilt wurden, konnten sie als Vorschläge für die Erweiterung des Hintergrundwissens direkt übernommen werden.
>
> Das mittlere, obere Fenster zeigt den Text eines Dokuments mit den erkannten Begriffen des kontrollierten Vokabulars und neuen signifikanten Begriffen. Das Fenster darunter die vorgeschlagene Annotation. Das Fenster rechts oben zeigt einen Ausschnitt aus der Ontologie. ◀

Eine wesentliche Erkenntnis, die wir im Rahmen des Projektes gewannen, bestand in der Art und Weise, wie Nutzer die Annotationen bearbeiten. Generell stehen dafür zwei Modi zur Verfügung: **abwählen (opt-out)** und **auswählen (opt-in)**.

Bei beiden Ansätzen werden die Dokumente automatisch verschlagwortet, um den Benutzern die manuell/intellektuelle Verschlagwortung möglichst zu ersparen. Beim ersten Ansatz, dem Abwählen, besteht die Aufgabe der Benutzer darin – in unserem Fall waren dies Wissensmanager –, unpassende Schlagworte in den Annota-

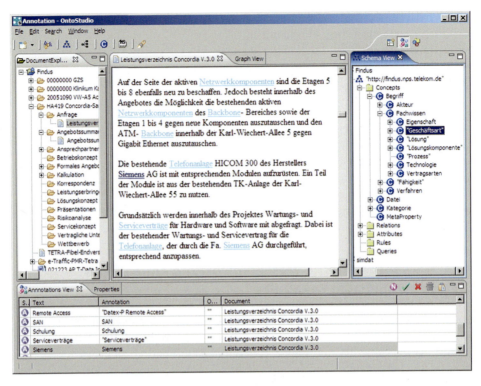

☐ **Abb. 5.4** Redaktionsumgebung für Wissensmanager

tionen abzuwählen. Der zweite Ansatz hingegen geht umgekehrt vor: anstelle alle Schlagworte im Voraus in die Annotation zu übernehmen, werden nur diejenigen übernommen, die der Benutzer explizit auswählt.

> ▶ Praxisbeispiel
>
> Fortsetzung: Im ersten Anlauf wählten wir die opt-out Methode. Wir erhielten jedoch relativ schnell die Rückmeldung der Wissensmanager, dass die automatische Verschlagwortung zu viele Begriffe produzierte und sie mit dem Abwählen viel Arbeit hatten. Durch eine Umstellung auf die opt-in Methode konnte der Annotations-Aufwand auf Seiten der Wissensmanager stark reduziert werden. ◀

Eine solche halbautomatische Verschlagwortung ist natürlich nicht in allen Fällen einsetzbar. Insbesondere für größere Dokumentenmengen ist der von Nutzern zu leistende Aufwand zu groß. Für kleinere kontrollierte Dokumentenbestände aber, insbesondere wenn es sich um qualitativ sehr hochwertige Informationen handelt, die nachhaltig verfügbar sein müssen, wie beispielsweise im Wissensmanagement, ist dieses Vorgehen durchaus einsetzbar.

- **Vorteile**
- Qualitativ hochwertige Annotationen anhand kontrollierten Vokabulars.
- Qualitätssicherung durch intellektuelle Überprüfung der Annotationen.

Raub in S-Bahn

Polizeimeldung vom 03.08.2019
Spandau
Nr. 1885
Heute früh alarmierte ein Fahrgast die Polizei zum S-Bahnhof Spandau. Dort zeigte der 28-jährige an, dass er zwischen 4 und 4.25 Uhr zwischen den Bahnhöfen Heerstraße und Spandau beraubt wurde. Er gab an, dass er eingeschlafen war und plötzlich von zwei unbekannten Männern mit einer Bierflasche ins Gesicht geschlagen wurde. Danach habe man ihm das Mobiltelefon aus der Hosentasche entwendet. Der 28-Jährige hatte eine Kopfplatzwunde und ein Hämatom unter einem Auge und wurde zur ärztlichen Versorgung in eine Klinik gebracht. Das Raubkommissariat der Direktion 2 hat die weiteren Ermittlungen übernommen.

Abb. 5.5 Polizeimeldung

- **Nachteile**
- Manueller Aufwand, daher nur geeignet für Szenarien mit geringer Zahl von Dokumenten oder bei Bedarf an qualitativ hochwertigen Annotationen.
- Annotationsaufwand abhängig vom genutzten Modus.
- Verzögerte Bereitstellung der annotierten Dokumente bzw. Annotationen.

5.3.5 Automatische Verschlagwortung anhand von kontrolliertem Vokabular

Im Gegensatz zur freien, manuellen Verschlagwortung beim tagging mit benutzergewählten Begriffen und dem Eingriff des Benutzers zur Qualitätssicherung bei der halbautomatischen Verschlagwortung, wird bei der automatischen **semantischen Verschlagwortung** vollkommen auf das **kontrollierte Vokabular** und den Verschlagwortungsalgorithmus vertraut. Dies setzt einerseits qualitativ hochwertiges und möglichst vollständiges Hintergrundwissen voraus, aus dem das Vokabular bezogen werden kann. Da andererseits Fehler jedoch nicht komplett ausgeschlossen werden können, sollte im Anwendungskontext ein gewisser Grad an **Fehlertoleranz** vorhanden sein oder es sollte eine **Rückfallebene** bereitgestellt werden, um grobe Fehler zu kaschieren.

Warum dies wichtig ist, werden wir im Folgenden sehen. Betrachten wir hierzu die Meldung Nr. 1885 der Berliner Polizei.[18] In Abb. 5.5 haben wir die wichtigsten Begriffe hervorgehoben, die die Meldung beschreiben. Diese Meldung wurde manuell annotiert und stellt somit das ideale Ergebnis eines *perfekten* Verschlagwortungsalgorithmus – einen sogenannten **Goldstandard** – dar.

Für eine erste Annotation dieses Textes ist es zweckmäßig Plural-Formen auf den Singular (bzw. Flektionen von Worten generell auf deren Grundform) abzubilden, abgeleitete Verben in den ursprünglichen Infinitiv zu überführen und Synonyme durch den bevorzugten Begriff zu ersetzen.

---

[18] ▶ https://www.berlin.de/polizei/polizeimeldungen/pressemitteilung.834177.php, letzter Aufruf 28.02.2020.

Abb. 5.6 Ideale initiale Annotation

Fahrgast	→ Passagier
Polizei	
S-Bahnhof Spandau	
Bahnhöfen	→ Bahnhof
Heerstraße	
Spandau	
beraubt	→ Raub
Männern	→ Mann
Bierflasche	
Gesicht	
geschlagen	→ Schlag
Mobiltelefon	
Hosentasche	
entwendet	→ entwenden
Kopfplatzwunde	
Hämatom	
Auge	
ärztlichen Versorgung	→ ärztliche Versorgung
Klinik	→ Krankenhaus
Raubkommissariat	
Direktion	→ Polizeidirektion
Ermittlungen	→ Ermittlung

◘ Abb. 5.6 zeigt eine solche idealisierte initiale Annotation der obigen Meldung, in der diese Ersetzungen (markiert durch die Pfeile) vorgenommen wurden. Synonyme (wie *Fahrgast, Klinik* und *Direktion*) wurden hierbei auf die präferierten Begriffe (*Passagier, Krankenhaus* und *Polizeidirektion*) des kontrollierten Vokabulars abgebildet, Flektionen (hier *Bahnhöfen, Männern,* und *ärztlichen Versorgung*) auf ihre jeweiligen Grundformen und abgeleitete Verben (*beraubt* und *geschlagen*) auf ihren Infinitiv.

5.3.5.1 Verschlagwortung mit einem allgemeinen Wissensgraphen

Eine Suchanwendung, die Inhalte aus einer großen Anzahl unterschiedlicher Anwendungsgebiete durchsuchbar machen muss (wie z. B. *Nachrichten, Videos* oder *Bilder*) oder in der **benannte Entitäten** eine zentrale Rolle spielen, benötigt für jedes dieser Anwendungsgebiete ein eigenes Wissensmodell. Oder sie nutzt einen breiten, über viele Anwendungsbereiche reichenden **Wissensgraphen**, wie z. B. *DBpedia, WikiData* oder den *Google Knowledge Graph*.

Aber auch Suchanwendungen, die Dokumente eines spezialisierten Anwendungsbereichs erschließbar machen sollen, für den bisher noch kein modelliertes Hintergrundwissen existiert (z. B. Dokumente zum Themenbereich *Elektromobilität*), kommen nicht umhin, einen allgemeinen Wissensgraphen zur Verschlagwortung einzusetzen. Je nach spezialisiertem Anwendungsgebiet wird ein allgemeiner Wissensgraph nur einige Teilaspekte des Gebiets in hinreichender Tiefe abdecken. Daher werden Suchergebnisse u. U. nur von geringerer Qualität und sehr wahrscheinlich unvollständig sein.

5.3 · Verschlagwortung von Dokumenten und Anfragen

● Abb. 5.7 Annotation mit DBpedia Spotlight

Für die Annotation auf der Basis von *DBpedia* (einem Auszug strukturierter Daten aus Wikipedia) kann beispielsweise *DBpedia Spotlight* verwendet werden (Mendes et al. 2011). ● Abb. 5.7 zeigt grafisch das Annotationsergebnis von Spotlight für die obige Polizeimeldung.[19]

Bei der Inspektion des Annotationsergebnisses fällt auf, dass einige Begriffe, obwohl diese in *Wikipedia* vorkommen, nicht annotiert wurden (sogenannte **false negatives,** in Gelb markiert) und zwei Begriffe falsch annotiert wurden (**false positive**, in rot markiert).

❓ Aufgabe 5.8

Annotieren Sie den Meldungstext (über ▶ https://www.berlin.de/polizei/polizeimeldungen/pressemitteilung.834177.php zugreifbar) der obigen Polizeimeldung mit *DBpedia Spotlight* und ermitteln Sie, warum es sich bei *S-Bahnhof Spandau* und *Heerstraße* um false positives handelt. Führen Sie hierzu den Maus-Cursor über die Textstellen, die auf *Wikipedia* verlinkt sind, und inspizieren Sie die URIs, mit denen die Begriffe annotiert wurden.

Mithilfe des *Confidence*-Wertes kann auf die Qualität der Annotationen Einfluss genommen werden. Eine Erhöhung dieses Wertes führt zu konservativen, genaueren Annotationen, eine Verkleinerung zu zusätzlichen, teilweise schlechteren Annotationen (in ● Abb. 5.8 dargestellt).

❓ Aufgabe 5.9

Annotieren Sie den Meldungstext nochmals. Setzen Sie hierzu den *Confidence*-Wert herunter und inspizieren Sie insbesondere die Annotationen der Stoppworte. (Ohne Lösung).

---

19 Auf die dargestellte Benutzeroberfläche kann unter ▶ https://www.dbpedia-spotlight.org/demo/ zugegriffen werden. Eine REST-basierte Schnittstelle ist für DBpedia Spotlight ebenfalls verfügbar. Mit ihr sind die Ergebnisse in Form von XML oder JSON jedoch nicht so anschaulich darstellbar.

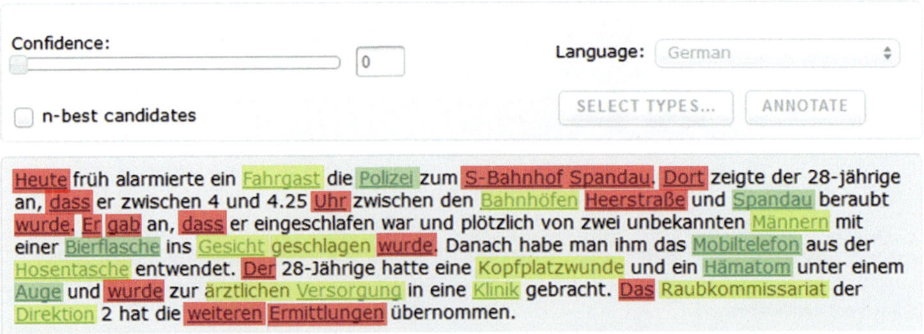

Abb. 5.8 Annotation mit geringer Confidence

> **Tipp**
>
> *DBpedia Spotlight* basiert auf einem trainierten Entitäten-Erkenner und probiert mehrdeutige Annotationen anhand von Kontextinfomationen des Textes zu disambiguieren. Offensichtlich lassen sich mit dieser Methode Fehler bei der Erkennung und Disambiguierung nicht immer vermeiden.
>
> Während false negatives bei einer Suchanwendung nicht unbedingt auffallen, da die Treffer, die nicht mit den gesuchten Begriffen annotiert wurden, obwohl es möglich gewesen wäre, einem Benutzer nicht auffallen und damit **unwahrnehmbar** sind, fallen false positives einem Benutzer irgendwann garantiert auf.

Neben den oben beschriebenen Einschränkungen von Spotlight, haben (Jilek et al. 2018) weitere Schwierigkeiten beim Umgang mit gebeugten Wörtern und den im Deutschen gebräuchlichen **Komposita** durch die Unvollständigkeit der Annotationen und durch die geringe Geschwindigkeit des Annotationsprozesses identifiziert.

- **Vorteile**
- Annotation auf der Basis eines breiten, viele Anwendungsbereiche überspannenden Wissensmodells.
- Annotation von benannten Entitäten und Konzepten.
- Automatisierte Annotation und Disambiguierung.

- **Nachteile**
- Gebeugte und zusammengesetzte Begriffe werden nicht zuverlässig erkannt und damit annotiert.
- Qualität der Annotationen hängt von der Einstellung des Confidence-Parameters ab.
- Disambiguierungen sind nicht immer korrekt.

5.3.5.2 Verschlagwortung mit spezialisiertem Hintergrundwissen

Die im letzten Abschnitt beschriebene Verschlagwortung mit einem allgemeinen Wissensgraphen ist für Anwendungsbereiche einsetzbar in denen

5.3 · Verschlagwortung von Dokumenten und Anfragen

Abb. 5.9 OBA angewandt auf einen Auszug aus Wikipedia zu *hematoma*

a) die Anwendung selbst breites, jedoch nicht allzu tiefgehendes Wissen aus vielen Wissensbereichen benötigt,
b) in der benannte Entitäten eine wichtige Rolle spielen, oder
c) für die noch kein spezialisiertes Hintergrundwissen über den Anwendungsbereich vorliegt.

Sofern wir jedoch Dokumente eines Anwendungsbereichs durchsuchbar machen müssen, für die umfangreiches Wissen über das Anwendungsgebiet verfügbar ist (z. B. wie bereits in ▶ Abschn. 4.4 erwähnt im Bereich *Lebenswissenschaften, Medizin, Biologie, Genetik, Pharmazie*, etc.), empfiehlt es sich, diese spezialisierten **Wissensmodelle** selbst für die Annotation heranzuziehen. Hierdurch entfällt das Trainieren von Entitäten-Erkennern, die, wie jedes maschinell gelernte Modell, nicht fehlerfrei sind. Darüber hinaus gehen spezialisierte Wissensmodelle viel stärker in die Tiefe und decken das Anwendungsgebiet in der Regel genauer ab, als allgemeine Wissensgraphen dies können.

Als Beispiel für ein System zur Annotation mit spezialisiertem Hintergrundwissen betrachten wir den *Open BioPortal Annotator* (OBA) des *National Center for Biomedical Ontology* (NCBO, Jonquet et al. 2009), der für die Annotation von Texten 792 biomedizinische Wissensmodelle (**Taxonomien, Thesauri** und **Ontologien**) sowohl aus der *Human-* und *Tierbiologie* und *-medizin, Genetik, Pharmazie* und viele weitere verwendet.[20] Ein weiteres Beispiel für eine solche Verschlagwortungsfunktion für deutschsprachige Dokumente bildet der in (Hoppe et al. 2020) beschriebene *Ontology-based Entity Recognizer* (OER).

Abb. 5.9 zeigt einen Ausschnitt[21] des *Open Bioportal Annotator* mit einem Auszug aus der englischsprachigen *Wikipedia* zum Thema *Bluterguss (Hämatom,* engl.

---

20 Dieser Annotator ist nur für englischsprachige Texte ausgelegt. Da mir bisher kein öffentlich zugänglicher, gleichwertiger Annotationsdienst für deutschsprachige Texte bekannt ist, greifen wir an dieser Stelle auf ein englischsprachiges Beispiel zurück.
21 Einige zusätzliche Felder zur Beschränkung der zu verwendenden Ontologie, der UMLS-Typen und der Tiefe der Annotationen werden aus Gründen der Platzersparnis nicht dargestellt.

Annotations

Results are filtered by: Ontology

total results **986** (direct **986** / ancestor **0** / mapping **0**)

CLASS filter	ONTOLOGY filter	TYPE	filter CONTEXT	MATCHED CLASS	filter MATCHED ONTOLOGY
Hematoma	Medical Subject Headings	direct	A **hematoma** (US spelling) or …	Hematoma	Medical Subject Headings
Hematoma	Medical Subject Headings	direct	… capillaries. A **hematoma** is benign and …	Hematoma	Medical Subject Headings
Hematoma	Medical Subject Headings	direct	… is a **hematoma** of the skin …	Hematoma	Medical Subject Headings
Blood Vessels	Medical Subject Headings	direct	… outside of **blood vessels**, due to either …	Blood Vessels	Medical Subject Headings
Blood Vessels	Medical Subject Headings	direct	… reabsorbed into **blood vessels**. An ecchymosis is …	Blood Vessels	Medical Subject Headings
Disease	Medical Subject Headings	direct	… to either **disease** or trauma including …	Disease	Medical Subject Headings
injuries	Medical Subject Headings	direct	… disease or **trauma** including injury or …	injuries	Medical Subject Headings
surgery	Medical Subject Headings	direct	… injury or **surgery** and may involve …	surgery	Medical Subject Headings
blood	Medical Subject Headings	direct	… may involve **blood** continuing to seep …	blood	Medical Subject Headings

● **Abb. 5.10** OBA Annotation des Wikipedia-Auszugs von *hematoma*

hematoma). Im Gegensatz zu *DBpedia Spotlight*, werden die annotierten Begriffe und deren Annotationen bei OBA nicht im Text hervorgehoben. Stattdessen werden diese Informationen als Annotationsergebnis in der in ● Abb. 5.10 dargestellten Tabellenform (alternativ auch als XML oder JSON) ausgegeben. Auch OBA verfügt über eine REST-basierte API.[22]

Die **Annotation** dieses Textauszugs mit allen Ontologien enthält 986 Einträge, die durch Mehrfachnennungen der Begriffe im Text redundant sind. Eine Einschränkung auf ein einziges Wissensmodell, hier den *MeSH*-Thesaurus, erzeugt nur 16 Einträge.

Je nach verwendeter Verschlagwortungsfunktion können – neben der Abbildung der Dokumente in das kontrollierte Vokabular – Annotationen um zusätzliche Informationen angereichert werden.[23] Z. B. um

- Abkürzungen oder Akronyme auf Begriffe des kontrollierten Vokabulars abzubilden,
- **Synonyme** auf präferierte Begriffe abzubilden,
- Annotationen um **Oberbegriffe** zu ergänzen[24] oder
- Annotationen mit **assoziierten Begriffen**[25] zu ergänzen.

---

22 Dokumentiert unter ▶ http://data.bioontology.org/documentation#nav_annotator, letzter Aufruf 28.02.2020.
23 Vergleiche dies mit den Anforderungen an Wissensmodelle im Kontext semantischer Suche in ▶ Abschn. 4.2.7.
24 Ober-/Unterbegriffsbeziehung können – je nach Wissensmodell – als logische Implikationen interpretiert werden, so dass ein Begriff auch all seine Oberbegriffe impliziert.
25 Auch andere Beziehungen zwischen Begriffen, wie *ist_Symptom_von*, *ist_verwand_mit*, *arbeitet_in* usw. können ebenfalls als logische Implikationen interpretiert werden.

5.3 · Verschlagwortung von Dokumenten und Anfragen

Abb. 5.11 Semantisch angereicherte Annotation der Polizeimeldung

> Passagier, Person, Mensch
> Polizei, Exekutivorgan, Exekutive
> S-Bahnhof Spandau
> Bahnhof, Verkehrsanlage, Betriebsanlage
> Heerstraße, Straße, Verkehrsbauwerk, Transportweg
> Spandau, Stadtbezirk, Bezirk
> Raub, Eigentumsdelikt, Gewaltdelikt, Delikt
> Mann
> Bierflasche, Flasche, Behältnis
> Gesicht, Kopfvorderteil
> Schlag
> Mobiltelefon, Telefon, Kommunikationsmitte
> Hosentasche, Tasche
> entwenden, Diebstahl
> Kopfplatzwunde, Platzwunde, Wunde, Verletzung
> Hämatom, Oberflächliche Verletzung, Verletzung
> Auge, Sinnesorgan, Organ
> ärztliche Versorgung, medizinische Versorgung
> Krankenhaus, medizinische Einrichtung
> Raubkommissariat, Kommissariat, Dienststelle
> Polizeidirektion
> Ermittlung

In Fortführung des Beispiels aus ■ Abb. 5.6 ergäbe sich durch eine solche Anreicherung die **semantisch angereicherte Annotation** in ■ Abb. 5.11, der zusätzliche Oberbegriffe der initialen Schlagworte hinzugefügt wurden.

Eine solche semantisch angereicherte Annotation hat den Vorteil, dass die Meldungen selbst dann gefunden werden können, wenn nach Oberbegriffen oder deren Kombinationen, wie z. B. *„Person Bahnhof Flasche Gewaltdelikt Wunde"*, oder nach Kombinationen von Synonymen, wie *„Handy Bluterguss Direktion Hospital"*, gesucht wird.

❓ Aufgabe 5.10
Da die semantisch angereicherten Annotationen Oberbegriffe der initialen Annotation enthalten, dürfte klar sein, weshalb die entsprechende Meldung gefunden werden, wenn nach den Oberbegriffen gesucht wird. Wie kann aber die Meldung gefunden werden, wenn nur nach einer synonymen Bezeichnung eines Oberbegriffs gesucht wird? Was muss dazu vorausgesetzt werden?

> **Tipp**
>
> Eine semantische Anreicherung der Annotationen um Begriffe, die unter den gleichen Oberbegriff fallen, – sogenannte Geschwisterbegriffe – sind aus inhaltlichen Gründen in der Regel nicht sinnvoll.
>
> *MeSH* folgend[26] sind beispielsweise *Hämatome* unter *Oberflächliche Verletzung an einer nicht näher bezeichneten Körperregion* klassifiziert. Geschwisterbegriffe wären *Blasenbildung, Insektenbiss oder -stich, Quetschwunde, Schürfwunde*, etc. Ein Benutzer würde bei der Suche nach Informationen zu *Hämatomen* Suchergebnisse zu den Geschwisterbegriffen sehr wahrscheinlich als unpassend empfinden. Zwar kann es vorkommen, dass solche Dokumente auch Informationen zu *Hämatomen* enthalten, ihr Informationsgehalt, bezogen auf die Anfrage, wird jedoch eher gering sein. Solche Dokumente sollten – wenn überhaupt – daher nur mit einer geringeren Relevanz bewertet werden.

5.3.5.3 Technische Realisierung der Verschlagwortung mit spezialisiertem Hintergrundwissen

Eine allgemeine Verschlagwortungsfunktion, wie *DBpedia Spotlight*, zu bauen, erfordert nicht nur einen größeren Aufwand, sondern auch einen großen Korpus von Trainingsdokumenten, die für einen spezialisierten Anwendungsbereich nicht unbedingt verfügbar sind. Da es uns jedoch um die Umsetzung von Komponenten für Suchen in spezialisierten Anwendungsbereichen geht, konzentrieren wir uns auf die Darstellung, wie eine Verschlagwortungsfunktion, die spezialisiertes Hintergrundwissen nutzt, prinzipiell aufgebaut ist.

Deren Funktionsprinzip erläutern wir anhand der schematischen Darstellung in ◘ Abb. 5.12, die durch (Jonquet et al. 2009) inspiriert ist. Zentraler Ausgangspunkt ist das **Wissensmodell**. Aus ihm werden alle zu erkennenden Bezeichnungen (z. B. *rdfs:label, skos:prefLabel, skos:altLabel, skos:hiddenLabel*) – ggf. auch in unterschiedlichen Sprachen – extrahiert. Mit diesen Bezeichnungen wird ein Dictionary aufgebaut, welches die zu erkennenden Benennungen auf die URIs der damit bezeichneten Entität abbildet. Sofern das Wissensmodell mehrdeutige Bezeichnungen, also gleiche Bezeichnungen für unterschiedliche Entitäten, enthält, sollte das Dictionary so ausgelegt werden, dass die Menge aller dieser URIs ermittelbar ist.

Um bei der Annotation neuer Dokumente zur **Laufzeit** einen größtmöglichen Durchsatz erreichen zu können, benötigen wir für das Dictionary eine möglichst effiziente Datenstruktur, mit der auch Sequenzen von Termen effizient gespeichert und erkannt werden können, wie z. B. einen **PATRICIA-Trie** oder einen **Radix-Tree** (siehe ▶ Abschn. 3.1.3).

Im Zuge der Bezeichnungsextraktion empfiehlt es sich, die zu erkennenden Bezeichnungen zu lemmatisieren. Dies kann durch die Zuhilfenahme linguistischer Ressourcen, wie z. B. *Wiktionary*, Morphologielexika (siehe ▶ Abschn. 2.13.1.1) oder des in (Jilek et al. 2018) beschriebenen Ansatzes über *LanguageTools* resp.

---

26 ▶ https://www.dimdi.de/static/de/klassifikationen/icd/icd-10-who/kode-suche/htmlamtl2019/block-t08-t14.htm unter T14.0, letzter Aufruf 28.02.2020.

5.3 · Verschlagwortung von Dokumenten und Anfragen

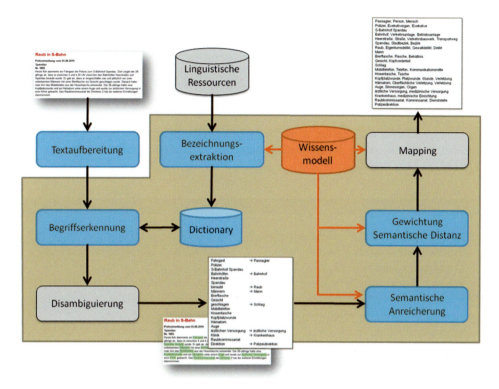

◘ **Abb. 5.12**   Funktionsprinzip Verschlagwortungskomponente

Morfologik oder durch Kompositazerlegung (siehe ▶ Abschn. 5.2.2.1).[27] Hierdurch lassen sich sowohl alle gebeugten Termvarianten erkennen, als auch Speicherplatz sparen.

> **Tipp**
>
> Zwar können durch Kompositazerlegung, Lemmatisierung und anschließendes Wieder-Zusammenfügen fehlerhafte Varianten entstehen, diese sind aber unschädlich, da sie nach außen **unwahrnehmbar** sind. Ganz im Gegenteil, können sie sogar dazu dienen, Rechtschreibfehler auf die korrekten Begriffe des kontrollierten Vokabulars abzubilden.

Ausgehend von den aufbereiteten Textdokumenten (siehe ▶ Abschn. 2.16) besteht der Prozess der Begriffserkennung einfach darin, den tokenisierten Text sequentiell durchzugehen und für jeden Term bzw. aufeinanderfolgende Termsequenz im Dictionary nachzuschlagen, ob sie auf einen bevorzugten Begriff des **kontrollierten**

---

27 Hierdurch können die Beschränkungen von Morphologielexika bei der Lemmatisierung der im Deutschen häufig auftretenden und beliebig konstruierbaren Komposita teilweise umgangen werden (siehe die in ▶ Abschn. 2.13.1.1 beschriebenen Nachteile von Morphologielexika).

Vokabulars abbildbar sind.[28] Ist dies der Fall, kann für diesen Term bzw. die Termsequenz ein entsprechendes Schlagwort in die initiale Annotation mit aufgenommen werden.

Falls das Nachschlagen im Dictionary mehrere potentielle Kandidaten für einen Term ergibt, ist es zweckmäßig, den entsprechenden Begriff zu disambiguieren. Einen einfachen, ersten Ansatz hierzu skizzieren wir kurz im folgenden Abschnitt.

Durch semantische Anreicherung kann aus der initialen Annotation eine **semantisch angereicherte Annotation** abgeleitet werden. Hierzu können beispielsweise alle transitiven **Oberbegriffe** der Annotationsbegriffe hinzugefügt werden oder alle direkt **assoziierten Begriffe**.

> **Tipp**
>
> Bei der semantischen Anreicherung ist es zweckmäßig diese zu begrenzen. Verwendet man beispielsweise sehr *tiefe* Modelle (vgl. den zu ◘ Abb. 3.11 korrespondierenden Ontologieausschnitt in ◘ Abb. 5.13) mit einer großen Anzahl von Hierarchieebenen, würden sehr tief liegende Annotationsbegriffe zur Anreicherung mit einer großen Zahl von Oberbegriffen führen. Eine spätere Suche nach einem der Oberbegriffe würde daher, je nach dessen Hierarchieebene, u. U. zu einer großen Zahl von Treffern führen. Die Qualität eines solchen Suchergebnisses würde eher gering sein, da ein allgemeinerer Begriff zu vielen sehr speziellen Dokumenten führt. Für die Begrenzung der Hierarchieebenen gibt es zwar kein objektives Kriterium, eine Begrenzung auf Begriffe, die aus bis zu drei bis fünf übergeordneten Hierarchieebenen stammen, hat sich jedoch als praktikabel erwiesen.
>
> Mit den Beziehungen zu **assoziierten Begriffen** verhält es sich etwas anders. Hier sollte man über direkte assoziierte Beziehungen nicht hinausgehen (vgl. hierzu die gestrichelten Beziehungen in ◘ Abb. 5.14), da die Gefahr besteht, über weitere Beziehungsstufen zu weit von den Ausgangsbegriffen abzudriften und dadurch Ergebnisse zu erzielen, die zu weit von den Interessen der Nutzer entfernt sind.
>
> Bei der semantischen Anreicherung empfiehlt es sich darüber hinaus, die Begriffsdistanz zum erkannten Begriff zu berücksichtigen, so dass weiter entfernte Begriffe einen geringeren Einfluss auf die Relevanz des Suchergebnisses haben und assoziierte Begriffe ebenfalls geringer zu gewichten.[29]

Ein zusätzlicher, für Suchanwendungen jedoch eher optionaler Schritt, besteht in der Ermittlung von zusätzlichen Konzepten aus anderen Wissensmodellen und Namensräumen, mit denen die semantische Annotation zusätzlich zu erweitern ist. Wir erwähnen diesen Punkt hier lediglich, um die Darstellung der Annotationskomponente unabhängig vom konkreten Einsatz im Bereich der semantischen Suche zu vervollständigen. Auf Details hierzu sei auf (Jonquet et al. 2009) verwiesen.

---

28 (Jilek et al. 2018) beschreiben hierzu einen effizienten Erkennungsalgorithmus, der Präfix-Bäume sowohl auf Term-, als auch auf Termsequenz-Ebene verwendet. In (Hoppe et al. 2020) wurde dieser Algorithmus weiter vereinfacht.

29 Einen Trick, wie diese Gewichtungen allein über die Annotationen in die Relevanzbewertungen konventioneller Suchmaschinen einfließen können, werden wir in ▶ Abschn. 6.4.3.5 kennen lernen.

5.3 · Verschlagwortung von Dokumenten und Anfragen

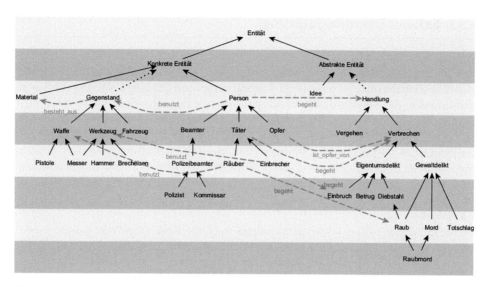

☐ **Abb. 5.13** Hierarchiebenen einer Ontologie

☐ **Abb. 5.14** **Konzeptkranz** zweier Konzepte der Verbrechensontologie ☐ Abb. 5.13

5.3.6 Verschlagwortung von Anfragen

Bei der halbautomatischen und der automatischen Verschlagwortung übersetzen wir Dokumente in Annotationen. Ggf. erweitern wir diese Annotationen um zusätzliche Begriffe des Wissensmodells. Um nun Anfragen über diesen Annotationen beantworten zu können, müssen wir diese Anfragen ebenfalls in das kontrollierte Vokabular (resp. dessen URIs, IRIs oder Konzeptbezeichner) überführen, sprich wir müssen die Anfragen ebenfalls verschlagworten.

Wie wir in ▶ Aufgabe 5.10 in ▶ Abschn. 5.3.5 gesehen haben, reicht es bei der Verschlagwortung von Anfragen aus, diese in das **kontrollierte Vokabular** abzubilden. Beim Retrieval von URIs, IRIs oder Konzeptbezeichnern der Anfragebegriffe können so auch alle Dokumente gefunden werden, die **Unterbegriffe** bis zur festgelegten Hierarchietiefe oder **assoziierte Begriffe** enthalten.

❓ **Aufgabe 5.11**
Begründen Sie, warum dies der Fall ist.

5.3.7 Exkurs: Disambiguierung

Im Fall von anwendungsgebiets-übergreifenden Suchfunktionen, wie z. B. den großen Internet-Suchmaschinen Google, Bing, etc., stellt die Auflösung mehrdeutiger Begriffe (**Homonyme**) eine wichtige Funktion dar, um genauere Suchergebnisse zu produzieren. Als Standardbeispiel für mehrdeutige Begriffe wird oft das Wort *Bank* herangezogen, das einerseits ein *Finanzinstitut* bezeichnen kann, eine *Sitzgelegenheit* oder eine *Untiefe in einem Fluss*. Ein weiteres Beispiel ist das Wort *Läufer*, das im Deutschen vermutlich das Wort mit den meisten Bedeutungen ist: von *Schachfiguren*, über *Sportler*, *Teppiche*, *junge Schweine*, bis hin zu *Teilen von Maschinen*, *Motoren*, *Rechenschiebern*, *Mühlen*, *längs vermauerten Ziegeln*, *Farbnasen*, etc.

> **Aufgabe 5.12**
> Stellen wir uns vor, ein solches mehrdeutiges Wort, wie *Bank*, *Läufer* oder *Jaguar*, würde als einfache Suchanfrage in einer Suchmaschine eingegeben werden. Wie sollte die Suchmaschine auf eine solche Anfrage reagieren?

Wie wir bereits im Vorwort gesehen haben, ist Disambiguierung innerhalb eines eingeschränkten oder stark spezialisierten Anwendungsgebiets in der Regel von untergeordneter Bedeutung, so dass auf sie häufig verzichtet werden kann. Entweder wir leben mit diesen Mehrdeutigkeiten oder wir verwenden ein einfaches Verfahren, das Kontexthinweise verwendet, um Mehrdeutigkeiten aufzulösen.

Ein solches Verfahren skizzieren wir im Folgenden, um einen Eindruck zu vermitteln, wie bei der Disambiguierung Hintergrundwissen genutzt werden kann, ohne dabei jedoch Anspruch auf Praxistauglichkeit zu erheben.[30]

Wir setzen voraus, dass wir umfangreiches Hintergrundwissen aus unterschiedlichen Anwendungsbereichen in Form von **Thesauri**, **Wortnetzen**, **Ontologien** oder **Wissensgraphen** zur Verfügung haben. Mehrdeutige Begriffe innerhalb eines Thesaurus zeichnen sich dadurch aus, dass mehrere Begriffe die gleiche Bezeichnung (z. B. in Form von *skos:prefLabel*, *skos:altLabel* oder *skos:hiddenLabel*) tragen. Bei Wortnetzen verweisen unterschiedliche **SynSets** auf die gleiche **LexicalUnit**, bzw. umfassen diese, so dass sie mit unterschiedlichen Begriffen in den einzelnen SynSets in Beziehung steht. Bei Ontologien werden unterschiedliche Konzepte, die unter Umständen in unterschiedlichen Namensräumen auftreten, mehrdeutig, wenn sie das gleiche *rdfs:label* oder die gleichen SKOS-Label verwenden. Ebenso werden Knoten in Wissensgraphen, die dieselben Bezeichnungen resp. Label tragen, sich als Mehrdeutigkeiten manifestieren.

All diese Wissensmodelle haben gemeinsam, dass sich die Bedeutung von Konzepten aus dem Konzeptkontext ergibt, d. h. aus der Menge der Konzepte, mit denen sie in Beziehung stehen, ihrem **Konzeptkranz**[31] (siehe ◘ Abb. 5.14). Daher können die Konzeptkränze von Konzepten mit mehrdeutigen Bezeichnungen dazu genutzt werden, die Begriffe mit einem einfachen Ansatz zu disambiguieren.

Betrachten wir folgenden Satz:

---

30 Eine ausführliche Diskussion der Problematik und von Ansätzen zur Disambiguierung auf der Basis semantischen Hintergrundwissens in Form von Ontologien findet sich in (Kleb 2012).

31 Die Menge aller Begriffe, die zu einem gegebenen Begriff in direkter Beziehung stehen. Diese illustrierende Bezeichnung geht auf Frauke Weichhardt von der *Semtation GmbH* zurück

5.3 · Verschlagwortung von Dokumenten und Anfragen

> ▶ Textbeispiel
> Der Löwe streift durch die Savanne und erspäht eine Gazelle. ◀

Während *Löwe* unterschiedliche Bedeutung in den Bereichen: *Tierreich, Sternbilder, Sternzeichen, Hersteller von Unterhaltungselektronik* hat, und *Gazelle* unterschiedliche Bedeutungen in den Anwendungsbereichen *Tierreich, Hersteller von Fahrzeugen, Fahrzeuge* und *Schiffe*, hat *Savanne* lediglich zwei stark verwandte Bedeutungen als Bezeichnung einer *Vegetations-* bzw. *Klimazone*.

All die unterschiedlichen Konzepte für *Löwe, Gazelle* und *Savanne* werden unterschiedliche Beziehungen zu anderen Konzepten haben: *Fahrzeughersteller produzieren Fahrzeuge, Sternbilder verbinden Sterne* und *stehen am Himmel. Sternzeichen haben Aszendenten, ihre Zukunft* wird in *Horoskopen vorhergesagt. Löwen leben in Afrika, Gazellen leben in der Savanne. Loewe produziert Fernseher, Gazelle ist ein Automodell, Löwen jagen in der Savanne*, etc. Diese Beziehungen bilden ein Netzwerk, bestehend aus Knoten, die Begriffe repräsentieren, und Kanten, die Relationen darstellen.

Offensichtlich werden die Begriffe *Löwe (Tier), Gazelle (Tier)* und *Savanne (Vegetationszone)* in diesem Netzwerk über einen Kantenzug (einen aus mehreren Kanten bestehenden Pfad) verbunden sein. Hingegen werden andere Bedeutungen wie *Löwe (Sternzeichen)* mit anderen Knoten wie *Gazelle (Fahrzeug* oder *Schiff)* oder *Klimazone* nicht oder nur über sehr viel längere Kantenzüge verbunden sein. Zwar könnte *Löwe (Hersteller von Unterhaltungselektronik)* zu *Gazelle (Hersteller von Fahrzeugen)* über das Konzept *Hersteller* in Verbindung stehen, eine Verbindung zu *Savanne* werden diese Knoten sehr wahrscheinlich kaum besitzen.[32]

Indem für einen mehrdeutigen Term wie *Löwe* alle Verbindungen zu anderen Kontextkonzepten zusammengestellt und nach der Größe dieser Gruppen, ihrer semantischen Nähe (vgl. ▶ Abschn. 3.6.2.2) und der Anzahl der verbundenen Begriffe bewertet werden, lässt sich ermitteln, welche Interpretation für die mehrdeutigen Terme am wahrscheinlichsten ist.

❓ Aufgabe 5.13
Natürlich gibt es auch pathologische Fälle, in denen die Mehrdeutigkeit kaum auflösbar ist. Betrachten Sie – unter den gleichen Annahmen über das zur Verfügung stehende Hintergrundwissen wie oben – den folgenden Satz:
Der Klempner ging mit dem Strauß an der Leine spazieren.
Welche Schwierigkeiten ergeben sich bei der Auflösung der Mehrdeutigkeiten dieses Satzes?

Wie gesagt: dies soll lediglich illustrieren, wie eine Disambiguierung von Begriffen und deren Konzeptkontexten in und mit Hilfe von Wissensmodellen möglich ist.

---

32 Wenn überhaupt, dann nur über ein Unternehmen, das z. B. in der Sahel-Zone ansässig ist.

5.4 Indexierung von Annotationen

Herkömmliche Suchverfahren indexieren in der Regel den Volltext von Dokumenten. Die Techniken hierzu haben wir in ▶ Kap. 3 kennengelernt. Die im ▶ Abschn. 5.3.5 beschriebenen Annotationen stellen Meta-Beschreibungen von Dokumenten dar. Von Interesse für eine semantische Suche sind Annotationen, die den Dokumenteninhalt mit einem Wissensmodell verknüpfen und die kontrolliert sind, in dem Sinne, dass sich sowohl die Annotationen der Dokumente als auch Anfragen auf die gleichen Konzepte beziehen, d. h. im kontrollierten Vokabular durch denselben Begriff repräsentiert werden.

5.4.1 Annotationen technisch betrachtet

Wir haben **Annotationen** als Metadaten eines Dokuments beschrieben, die den Inhalt des Dokuments anhand einer Menge von Schlagworten beschreiben. Werden die Annotationen durch Verschlagwortung der Dokumente anhand eines **kontrollierten Vokabulars** erzeugt, stellen die Annotationen die Schnittmenge der Begriffe des Dokuments und des **Wissensmodells** dar. Aus dieser Perspektive betrachtet, können Annotationen auch als durch ein Wissensmodell gefilterte Menge von Dokumentbegriffen aufgefasst werden. Annotation stellen damit quasi eine Kodierung eines Dokuments dar, die den Inhalt des Dokuments, bezogen auf ein Wissensmodell beschreibt. In diesem Sinn werden Annotationen mitunter auch als semantischer **Footprint** oder semantischer **Fingerprint** bezeichnet.

5.4.1.1 Beziehungen zwischen Dokumenten, Annotationen und Wissensmodellen

Wie wir in ▶ Abschn. 4.1.4 gesehen haben, legen die generischen Begriffe (Konzepte) die Terminologie eines Wissensbereichs fest und sind Bestandteil der **T-Box**. Während individuelle Begriffe als konkrete Instanzen Bestandteil der **A-Box** sind.

Im Sinn der Wissensrepräsentation sind einzelne Dokumente und deren jeweilige Annotationen Instanzen der Konzepte *Dokument* bzw. *Annotation*. Diese Instanzen beziehen sich auf, bzw. enthalten Begriffe des Wissensmodells. Damit sind diese Instanzen auf der Metaebene angesiedelt. Dies bedeutet, dass auch die Beziehung zwischen einem Dokument und seiner Annotation auf der Metaebene beschrieben wird. Wir können die Beziehung zwischen Dokumenten und Annotationen auf der Metaebene über eine 1:1-Beziehung in RDF-Turtle-Notation beschreiben als:

```
:wird_beschrieben_durch a rdf:Property ;
    rdfs:domain :Dokument ;
        rdfs:range :Annotation.
bzw. die inverse Beziehung
:beschreibt a rdf:Property ;
    rdfs:domain :Annotation ;
        rdfs:range :Dokument.
```

Diese Beziehungen zwischen Dokumenten und ihren Annotationen könnten wir explizit als konkrete Beziehungen zwischen Instanzen einer Ontologie oder eines Wissensgraphen repräsentieren, als Tripel in einem RDF-Graphen, als Relation in einer Datenbank oder einer anderen Datenstruktur. Oder wir repräsentieren diese Beziehungen – im Sinn objekt-orientierter Programmierung – implizit über unterschiedliche Instanzvariablen von Objekten. Wie auch immer wir diese Beziehungen repräsentieren, konzeptionell bleiben sie immer Bestandteil der A-Box der Metaebene.

5.4.1.2 Repräsentation von Annotationen

Bisher haben wir den Begriff **Annotation** lediglich im Sinne einer Menge von Begriffen verwendet, die ein Dokument beschreiben. Bevor wir über die Indexierung von Annotationen reden, müssen wir uns jedoch Gedanken machen, wie wir diese Begriffe repräsentieren.

Im Sinne des **Semantic Web** wäre es natürlich das Sauberste, die zur Annotation verwendeten Begriffe durch die URIs resp. IRIs ihrer T-Box-Konzepte oder von A-Box-Instanzen der Metaebene zu repräsentieren. Hierdurch wäre jedes Konzept durch den **Namensraum** seines Wissensmodells und den darin verwendeten Bezeichner eindeutig identifiziert. Darüber hinaus ließe es diese Repräsentation zu, Konzepte aus unterschiedlichen Namensräumen – und damit aus unterschiedlichen Wissensmodellen – in den Annotationen zu kombinieren (vgl. den optionalen Mapping Schritt in ◘ Abb. 5.12 in ▶ Abschn. 5.3.5.3).

Eine Vereinfachung – und damit eine Verkleinerung der Indexstrukturen – wird möglich, wenn die Annotationen lediglich Begriffe aus ein und demselben Namensraum verwenden, d. h. die Konzepte einem Wissensmodell entstammen. In diesem Fall kann die Repräsentation der Konzepte allein über ihre Bezeichner erfolgen; auf die Angabe des Namensraums kann dann verzichtet werden.

Egal welche dieser Repräsentationen im Endeffekt verwendet wird, unterschiedliche Bezeichnungen (*rdfs:label*, *skos:prefLabel*, *skos:altLabel* und *skos:hiddenLabel*) müssen auf den Konzeptbezeichner (URI, IRI oder das Konzept eines Wissensmodells) abgebildet werden. Umgekehrt ist es für Darstellungszwecke notwendig, diese Konzeptbezeichner auch wieder in die präferierte Bezeichnung (*rdfs:label*, *skos:prefLabel*) zurück zu übersetzen. Für beide Übersetzungen benötigen wir daher Mapping-Tabellen, z. B. in Form von Hash-Tabellen, um die Oberflächenrepräsentation in die interne Repräsentation und umgekehrt abbilden zu können. Diese Mapping-Tabellen können bereits zum Zeitpunkt des Einlesens der Wissensmodelle konstruiert werden, z. B. bei der Bezeichnungsextraktion zum Aufbau des Dictionaries der Annotationskomponente (vgl. ▶ Abschn. 5.3.5).

5.4.2 Invertierter Index über Annotationen

Annotationen bestehen somit aus einer Menge von URIs, IRIs oder einfachen Konzeptbezeichnern des Wissensmodells, die ein Dokument in Begriffen des kontrollierten Vokabulars des Wissensmodells beschreiben. Diese Bezeichnermengen können wir neben dem Volltext der Dokumente für eine einfache und effiziente Suche über einen **invertierten Index** zugreifbar machen (vgl. ▶ Abschn. 3.1.2). Mit den entsprechenden Retrievalfunktionen über einem solchen Index haben wir so die Möglichkeit, zu einer verschlagworteten Anfrage (▶ Abschn. 5.3.6) passende Annotationen zu finden und damit indirekt – über die Beziehung *beschreibt* aus ▶ Abschn. 5.4.1.1 – die Dokumente, die durch die Annotationen beschrieben werden.

5.5 Benutzerschnittstellen-Komponenten

Bis zu diesem Punkt haben wir die Bausteine semantischer Suchfunktionen aus der Perspektive der internen Verarbeitung von Dokumenten und Anfragen betrachtet. Würden wir bei der Konstruktion semantischer Suchfunktion hier verharren, würden Nutzer den Mehrwert semantischer Suchfunktion niemals direkt erkennen können und es würde vieler Erläuterungen und Beispielen bedürfen, um deren Nutzen transparent zu machen. Der Mehrwert semantischer Suche bliebe **unwahrnehmbar**.

Betrachten wir als Analogie beispielsweise einen *Lamborghini* oder *Ferrari*. Dann haben diese zwar ein auffälliges Design, das sagt aber rein gar nichts über die Leistung ihrer Motoren aus. Diese wird erst direkt wahrnehmbar, wenn sie einmal gesehen oder gehört haben, wie diese Autos beschleunigen.

Analog verhält es sich auch mit semantischen Suchfunktionen. Von außen betrachtet sieht man nicht unbedingt, was in ihnen steckt. Selbst wenn die Suchergebnisse von Benutzern als besser empfunden werden, zeigt dies in der Regel nicht, was sie eigentlich leisten, bzw. wie diese besseren Ergebnisse zustandekommen. Ein solcher Zusatznutzen muss Benutzern schon direkter erfahrbar gemacht werden. Dies ist das Ziel aller in diesem Abschnitt beschriebenen Komponenten der Benutzerschnittstelle.

Bereits bei der Eingabe von Suchanfragen können wir das Hintergrundwissen nutzen, um Vorschläge zur **Auto-Vervollständigung** von Anfragen mit mehr Wissen über den Anwendungsbereich anzureichern. Dies ist unser Einstieg in die Schnittstellenkomponenten im nächsten Abschnitt. ▶ Abschn. 5.5.2 zeigt wie das Konzept der **Facettierung** genutzt werden kann, um Nutzern Einblicke in die Struktur des Hintergrundwissens durch eine menügesteuerte Begriffsauswahl zu geben – sei diese nun textueller oder grafischer Natur. Eng verwandt mit dieser Schnittstellenkomponente ist das in ▶ Abschn. 5.5.3 beschriebene Konzept des **Wissensbrowsers**, bei dem die Visualisierung des Hintergrundwissens stärker in den Vordergrund der Ergebnisdarstellung gerückt wird. Da semantische Suchfunktionen auch nach Begriffen suchen, nach denen Benutzer nicht direkt gefragt haben, sind die Ergebnisse mitunter nicht direkt nachvollziehbar. ▶ Abschn. 5.5.4 beschreibt daher Komponenten, mit denen Nutzern angezeigt werden kann, wonach auch gesucht wurde. Diese Begriffe dann in den Trefferauszügen oder Suchergebnissen durch Hervorhebung leicht wiederfindbar zu machen, wird Gegenstand der letzten ▶ Abschn. 5.5.5 und 5.5.6 sein.

5.5.1 Semantische Auto-Vervollständigung

Bernhard G. Humm

Auto-Vervollständigung (engl. **auto-completion, auto-suggest**), wie in ◘ Abb. 5.15 dargestellt, kennt jeder von gängigen Suchmaschinen wie Google.

5.5 · Benutzerschnittstellen-Komponenten

Abb. 5.15 Auto-Vervollständigung bei Google. (Abgerufen am 16.10.2019)

Während der Benutzer Buchstaben in die Suchzeile eingibt, werden Vorschläge angezeigt, die die Buchstabenfolge sinnvoll vervollständigen. Bei Auswahl eines Vorschlags werden die Worte in die Suchzeile übernommen und die Suche gestartet.

Die Vorschläge basieren auf häufig gestellten Suchanfragen, nicht auf der Semantik der Begriffe. Man könnte dies daher als **syntaktische Auto-Vervollständigung** bezeichnen.

Da Google über eine extrem große Anzahl von Suchanfragen verfügt, sind die Vorschläge meist hilfreich und manchmal findet implizit auch eine semantische Disambiguierung statt. Im Beispiel in ◘ Abb. 5.15 ist *autocomplete google* und *autocomplete javascript* durchaus eine Form von Disambiguierung. Allerdings wird auch *autocomplete js* vorgeschlagen. Dabei wird nicht berücksichtigt, dass *JS* das Akronym für *JavaScript* ist.

Semantische Suchanwendungen verfügen meist über sehr viel weniger Suchanfragen als die Google-Suche, um wirklich sinnvolle Vorschläge zur Auto-Vervollständigung ausschließlich auf Basis von Suchanfragen zu generieren. Auf der anderen Seite verfügen sie über ein Wissensmodell. Und auf Basis des Wissensmodells kann eine **semantische Auto-Vervollständigung** implementiert werden, die weit über die Möglichkeiten einer syntaktischen Auto-Vervollständigung hinausgeht. Nachfolgend zeigen wir einige Beispiele.

◘ Abb. 5.16 zeigt ein Beispiel, in dem Schreibvarianten und **Synonyme** bzw. Übersetzungen zwischen Deutsch und Englisch aufgelöst werden.

In diesem Beispiel ist es egal, ob der Nutzer nach *Planning* oder *Planung* sucht; es wird beides mal der Vorschlag *Projektplanung (Project Planning)* gemacht.

◘ Abb. 5.17 zeigt eine Auto-Vervollständigung mit **Begriffskategorien** und Definitionen.

In diesem Beispiel werden englische Begriffe aus dem Anwendungsbereich Medizin vervollständigt. Dabei wird die Kategorie (*Medication, Disease, Anatomy* etc.) durch ein Icon dargestellt und in Klammern angegeben. Bei Auswahl eines Vorschlags (grau hervorgehoben) wird dessen Definition angezeigt. In dem Beispiel ist

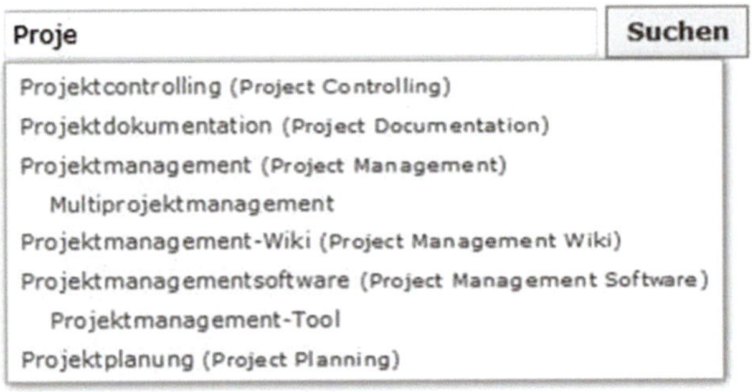

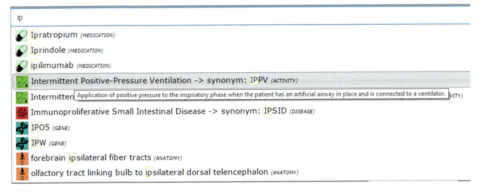

Abb. 5.16 Auto-Vervollständigung mit Synonymen bzw. Übersetzungen

Abb. 5.17 Auto-Vervollständigung mit Begriffskategorien und Definitionen (Beez et al. 2015)

auch zu sehen, wie Synonyme bzw. Akronyme aufgelöst werden: die Aktivität *IPPV* wird aufgelöst zu *Intermittent Positive-Pressure Ventilation*.

◘ Abb. 5.18 zeigt eine Auto-Vervollständigung mit **Oberbegriffen** und **Unterbegriffen**, Synonymen und der Anzahl potentieller Treffer, der ehemaligen semantischen Suche von *ingenieurkarriere.de* der *VDI-Nachrichten* (vgl. ◘ Abb. 5.28)

In dem Beispiel werden Ober- und Unterbegriffe hierarchisch dargestellt: *Biogas* als Ausprägung von *erneuerbarer Energie*. Zusätzlich wird die Anzahl potentieller Treffer in Klammern dargestellt. Hierdurch können Nutzern Hinweise auf sinnvolle Begriffsverfeinerungen gegeben werden. Ebenso erhalten Benutzer bereits während der Anfrage einen Eindruck, wie viele Dokumente jeweils verfügbar sind.

▶ **Praxisbeispiel**

In diesem Praxisbeispiel stellen wir die Auto-Vervollständigung von *openArtBrowser* vor (Humm 2020). *openArtBrowser* ist eine englischsprachige semantische Suchanwendung für Bildende Kunst. Sie ermöglicht, weltweit nach Gemälden, Zeichnungen und Skulpturen verschiedenster Stilrichtungen, Genres, Techniken und mit unterschiedlichsten Motiven zu suchen, sowie darüber zu lernen. ◘ Abb. 5.19 zeigt die Startseite des *openArtBrowser*.

openArtBrowser beinhaltet eine Suche mit semantischer Auto-Vervollständigung, die in ◘ Abb. 5.20 exemplarisch dargestellt ist.

Die Vorschläge sind kategorisiert, z. B. *Artwork* (Kunstwerk), *Artist* (Künstler), *Material*, *Genre*, *Motif* (Motiv), sowie nach Begriffskategorien gruppiert. Die Kategorien sind mit einem Icon kenntlich gemacht, Kunstwerke mit einer Abbildung des Kunstwerks selbst. Die

5.5 · Benutzerschnittstellen-Komponenten

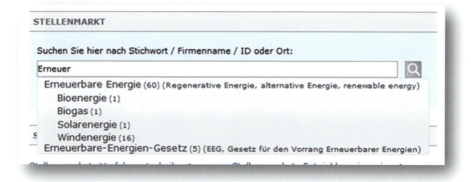

◘ **Abb. 5.18** Auto-Vervollständigung mit Ober- und Unterbegriffen

◘ **Abb. 5.19** Startseite des *openArtBrowsers*

Passung der eingegebenen Buchstabenfolge (hier *vi*) mit den Vorschlägen ist farblich hervorgehoben (in grün). Der Auswahl von 10 Vorschlägen aus potenziell tausenden Treffern liegt ein ausgefeiltes heuristisches Ranking zugrunde. Folgende Kriterien gehen darin ein:

1. **Kunstwerke und Kategorien**: Heuristiken sind u. a. „Je mehr Information über ein Kunstwerk vorhanden ist, desto höher das Ranking" oder „Je mehr Kunstwerke einer Kategorie (z. B. *Künstler, Genre, Motiv, Stilrichtung*) zugeordnet sind, desto höher das Ranking".
2. **Position des Treffers**: Heuristiken sind u. a. „Treffer am Anfang des ersten Worts (z. B. *Virgin Mary*) haben ein höheres Ranking als Treffer am Anfang eines anderen Wortes (z. B. *architectural view*)" und „Ein Treffer am Wortanfang hat ein höheres Ranking als ein Treffer in einem Wort (z. B. *David*)."
3. **Diversität**: Das Angebot von Vorschlägen mehrerer Kategorien wird bevorzugt gegenüber wenigen Kategorien, auch wenn die Rankings der einzelnen Vorschläge nach den Kriterien (1) und (2) geringer sein sollten.

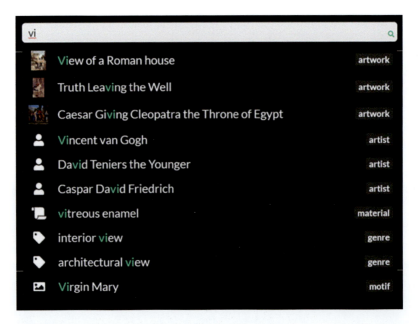

Abb. 5.20 Semantische Auto-Vervollständigung im *openArtBrowser*

Technisch umgesetzt ist die Auto-Vervollständigung im *openArtBrowser* mit einem *Elastic-Search*-Server, der Suchanfragen auch bei großen Datenmengen im Millisekunden-Bereich beantwortet. Das Ranking von Kunstwerken und Kategorien nach den oben beschriebenen Heuristiken wird als Offline-Batch-Prozess vor dem Laden der Daten in den ElasticSearch-Server durchgeführt. Das heuristische Ranking nach den Kriterien (2) und (3) sowie die Gruppierung nach Kategorien erfolgt im Browser mittels *TypeScript*-Code. ◄

- **Vorteile**
- Benutzer erhalten eine direkte Rückmeldung, welche Suchbegriffe potentiell zu Ergebnissen führen können.
- Benutzer erhalten einen Eindruck, welche Verfeinerungen ihrer Suchanfrage möglich sind.
- Nicht erfolgreiche Suchen aufgrund von Rechtschreibfehlern oder Ausdrucksschwierigkeiten der Benutzer können reduziert werden.

- **Nachteile**
- Die Anzahl der angezeigten Auto-Vervollständigungsvorschläge muss aufgrund beschränkter Darstellungsflächen eingeschränkt werden.
- Der Bias heuristischer Einschränkungen der Auto-Vervollständigung führen zu einer gewissen Willkürlichkeit der Vorschläge, mit der Gefahr das Benutzer frühzeitig die Suche abbrechen, da keiner der Vorschläge zu passen scheint.
- Es besteht die Gefahr, dass sich Nutzer nur in der „Terminologieblase" des Wissensmodells bewegen.

5.5 · Benutzerschnittstellen-Komponenten

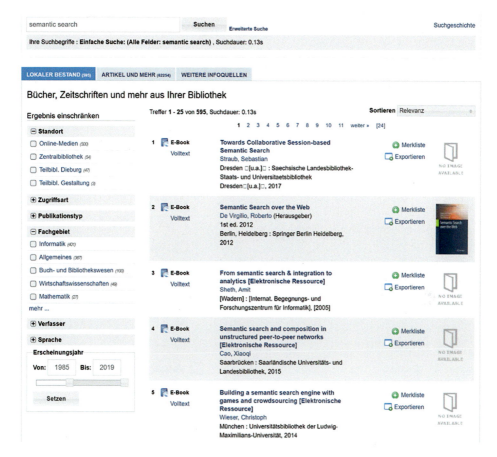

Abb. 5.21 Facettierte Suche im Suchportal einer Hochschulbibliothek

5.5.2 Facettierte Suche

von Bernhard G. Humm

Bei der **facettierten Suche**, auch **Facettennavigation** genannt, werden Suchtreffer anhand mehrerer Aspekte, genannt **Facetten**, eingegrenzt. Facettierte Suche ist beliebt in Produkt- und Bibliothekskatalogen, wie beispielsweise dem in ⊡ Abb. 5.21 gezeigten Suchportal der Bibliothek der Hochschule Darmstadt.[33]

Die Suche nach *semantic search* liefert 559 Treffer. Angeboten werden die Facetten *Standort, Zugriffsart, Publikationstyp, Fachgebiet, Verfasser, Sprache* und *Erscheinungsjahr*. Diese können verwendet werden, um die Suche einzuschränken, z. B. nach Büchern, die in der Zentralbibliothek oder einer der Teilbibliotheken gehalten werden. Zu den einzelnen Ausprägungen einer Facette ist die Anzahl der Treffer angegeben, z. B. 401 Treffer im Fachgebiet *Informatik* und 100 Treffer im Fachgebiet

---

[33] ▶ https://hds.hebis.de/hda/Search/Results?lookfor=semantic+search&trackSearchEvent=Einfache+Suche&type=allfields&search=new&submit=Suchen, besucht am 10.04.2020.

☐ **Abb. 5.22** Hierarchische Facetten im *Empolis Service Express*

Filter	
Dokument	⌄
› ☐ Vereinbarung	66
⌄ ☐ Auszug	62
⌄ ☑ Satzungsauszug	59
› ☐ § 28	30
⌄ ☐ § 26	26
☐ § 26 Abs. 2	7
☐ Ausführungsbest…	17
☐ § 52	16
› ☐ § 82	15
☑ § 33	15
☐ § 41	7
⌄ ☐ Vertragsauszug	1
☐ § 1 Abs. 2 TVöD/…	1
☐ § 25 TVöD/TVL	1

Buch- und Bibliothekswesen. Werden Ausprägungen von Facetten selektiert, so werden diese als Suchbedingungen aufgenommen und somit die Suche verfeinert. Durch Aus- oder Abwahl von Facetten-Ausprägungen kann so der Suchraum zielgerichtet exploriert werden.

Die Facetten können aus den **Begriffskategorien** eines **Wissensmodells** abgeleitet werden. Einzelne Facetten können in sich wiederum hierarchisch strukturiert sein.
☐ Abb. 5.22 zeigt ein Beispiel der Facettierung der intelligenten Suche des *Empolis Service Express* für juristische Dokumente.

Die juristischen Dokumente sind hierarchisch aufgebaut und enthalten Teildokumente mit Paragraphen und Absätzen. Diese hierarchische Struktur ist in der Facettennavigation abgebildet. So kann man wahlweise nach dem *Satzungsauszug* filtern (mit allen Paragraphen, 59 Treffer) gezielt nach *§ 33* (15 Treffer) oder *§ 26, Abs. 2* (7 Treffer).

Ein weiteres Beispiel, wie eine Facettennavigation grafisch aufgebaut sein kann, stellt die visuelle Thesaurus-Navigation von *Poolparty* in ☐ Abb. 5.23 dar.

5.5 · Benutzerschnittstellen-Komponenten

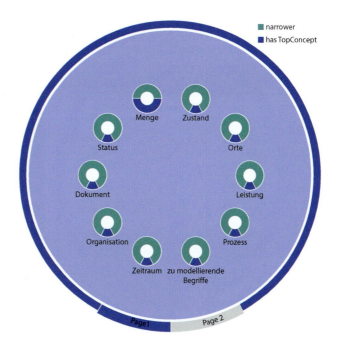

◘ Abb. 5.23 Thesaurus-Navigation in *PoolParty*

Ausgehend von den dargestellten Facetten, die **Begriffskategorien** (top concepts) des Wissensmodells repräsentieren, erlaubt diese Darstellung, die **Oberbegriffe**, **Unterbegriffe** und **assoziierten Begriffe** eines Thesaurus zur Navigation zu verwenden. Hierbei geben die Größen der Kreissegmente dem Benutzer eine Rückmeldung über die Verteilungsverhältnisse, während die verwendeten Farben die Art der Begriffe visualisieren.

Zwar ist die Anzahl der Begriffe innerhalb des Kreises beschränkt, durch die Paginierung können jedoch auch größere Mengen von Unterbegriffen dargestellt werden.

Ein alternatives Konzept einer grafischen Facettennavigation stellt die facettierte Suche des *SoftwareFinder* (Humm und Ossanloo 2018), einer semantischen Suchanwendung für Software-Komponenten, dar, die wir im folgenden Praxisbeispiel beschreiben.

▶ Praxisbeispiel

Software-Entwicklung besteht heutzutage zu einem großen Teil aus der Integration von existierenden Software-Komponenten: Bibliotheken, Frameworks, Services, sowie ganzen Anwendungen. Aber wie kommt ein Software-Architekt zu den am besten passenden Komponenten? Häufig ist dies eine sprichwörtliche Suche nach der Nadel im Heuhaufen.

◘ Abb. 5.24 Das Themenrad im *SoftwareFinder*

Eigentlich wünscht sich der Architekt eine semantische Suchanwendung, der er mitteilen kann „*Ich suche nach einer kostenlosen Python Bibliothek mit verschiedenen Machine Learning Algorithmen*", und die ihm Komponenten wie *tensorflow* oder *scikit-learn* anbietet.

Während semantische Suchanwendungen in zahlreichen Anwendungsgebieten eingesetzt werden, gibt es keine Suchanwendung für die Software-Entwicklung und speziell für Software-Komponenten. Bekanntlich hat ja der Schuster die schlechtesten Schuhe. Der *SoftwareFinder* soll genau diese Lücke schließen helfen.

Im *SoftwareFinder* wird für die facettierte Suche ein innovatives Interaktionselement verwendet, das **Themenrad** (◘ Abb. 5.24).

Nach Absenden der Suchanfrage *Machine Learning* wird eine Liste von Treffern (Software-Komponenten für *Machine Learning*) angezeigt. Mithilfe des Themenrads kann die Trefferliste zielgerichtet verfeinert werden. Die Segmente des Themenrads sind klassifiziert, z. B. *Programming Language, License, Development* und *Standard*. Die einzelnen Segmente des Themenrads bilden die Facetten-Ausprägungen, welche selektiert werden können, z. B. die Programmiersprachen *Python* und *Java* oder der Lizenztyp *Apache License*. Bei Auswahl einer Facette wird die Suche um eine weitere Bedingung eingeschränkt. Bei jeder Verfeinerung der Suche wird nicht nur die Trefferliste, sondern auch das Themenrad aktualisiert. Es zeigt dann jeweils neue, relevante Unterthemen, welche die bestehende Treffermenge einschränken. So kann beispielsweise die Treffermenge von 213 Treffern (*Machine learning*) auf 59 (*Machine Learning & Python*), weiter auf 10 (*Machine Learning & Python & Library*) und schließlich auf 5 (*Machine Learning & Python & Library & Open Source*) eingeschränkt werden.

Die Navigation über einen Back Button erlaubt es, zu alten Suchzuständen zurückzukehren. Der Suchraum kann auch auf beliebigen Pfaden durchschritten werden, z. B. kann die Programmiersprache *Python* ersetzt werden durch *Java* (**multidimensionale Navigation**).

Die Themenrad-Logik wird durch eine Komponente namens *GuidingAgent* implementiert, der Anwender möglichst zielgerichtet zu passenden Software-Komponenten leiten

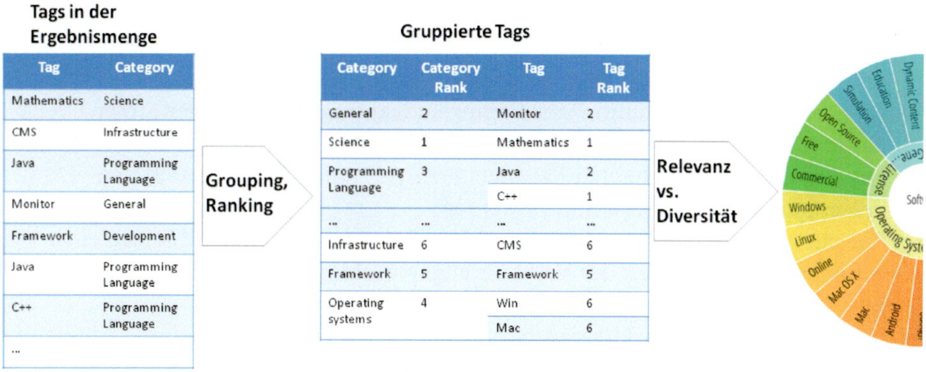

5.5 · Benutzerschnittstellen-Komponenten

Tags in der Ergebnismenge

Tag	Category
Mathematics	Science
CMS	Infrastructure
Java	Programming Language
Monitor	General
Framework	Development
Java	Programming Language
C++	Programming Language
...	

Gruppierte Tags

Category	Category Rank	Tag	Tag Rank
General	2	Monitor	2
Science	1	Mathematics	1
Programming Language	3	Java	2
		C++	1
...		...	
Infrastructure	6	CMS	6
Framework	5	Framework	5
Operating systems	4	Win	6
		Mac	6

Grouping, Ranking → Relevanz vs. Diversität

◘ **Abb. 5.25** *GuidingAgent* Logik (nach Humm und Ossanloo 2018)

soll. Der *GuidingAgent* selektiert in jedem Suchschritt eine Menge von Fachbegriffen, die die Suche sinnvoll verfeinern, d. h. zu weniger Treffern führen, aber niemals zu einer leeren Treffermenge. Da in jedem Schritt meist deutlich mehr Begriffe zur Auswahl stehen (mehrere hundert) als der Anwender erfassen kann (das Themenrad bietet lediglich Platz für 25 Begriffe), muss eine sinnvolle Auswahl getroffen werden. Der *GuidingAgent* verfolgt dabei die folgenden Ziele:

- **Relevanz**: Die Fachbegriffe sollen in Bezug auf die aktuelle Treffermenge (Liste von Software-Komponenten, die den aktuellen Suchkriterien entsprechen) eine hohe Bedeutung haben.
- **Diversität**: Es sollen möglichst viele Themenbereiche abgedeckt werden.

Beide Ziele stehen im Konflikt zueinander: die relevantesten Fachbegriffe können potenziell nur wenige Bereiche abdecken; umgekehrt müssen bei der Abdeckung mehrerer Bereiche auch potenziell weniger relevante Begriffe ausgewählt werden. Der *GuidingAgent* verwendet daher einen heuristischen Ansatz, um beide Ziele auszutarieren.

Eine Heuristik für die Relevanz eines Begriffs ist die Häufigkeit, mit der er im aktuellen Kontext, d. h. innerhalb der Treffermenge verwendet wird, siehe ◘ Abb. 5.25. Die Themenbereiche werden über die Kategorien der Begriffe aus dem Vokabular identifiziert. Die Begriffe werden gruppiert und nach Häufigkeit sortiert. Die Heuristik zur Balancierung von Relevanz und Diversität arbeitet mit Schwellwerten, z. B. werden mindestens fünf Themenbereiche mit je drei Fachbegriffen angezogen und anschließend die übrigen freien Slots des Themenrads absteigend nach Relevanz verteilt. ◄

- **Vorteile**
- Benutzer erhalten einen Eindruck, welche Verfeinerungen ihrer Suchanfrage möglich sind.
- Benutzer erhalten eine direkte Rückmeldung über die Auswirkungen ihrer Facettenwahl auf die Suchergebnisse.

---

[34] Die semantische Suche im *Empolis Service Express* beispielsweise verknüpft ausgewählte Facetten unterschiedlicher Begriffskategorien konjunktiv, während Facetten innerhalb einer Kategorie disjunktiv verknüpft werden. Dies ist zwar plausibel, eine Auswahl mehrerer Unterbegriffe einer Kategorie hingegen müsste, wenn überhaupt, wiederum konjunktiv verknüpft werden.

- **Nachteile**
  - Die Logik, mit der eine Mehrfachauswahl von unterschiedlichen Facetten verknüpft werden, ist weder standardisiert noch einfach ersichtlich.[34]
  - Die Logik der Kombination von Freitextsuchanfragen und ausgewählten Facetten ist weder offensichtlich noch trivial.
  - Die Anzahl der dargestellten Facetten muss ggf. aufgrund der gewählten Präsentationsform eingeschränkt werden.
  - Einschränkungen aufgrund der gewählten Präsentationsform führen zu einer gewissen Willkürlichkeit der Verfeinerungsvorschläge mit der Gefahr, dass ein Benutzer seinen Informationsbedarf nicht richtig formulieren kann.
  - Es besteht die Gefahr, dass sich Nutzer nur in der „Terminologieblase" des Wissensmodells bewegen.

5.5.3 Wissensbrowser

Wissensmodelle, wie wir sie in ▶ Kap. 4 kennen gelernt haben, umfassen Strukturen, die Begriffe anordnen. Teilweise hierarchisch, wie in den Baumstrukturen von **Taxonomien**, gerichteten azyklischen Graphen wie in **Thesauri**, **Wortnetzen** und **Ontologien** oder durch allgemeine Graphen, wie **Wissensgraphen**.

Wie wir in den vorausgegangenen Abschnitten gesehen haben, können wir diese Strukturen zur Auto-Vervollständigung nutzen, um Benutzern Vorschläge für Begriffsverfeinerungen von erfolgreichen Anfragen zu geben, oder um Suchergebnisse durch Facettierung weiter einzuschränken. Das Konzept des **Wissensbrowsers** kann als eine Kombination und Erweiterung beider Konzepte betrachtet werden, die die manuelle **Navigation** durch ein Wissensmodell zur Visualisierung der Ergebnisse in den Vordergrund rückt.

Im Gegensatz zur Facettierung jedoch stehen die Facetten nicht nur als Menüstruktur am Rand oder als Navigationselement zur Verfügung, sie sind vielmehr direkt in Form von Inhalten in die Suchergebnisseite eingebettet. Entweder als zusätzliches grafisches Element der Ergebnisseite, wie in ◘ Abb. 5.26 gezeigt, oder als eigenständige Seiten zur manuellen Navigation durch das Wissensmodell.

Der Wissensbrowser dient hierbei der Darstellung von Informationen, die direkt aus dem Wissensmodell bezogen werden (siehe ◘ Abb. 5.27), wie z. B.
- einer **Breadcrumb Navigation**, bei der der Pfad von der Wurzel des Wissensmodells bis hin zum gesuchten oder ausgewählten Begriff dargestellt wird und navigierbar ist.
- möglichen Begriffsverfeinerungen in Form einer Liste von **Unterbegriffen** oder zusätzlichen **assoziierten Begriffen**, so dass Benutzer explizit zu Unterbegriffen oder assoziierten Begriffen navigieren können.
- beschreibenden **Synonymen**, **Begriffserklärungen** oder Definitionen.

All diese Navigationselemente werden bei der Seitengenerierung aus dem Wissensmodell ermittelt und mit Links auf Suchanfragen unterlegt, mit denen direkt nach den ausgewählten Begriffen weiter gesucht werden kann. Jede Auswahl eines Elements erzeugt eine neue Suchanfrage, deren Ergebnisse mit der nächsten Informationsebene angezeigt werden. Durch diese können Benutzer weiter manuell navigieren bzw. stöbern.

5.5 · Benutzerschnittstellen-Komponenten

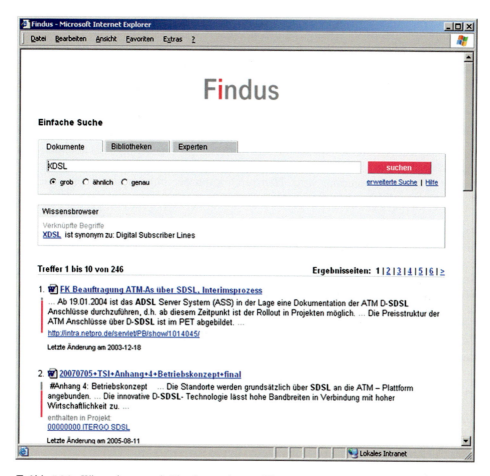

◘ **Abb. 5.26** Wissensbrowser als Einstiegspunkt zum Wissens-unterstützten Browsen

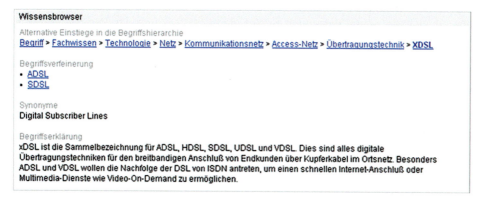

◘ **Abb. 5.27** Expandierter Wissensbrowser

> ▶ **Praxisbeispiel**
> Dieses Prinzip des Wissens-unterstützten Browsens haben wir bei der Suchfunktion *Findus* des Wissensmanagement-Systems WEM der *T-Systems Business Services* angewandt, um Mitarbeitern die Suche durch Projektdokumentationen und Angeboten zu erleichtern. Eine häufige Rückmeldung, die wir bekamen, lautet zusammengefasst in etwa: „Endlich kann ich mal sehen, was wir an Produkten und Technologien anbieten". ◀

Wissens-unterstütztes Browsen ist zwar als ein einfaches Hilfsmittel auf einfache Anfragen beschränkt, die sich direkt auf ein Konzept des Wissensmodells abbilden lassen, es hat aber den Vorteil, dass das im Wissensmodell repräsentierte Wissen für den Nutzer direkt wahrnehmbar wird. Hierdurch kann der Nutzen einer semantischen Suche direkt sichtbar gemacht werden.

- **Vorteile**
- Hintergrundwissen und sein Nutzen wird für den Nutzer direkt sichtbar bzw. erfahrbar.
- Terminologie des Anwendungsbereichs wird für den Benutzer transparent.
- Suchergebnisse sind direkt an die Auswahl gekoppelt.
- Direkte Sichtbarkeit der auf einen Begriff passenden Treffer.

- **Nachteile**
- Nur einfache Suchanfragen, die Konzepte des Wissensmodells darstellen, können durchstöbert werden.
- Gefahr, dass sich Nutzer nur in der „Terminologieblase" des Wissensmodells bewegen.

5.5.4 Erklärung von Suchanfrage-Erweiterungen

Bei einer konventionellen Volltextsuche ist es relativ eindeutig: Das, was gesucht wird, muss auch irgendwo im Titel oder Dokumententext stehen. Schwieriger wird es, wenn **Wildcard-Operatoren** verwendet werden oder die Stammform von gesuchten Begriffen durch **Stemming** oder **Lemmatisierung** gebildet wird. Im ersten Fall müsste dem Benutzer zwar klar sein, dass er nach dem angegebenen Präfix sucht, übersehen kann er die passenden Stellen dennoch. Im Fall der Verwendung von Stammformen ist dem Benutzer jedoch nicht ohne weiteres ersichtlich, warum es zu bestimmten Treffern kommt, da die Stammformbildung ja sozusagen „hinter der Bühne" erfolgt. Eventuell entstehen hierdurch falsche Ergebnisse oder es werden die Grenzen zwischen Verben, Adjektiven und Substantiven verwischt.

Semantische Suchfunktionen, die neben den eingegebenen Zeichenfolgen auch noch weitere Begriffe, wie **Synonyme**, **Unterbegriffe**, **Oberbegriffe** oder **assoziierte Begriffe** bei der Suche berücksichtigen, erschweren dem Benutzer nochmals das Verständnis, warum es zu den angezeigten Treffern kommt. Daher wird es bei diesen Suchfunktionen notwendig dem Benutzer Zusatzinformationen zu geben, die es ihm erlauben, die Treffer nachzuvollziehen.

Im einfachsten Fall handelt es sich bei diesen Informationen um die Darstellung aller Begriffe, nach denen zusätzlich gesucht wurde, im komplexesten Fall um ausformulierte Begründungen, wie die einzelnen Suchtreffer zustande kamen. ◘ Abb. 5.28 zeigt ein ein-

5.5 · Benutzerschnittstellen-Komponenten

◘ **Abb. 5.28** Darstellung genutzter Suchbegriffe

faches Beispiel für die Ergebniserklärung der ehemaligen semantischen Suche von *ingenieurkarriere.de*. Neben den bei der Suche berücksichtigten Synonymen werden unter „ähnliche Begriffe" auch verwendete Unterbegriffe angezeigt. Darunter werden zusätzlich noch verwendete Synonyme der Unterbegriffe und direkt assoziierte Begriffe jeweils mit der Anzahl der gefundenen Dokumente dargestellt.

- **Vorteile**
  - Die Suchtreffer werden nachvollziehbar.
  - Die Terminologie des Anwendungsbereichs wird für den Benutzer transparent gemacht. Ggf. erhalten sie hierdurch Ideen für weitere Suchbegriffe.
  - Der Nutzen semantischer Suche wird für den Nutzer direkt sichtbar.
  - Fehler im Wissensmodell werden identifizierbar und können rückgemeldet werden.

- **Nachteile**
  - Reduzierte oder schwindende Akzeptanz durch identifizierte Modellierungsfehler oder für den Benutzer offensichtliche Lücken.

5.5.5 Hervorheben gefundener Begriffe in Snippets

Mit Sicherheit haben Sie selbst schon einmal gesehen, wie die Treffer einer Suche dargestellt werden. Neben dem Titel, der URL und ggf. zusätzlichen Informationen wird oft ein kurzer Textauszug (**Snippet**) angezeigt.

Diese Auszüge bestehen in der Regel aus einem Teil eines Absatzes oder Satzes, die einen oder einige der gesuchten Begriffe enthalten. Die gesuchten Begriffe sind in diesem Auszug in der Regel hervorgehoben, z. B. durch Fettdruck, farbliche Hervorhebung oder Unterstreichung. Dies ist mittlerweile ein defacto-Standard für die Darstellung von Suchergebnissen.

◘ Abb. 5.29 illustriert dies anhand eines Auszugs der in ◘ Abb. 5.26 dargestellten Suchanfrage an das *Findus-Systems* der *T-Systems Business Services*, in der die in den Dokumenten gefundenen Belegstellen der Unterbegriffe *ADSL*, *SDSL* des gesuchten Begriffs *XSDL* durch Fettdruck hervorgehoben sind.

Um für jeden Treffer eines Suchergebnisses einen solchen Textauszug vorzubereiten, muss im jeweiligen Dokumententext die Stelle ermittelt werden, in der ein gesuchter Begriff auftritt. Für diese Fundstellen muss ein entsprechender Abschnitt aus dem Text ausgewählt werden, z. B. der Absatz oder Satz, in dem die Fundstelle liegt, oder eine Anzahl von vorausgegangenen und nachfolgenden Termen. Und schließlich müssen der oder die gesuchten Begriffe in diesem Auszug hervorgehoben werden.

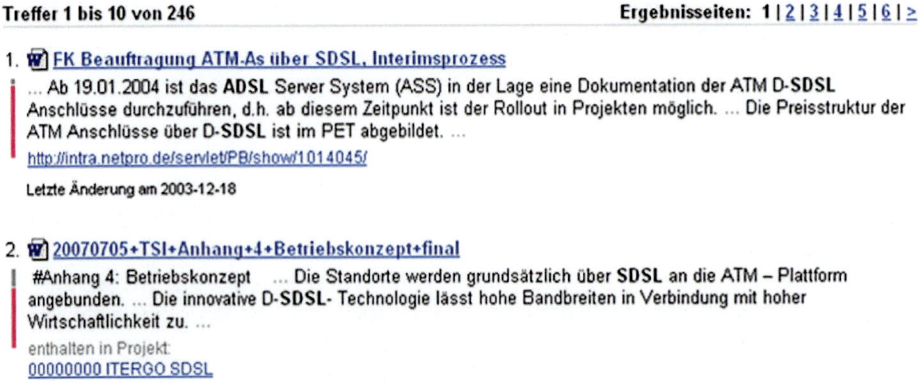

Treffer 1 bis 10 von 246   Ergebnisseiten: 1|2|3|4|5|6|≥

1. **FK Beauftragung ATM-As über SDSL, Interimsprozess**
   ... Ab 19.01.2004 ist das **ADSL** Server System (ASS) in der Lage eine Dokumentation der ATM D-**SDSL** Anschlüsse durchzuführen, d.h. ab diesem Zeitpunkt ist der Rollout in Projekten möglich. ... Die Preisstruktur der ATM Anschlüsse über D-**SDSL** ist im PET abgebildet. ...
   http://intra.netpro.de/servlet/PB/show/1014045/
   Letzte Änderung am 2003-12-18

2. **20070705+TSI+Anhang+4+Betriebskonzept+final**
   #Anhang 4: Betriebskonzept ... Die Standorte werden grundsätzlich über **SDSL** an die ATM – Plattform angebunden. ... Die innovative D-**SDSL**- Technologie lässt hohe Bandbreiten in Verbindung mit hoher Wirtschaftlichkeit zu. ...
   enthalten in Projekt:
   00000000 ITERGO SDSL

◘ **Abb. 5.29** Hervorheben von Suchbegriffen in Treffer-Snippets

5.5 · Benutzerschnittstellen-Komponenten

❓ Aufgabe 5.14

Diskutieren Sie die folgenden Fragen:
a) Können diese Textauszüge dynamisch zum Zeitpunkt der Aufbereitung der Ergebnisdarstellung ermittelt werden? Was wäre hierzu notwendig?
b) Können diese Textauszüge vorbereitet werden? Was wäre hierzu notwendig?

Wie in so vielen Fällen liegt die Lösung des Problems irgendwo dazwischen und ist von ihrem Charakter her semi-dynamisch. Die Anfragen bestimmen, welche Auszüge anzuzeigen sind. Dies kann erst zur **Laufzeit** ermittelt werden, um dann auf den lokal gespeicherten, zur **Übersetzungszeit** aufbereiteten Dokumententext zuzugreifen, den Auszug zu ermitteln und die entsprechenden Fundstellen hervorzuheben (siehe hierzu auch (Bast 2013)).

Hieraus erklärt sich auch, wozu die in ◘ Abb. 3.17 und 3.18 dargestellte **NoSQL-Datenbank** verwendet werden kann. In ihr kann der tokenisierte Inhalt des Dokuments vorgehalten werden, um anhand der in einem **invertierten Index** gespeicherten Positionen (siehe ▶ Abschn. 3.5) die Fundstellen der gesuchten Begriffe im jeweiligen Dokument schnell ermitteln zu können.

- **Vorteile**
- Unterstützung der Benutzer bei der Inspektion der Suchergebnisse durch Hervorheben der gesuchten Begriffe in relevanten Textauszügen.
- Keine wesentliche Verlängerung der Antwortzeit bei semi-dynamischen Zugriffen auf lokal vorgehaltene, aufbereitete Dokumentkopien.

- **Nachteile**
- Zusätzlicher Speicherbedarf zum lokalen Vorhalten der aufbereiteten, tokenisierten Dokumentinhalte.
- Zugriff auf NoSQL-Datenbank nicht unbedingt effizient, weitere Optimierung ggf. notwendig.
- Je nach Anwendungsbereich und Einsatzgebiet verbietet sich die Anzeige von Textauszügen, falls die Textauszüge bereits dem Urheberrecht unterliegen oder durch ihren Umfang das Leistungsschutzrecht tangiert wird.

5.5.5.1 Hervorheben gefundener Begriffe bei einer semantischen Suche

Wenn das Hervorheben gefundener Begriffe ein defacto-Standard ist, warum ist es dann notwendig dies im Kontext eines Buches über semantische Suche zu beschreiben?

Bei einer konventionellen Suche ist die Identifikation der Fundstellen eines gesuchten Begriffs in der Regel unproblematisch, da der Suchbegriff auch im Dokumententext vorkommen muss. Bei einer semantischen Suche, bei der wir sowohl den Dokumententext als auch die Anfragen aufbereiten und auf ein kontrolliertes Vokabular abbilden, ist die Identifikation der entsprechenden Fundstellen jedoch nicht ohne Weiteres möglich. Betrachten wir hierzu das folgende Beispiel.

Nehmen wir an, die Begriffe *Gesundheits- und Krankenpflegerin* bzw. *Gesundheits- und Krankenpfleger* sind ebenso wie *Krankenschwester* und *Krankenpfleger* als **Synonyme** des geschlechter-neutralen Konzepts *Gesundheits- und Krankenpflegekraft* im Hintergrundwissen modelliert. Dieses Konzept ist wiederum als **Unterbegriff** von

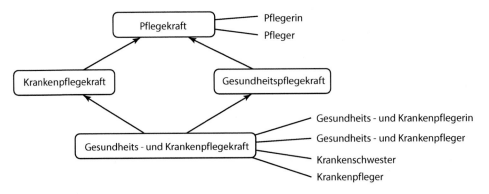

Abb. 5.30 Ausschnitt aus einem Wissensmodell zur Pflege

Gesundheitskraft und *Krankenpflegekraft* modelliert, die wiederum beide unter *Pflegekraft* (mit den Synonymen: *Pflegerin* und *Pfleger*) modelliert sind. ◘ Abb. 5.30 stellt diesen Ausschnitt des Wissensmodells nochmals grafisch dar.

Der folgende kleine Textausschnitt[35] stellt für uns für dieses Beispiel sowohl das zu findende Dokument, als auch den dafür anzuzeigenden Textauszug dar:

> ▶ Textbeispiel
>
> Die Gesundheits- und Krankenpflegerin bzw. der Gesundheits- und Krankenpfleger ist ein reglementierter Heilberuf im deutschen Gesundheitswesen. ◀

Die zu diesem Dokument – nehmen wir an als *doc_3* bezeichnet – korrespondierende Annotation besteht aus {:*Gesundheits-_und_Krankenpflegekraft*, :*Krankenpflegekraft*, :*Gesundheitspflegekraft*, :*Pflegekraft*, :*Heilberuf*, :*Gesundheitssystem*} (siehe ▶ Abschn. 5.3.5). Eine Suchanfrage wie z. B. *Krankenschwester* oder *Pfleger* würde auf das kontrollierte Vokabular als *Gesundheits-_und_Krankenpflegekraft* oder :*Pflegekraft* abgebildet (siehe ▶ Abschn. 5.3.6), so dass über eine Suche im invertierten Index der Annotationen (siehe ▶ Abschn. 6.4.2) die Annotation von *doc_3* gefunden wird.

Offensichtlich aber sind weder die Suchanfrage, noch deren Annotation, noch die Begriffe der Annotation von *doc_3* im Dokument selbst enthalten. Dies aber bedeutet, dass wir zum Hervorheben der im Dokument gefundenen Begriffe die Zeichenketten *Gesundheits- und Krankenpflegerin* und *Gesundheits- und Krankenpfleger* nicht ohne weiteres identifizieren können.

5.5.5.2 Technische Realisierung der Hervorhebung gefundener Begriffe

Im Kontext semantischer Suche müssen wir daher etwas mehr Aufwand betreiben, um die Textpassagen hervorzuheben, die mit dem kontrollierten Vokabular verschlagwortet und gefunden wurden. An dieser Stelle stellen wir einen einfachen Ansatz vor, bei dem wir in der **NoSQL-Datenbank** die Dokumententexte in aufbereiteter Form hinterlegen. Dieser einfache Ansatz erlaubt es, Textfragmente auszuwählen, in denen ganze Terme mit den Begriffen des kontrollierten Vokabulars bereits semantisch annotiert sind.

---

35 ▶ https://de.wikipedia.org/wiki/Gesundheits-_und_Krankenpfleger, letzter Aufruf 28.02.2020.

Hervorhebung über RDFa-Markup

Bei diesem einfachen Ansatz besteht die Aufbereitung darin, den Dokumententext zu tokenisieren. In der Tokenliste werden Token ggf. wieder zu Termen zusammengefasst, wenn sie eine Entität oder einen Begriff des Wissensmodells bezeichnen. Diese Terme werden mit einem zusätzlichen semantischen HTML-Markup versehen, das **RDFa**-Sprachkonstrukte verwendet, um die entsprechenden Textfragmente semantisch zu annotieren. Diese Konstrukte können einerseits dazu verwendet werden, die Darstellung der entsprechenden Textausschnitte durch CSS-Styling bei der Anzeige zu steuern, andererseits ist dieses semantische Markup zusätzlich maschinell auswertbar.

Wir erläutern dies anhand des obigen Beispiels. Der Einfachheit halber repräsentieren wir die Daten zur Erläuterung in Python, wobei *ons* den **Namensraum**-Präfix des verwendeten Wissensmodells repräsentiert.

```
doc_3 = "Die Gesundheits- und Krankenpflegerin bzw. der Gesundheits-
und Krankenpfleger ist ein reglementierter Heilberuf im deutschen
Gesundheitswesen."
```

```
doc_3_tokenized = ['Die', 'Gesundheits-', 'und', 'Krankenpflegerin',
'bzw.', 'der' 'Gesundheits-', 'und', 'Krankenpfleger', 'ist', 'ein',
'reglementierter', 'Heilberuf', 'im', 'deutschen', 'Gesundheitswe-
sen.']
```

```
doc_3_annotated = ['Die', '<span typeof="ons:Gesundheits-_und_Kran-
kenpflegekraft">Gesundheits- und Krankenpflegerin</span>', 'bzw.',
'der', '<span typeof="ons:Gesundheits-_und_Krankenpflegekraft">Gesund-
heits- und Krankenpfleger</span>', 'ist', 'ein', 'reglementierter',
'<span typeof="ons:Heilberuf">Heilberuf</span>', 'im', 'deutschen',
'<span typeof="ons:Gesundheitssystem">Gesundheitswesen.</span>']
```

Entgegen den in ▶ Kap. 2 beschriebenen Aufbereitungsmethoden, handelt es sich hierbei um eine sehr einfache Form, bei der der Dokumententext lediglich anhand von Zwischenraumzeichen (**whitespace tokenization**) tokenisiert wird. Da wir aus den Dokumenttexten lesbare Textfragmente extrahieren wollen, dürfen weder **Stoppworte** entfernt, noch die Wörter weiter normalisiert werden. Im letzten Abschnitt des Codes sind die durch HTML Span-Tags zusammengefassten Terme, die als Begriffe im Wissensmodell identifiziert werden konnten, mit dem **RDFa**-Attribute *typeof* und dem korrespondieren Begriff des Wissensmodells annotiert.[36]

---

36 In einer realen Implementierung, die RDFa korrekt benutzt, müssten noch weitere zusätzliche Deklarationen erfolgen, z. B. dass es sich um den DOCTYPE XHTML+RDFa 1.0 handelt. Zweckmäßig wäre es auch, den Namensraum des verwendeten Vokabulars und ein Präfix dafür zu deklarieren und den in den *typeof*-Attributen verwendeten Konzepten dieses Präfix voranzustellen. Details hierzu können in (Lewis & Moscovitz 09) nachgelesen werden.

Die Elemente dieser Termliste brauchen zur Darstellung lediglich auf der HTML-Seite der Suchtreffer ausgegeben werden. Zur Hervorhebung der über eine Suchanfrage gefundenen Begriffe reicht es dann aus, die folgende CSS-StyleSheet Information in die generierte Ergebnisseite zu integrieren.

```
<head>
    ...
    <style>
        [typeof='ons:Gesundheits-_und_Krankenpflegekraft'] {font-weight: bold; color:green}
    </style>
    ....
</head>
```

Diese Deklaration hebt die mit dem RDFa-Markup versehenen Terme automatisch hervor. Diese StyleSheet-Informationen können direkt aus der Anfrage abgeleitet werden. Hierzu brauchen lediglich die in der Anfrage genannten Begriffe ermittelt werden. Sollen zusätzlich auch gefundene **Unterbegriffe** oder andere **assoziierte Begriffe** hervorgehoben werden, muss lediglich das StyleSheet um die entsprechenden Deklarationen zum Hervorheben dieser Begriffe erweitert werden.[37]

Damit hätten wir zwar einen einfachen Weg, wie wir gefundene Begriffe hervorheben können, wir wissen aber immer noch nicht, welche Textfragmente aus den Dokumenten darzustellen wären. Über einen invertierten Index über den Dokumentannotationen (siehe ▶ Abschn. 5.4.2) können wir zwar leicht herausfinden, ob und wenn ja welche Dokumente semantisch zu der Anfrage passen; da wir in den Annotationen jedoch keine Positionsinformation mitführen, können wir aus ihnen auch nicht ermitteln, welche Textfragmente die gefundenen, semantisch annotierten Terme enthalten. Hierfür benötigen müssen wir daher einen positionellen invertierten Index, der uns pro Dokument genau diese Information schnell liefern kann.

Ermittlung der anzuzeigenden Textfragmente

In ▶ Abschn. 3.5 hatten wir bereits das Konzept des positionellen, invertierten Indexes eingeführt und beschrieben, wie damit der **NEAR-Operator** und der **Phrasen-Operator** realisiert werden kann, die beide Token-Positionen nutzen, um die relative Nähe von Token zu ermitteln.

Da uns für die Ermittlung der anzuzeigenden Textfragmente die Position der semantisch annotierten Terme in der aufbereiteten Termliste interessiert, benötigen wir einen **positionellen invertierten Index,** der uns für jeden Begriff des Wissensmodells und jedes Dokument die entsprechenden Positionen in der aufbereiteten Termliste liefern kann. Für das obige Beispiel ergäbe sich die folgende Struktur dieses PII. Hier als Python-Dictionary von Python-Dictionaries von Positionslisten dargestellt:

---

[37] Diese könnten z.B. in anderen Weisen hervorgehoben werden.

5.5 · Benutzerschnittstellen-Komponenten

```
{ 'Gesundheits- und Krankenpflegekraft' :
    { …
      doc_3 : [1,4]
    … }
  'Heilberuf' :
    { …
      doc_3 : [8]
    … }
  'Gesundheitssystem' :
    { …
      doc_3 : [11]
    … }
}
```

❓ Aufgabe 5.15

Gegeben seien das obige *doc_3_annotated* und der obige positionelle invertierte Index in Python. Bei einer Suche nach *Krankenschwester* wurde ermittelt, dass *doc_3* ein passender Treffer ist. Geben Sie einen Python-Einzeiler an, um für *doc_3* den anzuzeigenden Textauszug zu konstruieren, der aus den drei Termen vor und den fünf Termen nach der Fundstelle des Begriffs *Krankenschwester* an Termposition 4 besteht.

> **Tipp**
>
> Für die weitere Auswahl der anzuzeigenden Textfragmente können zusätzlich unterschiedliche Heuristiken implementiert werden, wie z. B.:
> - Wenn es mehrere Fundstellen gibt, zeige immer die Erste an.
> - Zeige alle Terme vor und hinter der Fundstelle bis zur vorausgegangenen und nächsten Nominalphrase an.
> - Zeige für jeden annotierten Suchbegriff der Anfrage ein Textfragment an.

- **Vorteile**
- Vorausberechnung semantischen Markups zur Übersetzungszeit.
- Parallelisierbare Aufbereitung der anzuzeigenden Textfragmente pro Suchtreffer zur Laufzeit.
- Automatische Hervorhebung von Fundstellen durch CSS-gesteuertes HTML Rendering.

- **Nachteile**
- Zusätzlicher Speicherbedarf für die vorbereiteten Textdokumente.
- Neuberechnung des semantischen Markups nach Änderungen im Wissensmodell notwendig.

5.5.6 Hervorheben gefundener Begriffe in Dokumenten

Während das Hervorheben von gefundenen Begriffen in Textauszügen ein erster Indikator für den Benutzer ist, um zu entscheiden, ob ein Treffer potentiell für ihn relevant ist, zeigt erst die Inspektion des Dokuments selbst, ob das Dokument den Informationsbedarf des Nutzers auch wirklich trifft.

Bei der Inspektion des Dokumentinhalts erweist es sich jedoch oft als schwierig – insbesondere wenn der Inhalt sehr umfangreich ist – die entsprechenden Fundstellen der gesuchten Begriffe im Dokument zu finden. Häufig ist man auf eine externe Suchfunktion, z. B. die eines Browsers oder eines PDF-Readers, angewiesen, um die entsprechenden Fundstellen zu finden. Dies erfordert zusätzliche Eingaben und erzeugt zusätzlichen Aufwand.

Hilfreich ist es daher, die Dokumente so anzuzeigen, dass die jeweiligen Fundstellen schnell erfasst werden können, entweder indem die gesuchten Begriffe – wie im letzten Abschnitt beschrieben – hervorgehoben werden oder die Anzeige direkt auf die Fundstellen positioniert wird. Weiteren Nutzen bietet darüber hinaus eine zusätzliche Funktion, um schnell zwischen den einzelnen Fundstellen navigieren zu können.

Während es beim Hervorheben gefundener Begriffe in Textauszügen ausreicht, den Dokumenteninhalt in einer bereits aufbereiteten Form zu speichern und anzuzeigen, müssen für das Hervorheben der Begriffe und die Navigation zwischen den Fundstellen innerhalb eines Dokuments die Originaldokumente in ihrer originären Formatierung verwendet werden.

Bei Internet-Suchmaschinen erweist sich dies, aus mehreren Gründen, als problematisch:
- Dokumente von Dritten dürfen aus urheberrechtlichen Gründen nicht ohne weiteres gespeichert, verarbeitet und verbreitet werden.
- Das Hervorheben von Begriffen im Fremd-Design eines Dokuments verändert dessen Look-and-Feel.
- Die Dokumente können sich zwischen Indexierungs- und Suchzeitpunkt – der sich bei Internet-Suchmaschinen u. U. erheblich unterscheiden kann – bereits verändert haben, wodurch die Identifikation der Fundstellen erschwert, wenn nicht sogar verhindert wird.
- Eine weitere separate Speicherung aller Dokumente kommt einer Spiegelung der Webdokumente gleich und zieht zusätzliche Kosten nach sich.
- Im Gegensatz zur Aufbereitung der Textauszüge muss die Aufbereitung der Dokumente zwischen Trefferauswahl und Anzeige erfolgen und kostet zusätzliche Bandbreite und Zeit.

Zwar existieren diese Probleme auch für eine Suchfunktion im **Intranet** oder **Extranet**, ihre Auswirkungen sind in diesem Kontext jedoch geringer:
- In Intranets sind Verletzungen von Urheberrechten nicht unbedingt nach außen sichtbar,[38] bzw. treten bei der Modifikation unternehmens-eigener Inhalte nicht auf.
- Die Veränderung des Fremd-Designs ist in der Regel unproblematisch, da es in Unternehmensanwendungen eher auf die Inhalte als auf deren anmutende Präsentation ankommt.
- Bedingt durch kleinere Dokumentenmengen können Aktualisierungen des Suchindex schneller und häufiger erfolgen.

---

[38] Was natürlich nicht heißen soll, dass diese tolerierbar sind. Dennoch gilt: wo kein Kläger, da kein Richter.

5.5 · Benutzerschnittstellen-Komponenten

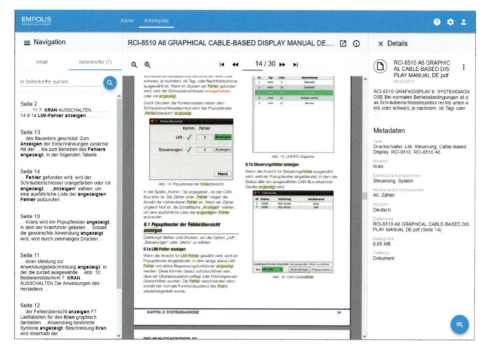

◘ **Abb. 5.31** Navigation durch die gesuchten Begriffe in einem Dokument

— Eine Spiegelung der Inhalte muss nicht zwangsläufig erfolgen, Zugriffe auf die Originaldokumente sind schneller und sicherer möglich.

Lediglich die Aufbereitung der Dokumente durch Hervorheben der Fundstellen oder durch die Integration von Sprungmarken verlangsamt bei solchen Intranet- bzw. Extranet-Suchen den Zugriff auf die Suchergebnisse.

Am Beispiel der semantischen Suche *Heavy Tools* (*Schwermaschinen*)[39] sei die Wirkungsweise dieser Navigationshilfe für ein exemplarisches Suchergebnis zur Anfrage *Kran Anzeige Fehler Modus* erläutert.

◘ Abb. 5.31 zeigt die Bildschirmdarstellung nach der Auswahl eines Suchtreffers. In der Mitte wird das Dokument angezeigt, in dem die zur Anfrage passenden Begriffe hervorgehoben (in Gelb) sind. Auf der rechten Seite finden sich Metainformationen zu dem Dokument, insbesondere die anhand des Wissensmodells automatisch ermittelte Annotation (hier unter *Metadaten*), die entsprechend der Begriffskategorien des Wissensmodells in unterschiedliche Gruppen unterteilt ist. Der für uns interessante Teil in dieser Darstellung befindet sich auf der linken Seite. Hier sind die Fundstellen der gesuchten Begriffe auf ihren jeweiligen Seiten aufgelistet. Über diese Fundstellen kann die entsprechende Seite jeweils direkt angesteuert werden. Dies erleichtert die Inspektion der gefundenen Treffer stark.

---

39 Die *Empolis Information Management GmbH* hat dankenswerterweise den Zugriff auf ihr Demonstrationssystem *Heavy Tools* ermöglicht, dem dieser Bildschirmauszug entstammt.

- **Vorteile**
  - Unterstützung der Benutzer bei der Inspektion der Suchtreffer.
  - Erleichterte Navigation zwischen den Fundstellen einzelner Suchbegriffe.
  - Vereinfachte Beurteilung der Relevanz von Suchtreffern.

- **Nachteile**
  - Ggf. spezielles Browser-Plug-In zur Darstellung der Dokumente notwendig.
  - Hervorhebung von gefundenen Begriffen in Office-, PDF-Dateien oder Dokumenten in anderen proprietären Formaten ist ebenso wie zusätzliche Navigationsunterstützung nicht einfach umsetzbar.

5.6 Weiterführende Literatur

Die in diesem Kapitel dargestellten Komponenten für eine semantische Suche entstammen größtenteils den Erfahrungen bei der Umsetzung semantischer Suchfunktionen und der Motivation, den Mehrwert semantischer Suche transparent für die Nutzer zu machen.

Zusätzliche Informationen und Beschreibungen zu diesen und weiteren Komponenten finden sich in (Schumacher et al. 2012), die neben facettiertem Browsen, semantischer Schlüsselwortsuche, Schlüsselwortsuche mit semantischer Nachverarbeitung auch Frage-Antwort-Werkzeuge und intelligente Visualisierungen als weitere Komponenten semantischer Suche beschreiben. Neben der Visualisierung der Suchergebnisse als Trefferlisten beschreiben (Horch et al. 2013) auch die Visualisierung als Graphen, in Form von Topic Maps und über geographische Karten. Auch wenn diese Darstellungen sehr ästhetisch sind, einen guten Überblick über die Gesamttreffer geben und veranschaulichen, dass semantische Suchverfahren zusätzliches Wissen verwenden, haben sich solche fortgeschrittenen Visualisierungstechniken in realen Suchanwendungen bisher kaum durchgesetzt.

Eine Übersicht über technische Komponenten, Bibliotheken und Systeme zur Umsetzung semantischer Suchfunktionen geben (Horch et al. 2013).

(Sack 2010) beschreibt unter der Überschrift „Query String Refinement" unterschiedliche Strategien, mit denen Anfrageerweiterungen vorgenommen werden können.

Grundlegende Begriffe und Unterscheidungen zum Tagging und zu Annotationen, ebenso wie Anwendungen, finden sich in (Oren et al. 2006). (Jilek et al. 2018) beschreiben zur Annotation von Dokumenten anhand von Wissensmodellen einen effizienten, auf kaskadierten Präfix-Bäumen basierenden Ansatz. Dieser Ansatz leitet aus Bezeichnungen unterschiedliche morphologische Varianten ab, die zur schnellen Erkennung in zwei Präfix-Bäumen gespeichert werden. Eine Variante dieses Verfahrens wird algorithmisch in (Hoppe et al. 2020) beschrieben.

(Bast 2013) hebt neben der Erklärung von Suchtreffern durch Hervorheben der Fundstellen in Snippets deren Berechnung als interessantes algorithmisches Problem hervor. Ihr Lösungsansatz besteht in der Erweiterung der Indexstruktur durch Erfassung der Positionen relevanter Snippets. Da dieser Ansatz aber anscheinend noch zu längeren Antwortzeiten führt, scheinen die hervorzuhebenden Positionen der annotierten Begriffe nicht vorausberechnet zu werden.

Literatur

(d'Aquin et al. 2011) "Semantic Web Search Engines", Mathieu d'Aquin, Li Ding, Enrico Motta, in: "Handbook of Semantic Web Technologies - Semantic Web Applications", John Domingue, Dieter Fensel, James A. Hendler (eds.), Volume 2, Springer-Verlag, Berlin, Heidelberg, 2011.

(Bast 2013) "Semantische Suche", Hannah Bast, Informatik Spektrum, Vol. 36/2 (2013): 136–143, Springer Verlag 2013. https://link.springer.com/article/10.1007/s00287-013-0678-z (letzter Aufruf 10.4.2020)

(Beez et al. 2015), "Semantic AutoSuggest for Electronic Health Records", Ulrich Beez, Bernhard G. Humm, Paul Walsh, in: Hamid R. Arabnia, Leonidas Deligiannidis, Quoc-Nam Tran (Hrsg.): "Proceedings of the 2015 International Conference on Computational Science and Computational Intelligence". Las Vegas, Nevada, USA, 7–9 December 2015. IEEE Conference Publishing Services 2015. ISBN 978-1-4673-9795-7/15, DOI 10.1109/CSCI.2015.85

(Ewert et al. 2000) "Verfahren zur Relevanzbewertung bei der Indexierung von Hypertext-Dokumenten mittels Suchmaschine", Marc Ewert, Thomas Hoppe, Helmut Oertel, Oliver Kai Paulus, DE000010029644, https://depatisnet.dpma.de/DepatisNet/depatisnet?action=pdf&docid=DE000010029644B4 (letzter Aufruf 10.4.2020)

(Hoppe 2013) "Semantische Filterung – Ein Werkzeug zur Steigerung der Effizienz im Wissensmanagement", Thomas Hoppe, Open Journal of Knowledge Management, Ausgabe VII/2013, http://www.community-of-knowledge.de/beitrag/semantische-filterung-ein-werkzeug-zur-steigerung-der-effizienz-im-wissensmanagement/ (letzter Aufruf 10.4.2020)

(Hoppe 2015) "Prinzip der Unwahrnehmbarkeit", Thomas Hoppe, Rubrik: Zur Diskussion gestellt, Informatik Spektrum, Band 38, Heft 5, Oktober 2015.

(Hoppe et al. 2020) "Ontology-based Entity Recognition", Thomas Hoppe, Jamal Al Qundus, Silvio Peikert, http://ceur-ws.org/Vol-2535/paper_4.pdf (letzter Aufruf: 10.4.2020), in: Adrian Paschke, Clemens Neudecker, Georg Rehm, Jamal Al Qundus, Lydia Pintscher (Hrsg.), "Proceedings of the Conference on Digital Curation Technologies (Qurator 2020)", Berlin, Germany, CEUR Workshop Proceedings (http://ceur-ws.org/Vol-2535/), 2020.

(Horch et al. 2013), "Semantische Suchsysteme für das Internet", Andrea Horch, Holger Kett, Anette Weisbecker, Fraunhofer IAO, Fraunhofer Verlag, 2013.

(Humm 2020) "Fascinating with Open Data: openArtBrowser", Bernhard G Humm, http://ceur-ws.org/Vol-2535/paper_2.pdf (letzter Aufruf: 10.4.2020), in: Adrian Paschke, Clemens Neudecker, Georg Rehm, Jamal Al Qundus, Lydia Pintscher (Hrsg.), "Proceedings of the Conference on Digital Curation Technologies (Qurator 2020)", Berlin, Germany, CEUR Workshop Proceedings (http://ceur-ws.org/Vol-2535/), 2020.

(Humm & Ossanloo 2018) "Domain-Specific Semantic Search Applications: Example SoftwareFinder", Bernhard Humm, Hesam Ossanloo, in: "Semantic Applications", Thomas Hoppe, Bernhard Humm, Anatol Reibold (Hrsg.), Springer-Vieweg, 2018.

(Jilek et al. 2018) "Inflection-Tolerant Ontology-Based Named Entity Recognition for Real-Time Applications", Christian Jilek, Markus Schröder, Rudolf Novik, Sven Schwarz, Heiko Maus, Andreas Dengel, 2nd Conference on Language, Data and Knowledge (LDK 2019), OpenAccess Series in Informatics (OASIcs), Vol. 70, pp. 11:1–11:14 https://arxiv.org/abs/1812.02119 (letzter Aufruf 10.4.2020)

(Jonquet et al. 2009) "The Open Biomedical Annotator", Clement Jonquet, Nigam H. Shah, Mark A. Musen, https://www.researchgate.net/publication/49967845_The_Open_Biomedical_Annotator (letzter Aufruf 10.4.2020)

(Jonquet et al. 2009) "NCBO Annotator: Semantic Annotation of Biomedical Data", Clement Jonquet, Nigam H. Shah, Cherie H. Youn, Mark A. Musen, Chris Callendar, Margaret-Anne Storey, 8th International Semantic Web Conference (ISWC 2009) Posters and Demonstrations, October 25-29 2009, Washington DC, USA, https://www.researchgate.net/publication/228837476_NCBO_Annotator_Semantic_Annotation_of_Biomedical_Data (letzter Aufruf 10.4.2020)

(Kleb 2012) "Ontologie-basierte Monoseminierung", Joachim Kleb, Dissertation, Fakultät für Wirtschaftswissensschaften, Karlsruher Institut für Technologie, KIT, Scientific Publishing, 2012, https://pdfs.semanticscholar.org/4ed5/fedd3c1987ec608266c9a8117622f5b11b36.pdf und https://books.google.de/books?isbn=3866449585 (letzter Aufruf 10.4.2020)

(Koehn & Knight 2003) "Empirical Methods for Compound Splitting", Philipp Koehn, Kevin Knight, Proceedings of the 10th Conference of the European Chapter of the Association for Computational

Linguistics, Budapest, Hungary, 2003. https://www.aclweb.org/anthology/E03-1076.pdf (letzter Aufruf 10.4.2020)

(Mendes et al. 2011) "DBpedia Spotlight: Shedding Light on the Web of Documents, Pablo N. Mendes, Max Jakob, Andrés García-Silva, Christian Bizer, I-SEMANTICS 2011, 7th International Conference on Semantic Systems, Sept. 7-9, 2011,Graz, Austria, https://www.dbpedia-spotlight.org/docs/spotlight.pdf (letzter Aufruf 10.4.2020)

(Mihalcea & Tarau 2004) "TextRank:Bringing Order into Texts", Rada Mihalcea, Paul Tarau, Proceedings of the 2004 Conference on Empirical Methods in Natural Language Processing, p.404–411, Barcelona, Spain, 2004, https://web.eecs.umich.edu/~mihalcea/papers/mihalcea.emnlp04.pdf (letzter Aufruf 10.4.2020)

(Oren et al. 2006) "What are Semantic Annotations?" Eyal Oren, Knud Hinnerk Möller, Simon Scerri, Siegfried Handschuh, Michael Sintek, http://www.siegfried-handschuh.net/pub/2006/whatissemannot2006.pdf (letzter Aufruf 10.4.2020)

(Sack 2010) "Semantische Suche - Theorie und Praxis am Beispiel der Videosuchmaschine yovisto.com", Harald Sack, in: U. Hentgartner, A. Meier (Hrsg.): Web 3.0 & Semantic Web, HMD - Praxis der Wirtschaftsinformatik, Nr. 271, dpunkt Verlag. Heidelberg, 2010, pp. 13–25, https://hpi.de/fileadmin/user_upload/fachgebiete/meinel/papers/Web_3.0/2010_Sack_HMD.pdf (letzter Aufruf 10.4.2020)

(Schumacher et al. 2012) "Semantische Suche", Kinga Schumacher, Björn Forcher, Thanh Tran, in: "Semantische Technologien", Andreas Dengel (Hrsg.), Spektrum Akademischer Verlag Heidelberg, 2012.

Konstruktionsprinzipien semantischer Suchverfahren

Inhaltsverzeichnis

6.1 Definitionsansätze – 202

6.2 Abgrenzung – 203
6.2.1 Abgrenzung nach anderen Kriterien – 206
6.2.2 Weitere Unterscheidungskriterien – 207

6.3 Referenz-Architektur semantischer Anwendungen – 207

6.4 Semantische Suche – 209
6.4.1 Semantische Suche durch Anfrageerweiterung – 209
6.4.2 Semantische Suche in Dokumentströmen – 212
6.4.3 Semantische Suche über Annotationen – 213
6.4.4 Hybride Semantische Suche über Annotationen und Volltext – 224

6.5 Weiterführende Literatur – 226

Literatur – 227

© Springer Fachmedien Wiesbaden GmbH, ein Teil von Springer Nature 2020
T. Hoppe, *Semantische Suche*, https://doi.org/10.1007/978-3-658-30427-0_6

Bereits im Vorwort hatten wir gesehen, dass der Begriff **Semantische Suche** oft missverständlich im Kontext von **SEO** verwendet wird. Ebenso haben wir dort bereits dargestellt, dass der Begriff sehr unterschiedlich interpretiert wird und darunter neben der Suche nach „inhaltlich ähnlichen" Begriffen auch Verfahren verstanden werden, die mehrdeutige Suchanfragen disambiguieren, Schlüsse aus angefragten Begriffen ziehen, Fragen beantworten, natürlich-sprachlich gestellte Anfragen „verstehen" oder **SPARQL**-Anfragen verarbeiten.

In der Einleitung haben wir dann informell dargestellt, dass das Ziel semantischer Suche die Verbesserung der Suchergebnisse ist, indem Wissen aus einem expliziten semantischen Modell eines Anwendungsbereichs im Suchprozess genutzt wird. Hierzu haben wir in den folgenden Kapiteln Techniken der Verarbeitung natürlicher Sprache, des Information Retrievals und der Wissensrepräsentation beschrieben. Dabei haben wir immer mal wieder Beispiele gezeigt, wie diese Techniken helfen, dieses Ziel zu erreichen. Im vorangegangenen Kapitel haben wir unterschiedliche Komponenten semantischer Suchverfahren kennengelernt, die von Verfahren zur Aufbereitung der Texte, über die Unterstützung von Benutzern bei der Formulierung ihres Informationsbedarfs, der schnellen Suche über Textannotationen bis hin zur Nutzung von Wissensmodellen zur Darstellung der Suchergebnisse reichen.

Es wird Zeit, den Begriff **Semantische Suche** genauer zu definieren. Ausgehend von einigen Definitions- und Klassifikationsansätzen werden wir den Begriff *Semantische Suche* in Beziehung setzen zu anderen, verwandten Methoden des **Information Retrievals**. Für den Bereich der **semantischen Suche von Textdokumenten** werden wir in diesem Kapitel darüber hinaus unterschiedliche Konstruktionsprinzipien kennen und beurteilen lernen.

6.1 Definitionsansätze

(Bast et al. 2016) definieren semantische Suche kurz und bündig als „*search with meaning*". Konkreter wird die Definition in (Schumacher et al. 2012; Schumacher 2017). Ausgehend von der allgemeinen Formulierung „*Suchmaschinen, die mehr als eine syntaktische Suche nach einer Zeichenkette durchführen*", wird dort semantische Suche als „*ein Suchprozess, in dem in einer beliebigen Phase der Suche formale Semantiken verwendet werden*", definiert.

Unter **formaler Semantik** wird in der Logik, Informatik und Linguistik die Erfassung der exakten Bedeutung natürlicher und künstlicher Sprachen verstanden. (Kindermann 2016) definiert diesen Begriff zusammenfassend als „*Erforschung sprachlicher Bedeutung mit mathematisch-logischen Mitteln*". In diesem Sinn verwenden auch (Schumacher et al. 2012; Schumacher 2017) diesen Begriff, wie an anderer Stelle in (Dengel et al. 2012, S. 9) durch die Formulierung „*Wissensrepräsentationssprache mit formaler Semantik*" deutlich wird.

Wissensrepräsentationssprachen mit einer formalen Semantik sind zwar für die korrekte, maschinelle Wissensverarbeitung unerlässlich. Wie wir jedoch bereits in der Einleitung gesehen haben, möchten wir auch Nutzer mit ihrem – teilweise unscharfen – Sprachgebrauch bei der Suche unterstützen. Eine Beschränkung der Definition des Begriffs *Semantische Suche* auf ein rein technisches Argument, dass der verwendete Wissensrepräsentationsformalismus formal sauber definiert sein sollte, greift daher etwas zu kurz.

Die Definition von (Kindermann 2016) impliziert zwar auch die Verwendung *unscharfer* Wissensrepräsentationsformalismen, für deren Sprachkonstrukte und Verknüpfungsregeln eine formale Semantik angegeben werden kann. Suchverfahren jedoch, die Klassifikationshierarchien, Thesauri oder allgemeine Graphen verwenden, um die Bedeutung von Begriffen zu repräsentieren und für deren Sprachkonstrukte keine – oder wenn überhaupt nur eine *schwache*, eher informelle – Semantik angegeben werden kann, wären nach (Schumacher et al. 2012) daher als nicht-semantisch einzuordnen.

Wir sind an einer umfassenderen Interpretation des Begriffs **Semantische Suche** interessiert, einer Interpretation, die neben formaler Wissensrepräsentation auch das in allgemeinen Graphen erfasste sprachliche Wissen nutzen kann, selbst wenn dieses logisch inkonsistent und inkorrekt ist. Darüber hinaus sollte der Begriff *Semantische Suche* auch offen für alternative Ansätze zur Repräsentation der Bedeutung von Begriffen sein und nicht nur über die Eigenschaften des verwendeten Wissensrepräsentationsformalismus definiert werden.

In Analogie zu (Schumacher et al. 2012) führen wir daher den Begriff **Konzeptuelle Suche** in einem erweiterten Sinn ein als *wissensbasierten Suchprozess, in dem in einer beliebigen Phase der Suche explizites Hintergrundwissen genutzt wird*. Und verwenden den Begriff **Semantische Suche** im Sinne einer *konzeptuellen Suche über Textdokumenten*.[1]

Das Hintergrundwissen wird hierbei dazu verwendet, um die Bedeutung von Termen, deren Semantik, zu definieren – wie auch immer die Terme repräsentiert werden.[2] Diese Definition erscheint angemessen, um Ansätze auf der Basis formaler Wissensrepräsentationssprachen, informeller Wissensstrukturen als auch neuerer Ansätze zur Repräsentation von Bedeutung zu subsumieren, solange dieses Hintergrundwissen explizit repräsentiert und vom Suchalgorithmus getrennt wird. Eine Abgrenzung zu reinen Retrieval-Verfahren oder Verfahren, deren Suchraum *Wissensmodelle* selbst sind, ist hiermit jedoch noch nicht möglich. Eine solche Abgrenzung und damit Einordnung semantischer Suche werden wir im Folgenden auf der Basis der Unterscheidung zwischen **Retrieval** und **Suche** vornehmen.

6.2 Abgrenzung

Wir betrachten in diesem Buch semantische Suche über textuellen Dokumenten. Insofern ignorieren wir den Einsatz semantischer Suche zum Retrieval von audiovisuellen Dokumenten, wie Bildern, Videos, Sprache, Musik, Geräuschen oder anderen Formaten, wie z. B. Wissensmodellen. Wie Eingangs beschrieben, gehen wir davon aus, dass diese Medien, um textuell in Form von Anfragen suchbar zu sein, durch textuelle **Annotationen** beschrieben werden.

---

1 Von (Tran und Mika 2012) als „concept-based document retrieval" bezeichnet.
2 Auch wenn man argumentieren mag, ob sich die Bedeutung eines Begriffs, seine Semantik, überhaupt repräsentieren und damit speichern und verarbeiten lässt, stellen wir uns auf einen, dem Linguisten John Rupert Firth (1890–1960) vergleichbaren Standpunkt: *Die Semantik von repräsentierten Termen ergibt sich aus dem Kontext, in dem sie repräsentiert sind.* Oder um es in Anlehnung an Ludwig Wittgenstein zu formulieren: *Die Bedeutung eines Terms ergibt sich aus seinem Gebrauch.*

Eine der wesentlichsten – nicht unbedingt explizit gemachten – Unterscheidungen im Bereich des **Information Retrievals** betrifft den Grad der Genauigkeit, mit dem ein Nutzer seinen Informationsbedarf ausdrücken muss. Information-Retrieval-Verfahren umfassen einerseits Verfahren, bei denen Nutzer ihren Informationsbedarf exakt spezifizieren müssen, und andererseits Verfahren, bei denen dieser Bedarf eher vage umschrieben wird. Zur ersten Gruppe zählen Verfahren, bei denen der Informationsbedarf sehr präzise in einer formalen Sprache (in der Regel einem SQL-Derivat) spezifiziert werden muss, wie z. B. beim Datenbank-Retrieval. Die Ergebnisse dieser Verfahren erfüllen die Spezifikation des Informationsbedarfs exakt und können in der Regel nur anhand einfacher Ordnungskriterien sortiert werden. Zur zweiten Gruppe sind Verfahren zu rechnen, wie z. B. Volltextsuchen, bei denen der Informationsbedarf in Form einfacher Stichworte oder deren aussagenlogischer Verknüpfungen formuliert wird. Die Treffer dieser Verfahren erfüllen die Anfragen zwar auch, in der Regel aber wird mit ihnen der Informationsbedarf des Benutzers nicht genau getroffen, so dass die Treffer nach der vermuteten Passgenauigkeit (oder auch Relevanz) anhand komplexerer Berechnungen über den Informationsinhalten sortiert werden.

Diese Unterscheidung ziehen wir als ein erstes Unterscheidungskriterium heran (siehe ◘ Abb. 6.1), um zwischen *Retrieval-* und *Suchverfahren* zu unterscheiden. **Retrieval-Verfahren** zielen in erster Linie darauf ab, Informationen zu liefern, die eine Anfrage *exakt erfüllen*, ohne hierbei jedoch den Genauigkeitsgrad zu berücksichtigen, mit denen die Informationen der Anfrage genügen. Geschweige denn, dass sie die Ergebnisse nach diesem Grad sortieren. **Suchverfahren** hingegen gehen von der Annahme aus, dass das Informationsbedürfnis des Benutzers durch die Anfrage nicht genau spezifiziert wird. Durch diese Vagheit der Anfragen, müssen sie den Genauigkeitsgrad, zu dem ein Ergebnis auf die Anfrage passt, ermitteln und zwischen besser und schlechter passenden Ergebnissen unterscheiden.

◘ Abb. 6.1 stellt diese Unterscheidung in den Vordergrund. Wie auch in der Abbildung im Vorwort heben wir die in diesem Buch behandelten Verfahren in Blau

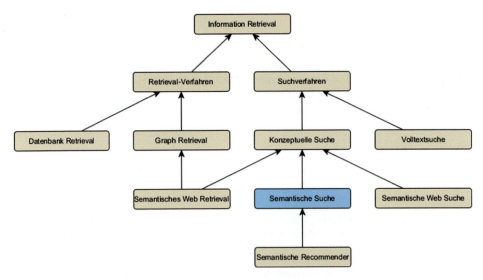

◘ **Abb. 6.1** Verfeinerte Klassifikation unterschiedlicher Information-Retrieval-Ansätze

6.2 · Abgrenzung

(resp. dunkel) hervor. Im Gegensatz zu der initialen Abbildung haben wir jedoch ein paar Modifikationen an der Klassifikation vorgenommen. Einerseits haben wir einen weiteren Knoten **Konzeptuelle Suche** (engl. **conceptual search**)[3] hinzugefügt und darunter neben **Semantische Suche** auch **Semantisches Web Retrieval** und **Semantische Web Suche** eingeordnet.

Zu den klassischen Retrieval-Verfahren zählen **Datenbank-Retrieval** und **Graph-Retrieval**, deren Hauptunterschied die zur Speicherung verwendeten Datenstrukturen (Tabellen vs. Graphen) und deren Schema-Behaftung bzw. Schema-Freiheit sind.[4] **Semantisches Web Retrieval**, welches auf RDF-Graphen mit Hilfe von SPARQL-Anfragen erfolgt, ist eine spezielle Form von Graph-Retrieval.

Während **Volltextsuche** rein lexikographische und statistische Methoden verwendet, nutzt **Konzeptuelle Suche** Wissensmodelle, um die hinter den Bezeichnungen stehenden Begriffe in die Suche mit einzubeziehen. Da **Semantisches Web Retrieval** auf explizit in Wissensmodellen repräsentiertem Wissen aufsetzt, kann es als eine Form konzeptueller Suche aufgefasst werden, insbesondere dann, wenn dabei zusätzliche **Inferenzen** (logische Schlüsse) durchgeführt werden, die zu Ergebnissen führen, die von Benutzern nicht exakt spezifiziert wurden.

Die konzeptuellen Suchverfahren können anhand ihrer Suchräume unterschieden werden in:

- **Semantisches Web Retrieval**, dessen Suchraum ein Wissensmodell ist,
- **Semantische Web Suche**, dessen Suchraum die Menge aller Wissensmodelle des **Semantic Web** ist, ggf. unter Nutzung von Meta-Informationen aus den Wissensmodellen selber (vgl. d'Aquin et al. 2011), und
- **Semantische Suche** im Sinne der obigen Definition als konzeptuelle Suche über Textdokumenten.

Semantisches Web Retrieval, **Semantische Web Suche** und die **Semantische Suche** stellen bisher die zentralen Formen konzeptueller Suche dar, die im Wesentlichen auf der symbolischen Repräsentation der Bedeutung von Begriffen durch formale Wissensmodelle basieren.

Semantische Recommender Systeme hingegen erweitern symbolische semantische Suche in dem Sinn, dass sie nicht nur einfache Anfragen verwenden, um passende Dokumente zu finden, sondern komplette Dokumente. Hierbei werden die Annotationen eines Dokuments zur Beschreibung des Informationsbedarfs eines Nutzers herangezogen, um inhaltlich ähnliche Dokumente zu ermitteln. Die Ähnlichkeit von Dokumenten wird hierbei anhand der Ähnlichkeit der Annotationen der Dokumente beurteilt.[5]

---

[3] Diese aus dem Englischen übertragene Bezeichnung hebt stärker hervor, dass bei dieser Form der Suche die Begriffe hinter den Bezeichnungen im Vordergrund stehen. Im Kontext dieses Buchs entspricht diese Bezeichnung dem „concept-based document retrieval" von (Tran und Mika 2012).

[4] Korrekterweise müssten Datenbanken und damit das Retrieval an dieser Stelle in relationale Datenbanken und NoSQL-Datenbanken unterschieden werden. Das Graph-Retrieval wiederum müsste unter das Retrieval aus schema-freien NoSQL-Datenbanken subsumiert werden.

[5] Prinzipiell können hierzu auch zusätzliche, nutzungsspezifische Faktoren, wie in ▶ Abschn. 3.6 skizziert, herangezogen werden, wie Empfehlungen anderer Nutzer, Gewichtung anhand der Nutzungshäufigkeit durch aller Nutzer, etc.

6.2.1 Abgrenzung nach anderen Kriterien

(Schumacher et al. 2012) stellen eine Kategorisierung semantischer Suche vor, die sich an Aspekten der Gestaltung von Benutzeroberflächen orientiert, z. B. ob Benutzer eine formularbasierte Eingabe, RDF-basierte Anfragesprachen (vgl. ▶ Abschn. 4.3.7) oder facettiertes Browsen nutzen (vgl. ▶ Abschn. 5.5.2 und 5.5.3), eine semantische Nachverarbeitung (vgl. ▶ Abschn. 5.1.3.2), Frage-Antwort Systeme, eine intelligente Visualisierung oder eine semantik-basierte Schlüsselwortsuche nutzen. Offensichtlich ist diese Unterscheidung weniger gut geeignet, die internen Konstruktionsprinzipien von Suchfunktionen zu beschreiben. Geschweige denn, dass sich mit dieser Unterscheidung deren Vor- und Nachteile beschreiben ließen.

(Schumacher et al. 2012) betrachten auch natürlichsprachliche Frage-Antwort-Systeme (Question-Answering) als semantische Suche. Da diese Verfahren sich jedoch lediglich durch die Form der Benutzereingaben, deren linguistischer Analyse und Abbildung auf eine formale Anfrage – und ggf. die natürlichsprachige Reformulierung der Retrieval- bzw. Suchergebnisse – auszeichnen, sehen wir diese Systeme eher unter dem Aspekt einer alternativen Benutzeroberfläche.

(Bast et al. 2016) klassifizieren semantische Suche anhand einer durch das Suchmuster und die durchsuchten Daten definierten Matrix. Anhand der Einordnung einiger der in ◘ Abb. 6.1 verwendeten Konzepte zur Klassifikation unterschiedlicher Verfahren wird ersichtlich, dass das Suchmuster (in den Spalten) und die durchsuchten Daten (in den Zeilen) lediglich für eine oberflächliche Unterscheidung von Verfahren ausreichen (siehe ◘ Tab. 6.1).

(Tran und Mika 2012) unterscheiden fünf unterschiedliche Ansätze zur semantischen Suche: konzept-basiertes Dokument-Retrieval, annotations-basiertes Dokument-Retrieval, Entitäten Suche, relationale Schlüsselwortsuche und relationale natürlichsprachliche Suche. Diese Unterscheidung basiert im wesentlichen auf den Informationsbedürfnissen und den bei der Suche verwendeten Datenartefakten. Die in diesem Buch vorgestellten Architekturen fallen hierbei in die Klassen: konzept-basiertes und annotations-basiertes Dokument-Retrieval.

◘ **Tab. 6.1** Einordnung von Retrieval- und Suchverfahren in das Klassifikationsschema von (Bast et al. 2016)

	Keyword Search	Structured Search	Natural Language Search
Text	Volltextsuche, Semantische Suche		
Knowledge Bases	Semantische Web Suche	Graph-Retrieval, Semantisches Web Retrieval, Semantische Web Suche	
Combined Text & Knowledge Bases			

6.2.2 Weitere Unterscheidungskriterien

Ein weiteres für wissensbasierte Verfahren wesentliches Unterscheidungskriterium betrifft die Art und Weise, wie mit **Inferenzen** umgegangen wird. Genauer, zu welchem Zeitpunkt Schlussfolgerungen aus dem Hintergrundwissen und den Dokumenten bzw. Daten gezogen werden. Inferenzen können zur **Laufzeit (run-time)** oder vorab zur **Übersetzungszeit (compile-time)** von Hintergrundwissen in interne Datenstrukturen gezogen werden.

Laufzeit-Inferenzen sind flexibler, da sie die Dokumente und Daten nahezu unbegrenzt mit dem Wissensmodell verknüpfen können. Daraus abgeleitete neue Daten können erneut mit dem Wissensmodell verknüpft werden, usw. Was an zusätzlichen Daten mit diesen Inferenzen ableitbar ist, wird im Wesentlichen durch die Ausdrucksstärke des verwendeten Wissensrepräsentationsformalismus bestimmt. Diese bestimmt ebenfalls die Komplexität der Inferenzen und damit die für die Ableitungen benötigte Zeit. Schlimmstenfalls terminieren diese Ableitungen nicht, im nicht ganz so schlimmen Fall dauern sie exponentiell lange und im besseren Fall sind sie nur von polynomieller Dauer. In jedem Fall aber verzögern sie die Antwortzeit eines wissensbasierten Systems durch die benötigte Ausführungszeit der Inferenzen.

Inferenzen zur Übersetzungszeit hingegen stehen lediglich die Informationen des Wissensmodells und eventuell einige von den Entwicklern fest-kodierte Annahmen zur Verfügung, um vorab einmalig einige der aus dem Modell und den Annahmen ableitbaren zusätzlichen Informationen zu ermitteln. Der Wissensrepräsentationsformalismus und die Annahmen bestimmen hierbei was zur Inferenzzeit ableitbar ist und was nicht. Da diese Inferenzen jedoch vor der Nutzung des Systems erfolgen, kann für sie eine fast beliebig lange Zeit geplant und reserviert werden.

Auch wenn die zur Übersetzungszeit ermittelten Informationen unvollständig sind, sind mit ihnen die für eine Suchfunktion benutzerseitig erwarteten, kurzen Antwortzeiten realisierbar – entsprechend schnelle Zugriffsfunktionen vorausgesetzt.

6.3 Referenz-Architektur semantischer Anwendungen

mit Bernhard G. Humm

◨ Abb. 6.2 stellt eine am *SoftwareFinder* (Humm und Ossanloo 2018) orientierte Übersicht über ein für **semantische Anwendungen** typische Software-Architektur dar. Wie auch konventionelle Webanwendungen, folgen semantische Anwendungen und insbesondere auch **Konzeptuelle Suche** oft einer klassischen **Drei-Schichten-Architektur (three tier architecture)**.[6]

Eine Webanwendung (Präsentation) greift online auf einen Server zu, der die semantische Anwendungslogik und eine Datenhaltungsschicht (interne Datenspeicher) umfasst. Ein **Web-Crawler** besucht öffentlich zugreifbare Webseiten im Offline- bzw. Batch-Betrieb und speichert deren Inhalte, wie z. B. HTML-Seiten, XML-, CSV- oder RDF-Dateien. Im nachfolgenden Schritt, als **semantisches ETL** (Extrak-

---

6 Konzeptionell entspricht die Drei-Schichten-Architektur der Architektur von (◨ Abb. 2.18 in Schumacher 2017).

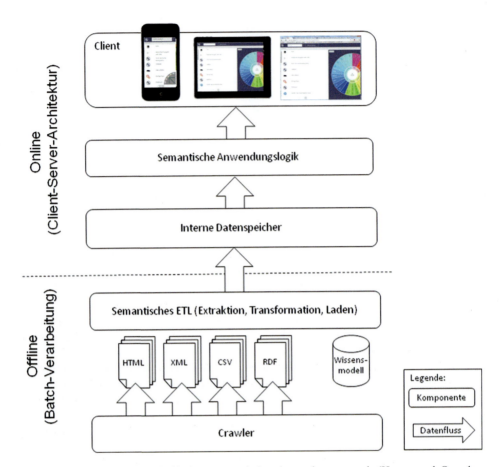

● **Abb. 6.2** Drei-Schichten-Architektur semantischer Anwendungen, nach (Humm und Ossanloo 2018)

tion, Transformation, Laden) bezeichnet, wird schrittweise Information aus diesen Inhalten extrahiert, mit dem Hintergrundwissen eines **Wissensmodells** verknüpft – und so semantisch vorverarbeitet – in ein einheitliches Format transformiert und in die internen Datenspeicher geladen.

In die semantische Vorverarbeitung fließt hierbei das kontrollierte Vokabular des Wissensmodells ein, zur:

- Vereinheitlichungen von Bezeichnungen, z. B. *Frischbackstube, Frisch-Backstube, Frisch Back Stube,*
- Abbildung von Akronymen und Abkürzungen (falls vorhanden) auf das kontrollierte Vokabular, z. B. *XML* auf *Extensible Markup Language, RDF* auf *Resource Description Framework,*
- Abbildung von **Synonymen** auf das kontrollierte Vokabular, z. B. *Flaschner, Spengler,* und *Klempner,* oder *Stellenmarkt, Jobbörse* und *Stellenbörse,*
- Identifikation von Beziehungen zwischen Begriffen, z. B. **Oberbegriffen, Unterbegriffen, assoziierten Begriffen** oder anderen anwendungsspezifischen Beziehungen zwischen Konzepten oder Instanzen, und

- ggf. zur Einordnung von Begriffen in **Begriffskategorien**, z. B. *Symptom, Erkrankung, Körperteil, Behandlung, Medikament, Wirkstoff.*

6.4 Semantische Suche

Bezogen auf die Referenz-Architektur semantischer Anwendungen in ◘ Abb. 6.2 stellen wir im Folgenden vier unterschiedliche Umsetzungsmöglichkeiten der Anwendungslogik semantischer Suchfunktionen dar, die in unterschiedlichen Kontexten und auf der Basis unterschiedlicher Technologien realisiert werden können.

6.4.1 Semantische Suche durch Anfrageerweiterung

Die einfachste Form, eine semantische Suche zu realisieren, besteht darin, Anfragen an eine konventionelle Suchfunktion zur **Laufzeit** durch zusätzliche Terme anzureichern.[7] Eine konventionelle Suchfunktion, wie z. B. *Lucene, Solr, ElasticSearch* oder die *Microsoft Sharepoint* eigene *FAST Search*, übernimmt bei dieser Architektur sowohl die Aufbereitung und Indexierung von Volltextdokumenten durch gängige Methoden des Information Retrievals, als auch die Verarbeitung der Suchanfragen und die Ergebnisaufbereitung.

Diese in ◘ Abb. 6.3 dargestellte Architektur ist prinzipiell einfach umzusetzen und macht sich alle Vorteile von ausgereiften Volltextsuchfunktionen zunutze, wie:
- **Stabilität** durch langjährige Entwicklung, Test und praktische Erfahrungen des Herstellers,
- **Geschwindigkeit** durch Nutzung optimierter Information-Retrieval-Methoden (siehe Manning et al. 2009),
- **Haftung** im Fall kommerzieller Suchfunktionen durch den Hersteller, und
- **Support** durch den Hersteller kommerzieller Lösungen oder die Entwickler-Community im Fall von Open-Source Lösungen.

Die Semantik wird hierbei lediglich durch die **Anfrageerweiterung** (siehe ▶ Abschn. 5.1.2) mit all den Einschränkungen, Vor- und Nachteilen dieser Komponente eingebracht. Anfrageerweiterungen anhand des Hintergrundwissens bestehen entweder aus der disjunktiven Erweiterung mit **Synonymen**, spezielleren **Unterbegriffen** oder eventuell Geschwisterbegriffen und der konjunktiven Verknüpfung von **assoziierten Begriffen**, sofern diese aus dem Hintergrundwissen sicher ableitbar sind.

Der Umfang der hinzugefügten Synonyme, die Tiefe und der Umfang der berücksichtigten Unterbegriffe und die Anzahl und Art der assoziierten Begriffe ist zwar steuerbar, wie wir bereits in ▶ Abschn. 5.1.2 gesehen haben, begrenzt aber durch die Beschränkungen der verwendeten Volltextsuche, und es ist die Frage, wie viele dieser zusätzlichen Begriffe berücksichtigt werden können.

---

7 In gewisser Weise könnte eine rein linguistische Expansion von Anfragen zwar auch als eine eingeschränkte Form semantischer Anfrageerweiterung betrachtet werden (wie z. B. in ▶ www.cis.uni-muenchen.de/kurse/pmaier/LS_01/Stemming_und_Lemmatisierung.ppt dargestellt). Da diese jedoch nur rein linguistisches Wissen und Methoden nutzt und ohne explizites Wissen eines Anwendungsbereichs arbeitet, klammern wir diese Form von der Betrachtung aus.

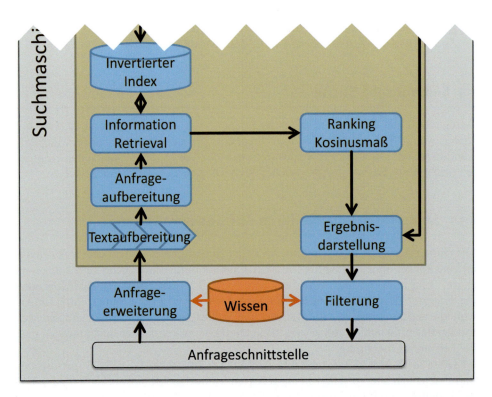

◘ Abb. 6.3 Semantische Anfrageerweiterung auf Basis einer Volltextsuchmaschine (vgl. ◘ Abb. 3.17)

> ▶ **Praxisbeispiel**
>
> Für die bereits oben beschriebene Suchfunktion *Findus* (siehe ▶ Abschn. 5.5.3) wurde eine Anfrageerweiterung auf der Basis einer in F-Logic formalisierten Ontologie realisiert. Diese F-Logic-basierte Lösung zeichnete sich zusätzlich dadurch aus, dass auf Basis von logischen **Regeln** – eine spezielle Art von Horn-Formeln – zusätzliche Anfragebegriffe aus der Ontologie abgeleitet wurden. Die Suchfunktion nutzte als Volltextsuchmaschine *Arexera*.[8]
>
> Bei dieser Lösung stellten wir zum ersten Mal fest, dass die Anzahl der von einer Volltextsuchmaschine verarbeitbaren Anfragebegriffe beschränkt ist. Darüber hinaus erfolgte die Ableitung der zusätzlichen Anfragebegriffe zum Anfragezeitpunkt, wodurch sich die Antwortzeiten verlängerten. ◄

Nicht unproblematisch bei diesem Ansatz ist die Anpassung der Funktionen zur Dokumenten- und Anfrageaufbereitung. Zwar stellen konventionelle Volltextsuchmaschinen bereits standardmäßig für unterschiedliche Sprachen die gängigsten Methoden zur Dokumenten- und Anfrageaufbereitung bereit, wie Stoppwortentfernung (▶ Abschn. 2.12), Stemming (▶ Abschn. 2.13.2), Normalisierung (▶ Abschn. 2.14), Synonymwörterbücher oder -listen (▶ Abschn. 4.2.1) und Schreibfehlererkennung und -korrektur in Anfragen (▶ Abschn. 2.5). Hierbei handelt es sich jedoch um gene-

---

8   Da es sich hierbei um eine historische Suchmaschine handelt, existieren hierzu nur noch rudimentäre Informationen: ▶ http://www.searchtools.com/tools/arexera.html, letzter Aufruf 18.03.2020.

rische Funktionen, die in jedem Anwendungsbereich nutzbar sind und die spezifischen Bezeichnungen spezieller Anwendungsbereiche nicht unbedingt berücksichtigen.

Spezialisierte Verfahren zur Dokumentenaufbereitung, wie die anwendungsbereichsabhängige Tokenisierung von Fachbezeichnungen – z. B. *chemischen Verbindungen, Produktbezeichnungen, IDs, Artikelnummern* etc.- (▶ Abschn. 2.2), die automatisierte Gleichsetzung von Nominalkomposita und Nominalphrasen (▶ Abschn. 2.4), die Identifikation zusammengesetzter Phrasen (▶ Abschn. 2.7) oder die Lemmatisierung (▶ Abschn. 2.13.1) – können durch programmatische Erweiterung von Open-Source-Suchfunktionen integriert werden. Kommerzielle Suchfunktionen erfordern jedoch die Einbeziehung des Herstellers, sofern dieser durch entsprechende Schnittstellen nicht bereits für Anpassungen vorgesorgt hat.

Suche und Relevanzbewertung ebenso wie die Aufbereitung der Ergebnisausgabe basieren auf den Mechanismen der zugrundeliegenden Volltextsuchmaschine, diese sind wiederum nur bei Open-Source-Lösungen modifizierbar. Kommerzielle Suchfunktionen hingegen stellen, wenn überhaupt, konfigurierbare, vorgefertigte Bewertungsmodelle zur Auswahl bereit oder wären wiederum durch den Anbieter anzupassen.

Disambiguierung in Anwendungsbereichen, in denen dies erforderlich ist, ist ebenso wie eine Treffergewichtung und Sortierung der Treffer anhand von Begriffsähnlichkeiten aus dem Wissensmodell nur nachträglich und damit zu Lasten der Antwortzeiten möglich.

- **Vorteile**
- Einsatz und Nutzung erprobter, ausgereifter Suchmaschinentechnologie.
- An beliebige Volltextsuchfunktionen einfach anpassbar.
- Einfache nachträgliche Erweiterung bestehender Suchfunktionen, da deren Index nicht verändert bzw. neu erstellt werden muss.
- Einfache Nutzung des Hintergrundwissens zur Erhöhung der Trefferzahl.
- Umgang mit Synonymwörterbüchern oder -listen teilweise in Standardsuchmaschinen bereits vorgesehen.

- **Nachteile**
- Anfrageerweiterung muss an die Syntax der Anfragesprache der Suchmaschine angepasst werden.
- Einschränkungen der konventionellen Suchfunktion bzgl. des Umfangs von Suchanfragen führen ggf. zu einer gewissen Willkürlichkeit der Ergebnisse.
- Disjunktive Anfrageerweiterungen können – je nach Hintergrundwissen – zu Performanz-Verlusten hinsichtlich Antwortzeit und Genauigkeit führen.
- Unvorhersehbare Auswirkungen der Anfrageerweiterungen auf die vorgegebene Rankingfunktion.
- Wissensmodell nur durch zusätzliche Nachverarbeitung der Suchtreffer zur Beeinflussung des Rankings nutzbar.
- Anfrageerweiterung und nachträgliche Trefferaufbereitung verlängern die Antwortzeiten.

6.4.2 Semantische Suche in Dokumentströmen

In der Regel stellt man sich unter einer semantischen Suche eine Suchfunktion vor, die über einem **Korpus** arbeitet, der relativ statisch ist. In der Regel werden Dokumente eher zum Korpus hinzugefügt als aus ihm entfernt. Dokumente im Korpus haben daher eher eine lange, mitunter auch unbegrenzte Lebensdauer.

In Anwendungsbereichen, in denen Dokumente nur eine begrenzte Lebensdauer besitzen oder in denen das Interesse an den Inhalten schnell schwindet, wie z. B. bei den kurzlebigen Inhalten von Sozialen Medien, wie *Twitter*, *FaceBook*, im Kontext aktueller Nachrichten oder bei Kleinanzeigen, wie *Stellen-*, *Wohnungs-* oder *Gebrauchtwagenanzeigen*, ist der Nutzer hingegen eher an möglichst aktuellen und zeitnahen Informationen interessiert. Der Dokumentenkorpus ist dynamischer und kurzlebiger und die schnelle Benachrichtigung über die neuesten Informationen steht im Vordergrund. Je nach Anwendungsbereich kann unter zeitnah hier eine Auflösung von wöchentlichen, täglichen, stündlichen oder viertelstündlichen[9] Intervallen verstanden werden.

Natürlich könnte man die Dokumente, die zur **Laufzeit** in einem solchen Zeitintervall auftreten, selbst wiederum als Korpus betrachten und damit alle korpusbasierten Methoden einsetzen. Hierzu müsste jedoch ein entsprechender Scheduling-Mechanismus für die wiederholte Aufbereitung, Indexierung und die Verarbeitung vordefinierter Anfragen sorgen. Die Verarbeitung der Dokumente als **Dokumentenstrom** dagegen ist angemessener.

Semantische Suche auf solch einem Dokumentenstrom ist eigentlich eine Form der Filterung. Im Unterschied zu einer reinen Filterung hingegen wird nicht nur nach passenden Dokumenten gesucht, sondern zusätzlich auch – analog wie bei einer korpus-basierten semantisch Suche – deren Passgenauigkeit bewertet, um Nutzern ein zusätzliches Präferenzkriterium bereitzustellen. Das Konstruktionsprinzip einer solchen semantischen Suche auf Datenströmen ist in ◘ Abb. 6.4 dargestellt.

Grundidee der semantischen Suche in Dokumentströmen ist es, mit einer Menge vordefinierter feststehender Anfragen die Dokumente des jeweiligen Zeitintervalls zu durchsuchen, Dokumente, die auf die Anfragen nicht passen herauszufiltern und die Passgenauigkeit der verbliebenen Dokumente anhand der Anfragen zu bewerten.

Hintergrundwissen fließt in diese Suche an zwei Stellen ein:
1) in die Analyse der vordefinierten Anfragen und deren Übersetzung in das kontrollierte Vokabular des verwendeten Wissensmodells, und
2) in die Verschlagwortung der Dokumente und damit indirekt in die Annotationen.

Durch semantische Anreicherung der Annotationen mit zusätzlichen Begriffen aus dem Hintergrundwissen (siehe ▶ Abschn. 5.3.5 und insbesondere ▶ 5.3.5.3) sind die Annotationen komplett im kontrollierten Vokabular des Wissensmodells formuliert. Anfragen, die in das kontrollierte Vokabular des Wissensmodells übersetzt wurden, werden hierbei dazu verwendet, passende Dokumentannotationen zu identifizieren, zu ranken und zu sortieren. Die semantische Suche reduziert sich hierdurch auf ein Filtern der Dokumentannotationen und damit der Dokumente.

---

9 Wirkliche Echtzeitinformation wird nur in den seltensten Fällen benötigt.

6.4 · Semantische Suche

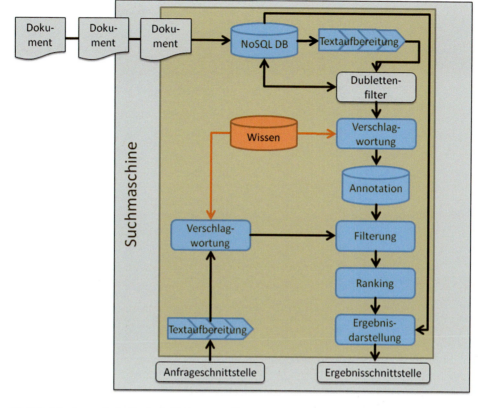

◘ **Abb. 6.4** Semantische Suche in Dokumentströmen

- **Vorteile**
- Zeitnahe Information durch Vermeidung von Stapelverarbeitung.
- Einfach parallelisierbar über eine Map-Reduce-Architektur.

- **Nachteile**
- Dokument- und Anfrageaufbereitung, Annotation und Ergebnisaufbereitung sind zeitkritisch und zu optimieren, wenn sie innerhalb definierter Zeitschranken erfolgen müssen.
- Das Ranking ist nur relativ zu den in einem – festzulegenden – Zeitintervall verarbeiteten Dokumenten sinnvoll.

6.4.3 Semantische Suche über Annotationen

Semantische Suche über Annotationen stellt den Stand der Technik dar. Hierbei werden unter Nutzung des Vokabulars eines Wissensmodells Annotationen aus den Dokumenten abgeleitet und Anfragen auf das gleiche Vokabular abgebildet (siehe ◘ Abb. 6.5).

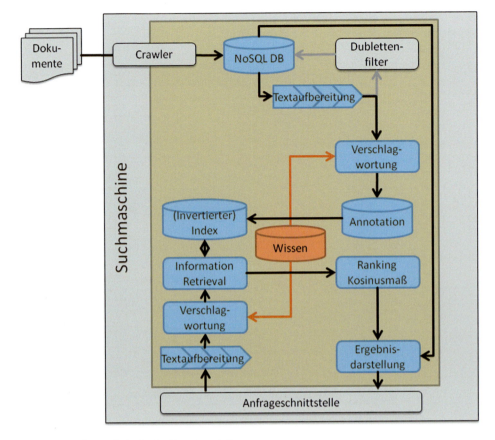

Abb. 6.5 Semantische Suche über Annotationen

Annotationen stellen eine Repräsentation der Dokumente in Begriffen des Wissensmodells dar. Da das Wissensmodell zum Annotationszeitpunkt feststeht, bildet es ein vorgegebenes, kontrolliertes Vokabular. Die Annotationen stellen quasi eine semantische Normalisierung bzw. Kodierung der Dokumente in Begriffen dieses Vokabulars dar.

Wie wir in ▶ Abschn. 5.3.5 gesehen haben, ermöglicht die Verschlagwortung einerseits, synonyme Bezeichnungen auf einen Begriff und eine präferierte Bezeichnung abzubilden; andererseits können die Annotationen durch zusätzliche Konzepte semantisch angereichert werden (siehe ▶ Abschn. 5.3.5.3).

Die Grundidee dieses Ansatzes besteht nun darin, die – gegebenenfalls semantisch angereicherten – Dokumentannotationen mittels eines einfachen Indexes zu indexieren. Indem Anfragen ebenfalls in das kontrollierte Vokabular abgebildet werden, können so Anfragen im gleichen Sprachraum direkt über dem Index verarbeitet werden.

Da die Annotation vor der Indexierung – und damit zur **Übersetzungszeit** – erfolgt, ergibt sich zwar der Nachteil, dass nicht alle auf der Basis der Anfragebegriffe möglichen **Inferenzen** durchgeführt werden können; die Anfragebegriffe sind ja erst zur **Laufzeit** bekannt. Dennoch können durch eine sinnvolle Auswahl der, während der semantischen Anreicherung durchgeführten Inferenzen, zusätzliche Begriffe in die Annotationen integriert werden. Zur Laufzeit muss daher lediglich überprüft werden, ob die so erweiterten Annotationen die Anfrage erfüllen.

Grundsätzlich lässt sich der Index über den Annotationen auf Basis von mindestens drei alternativen Technologien realisieren:
1. Nutzung eines **Triple-Stores** zur Speicherung von Annotationen und zum Retrieval per **SPARQL**-Anfragen
2. Nutzung einer konventionellen relationalen Datenbank zur Speicherung und zum Retrieval per **SQL**-Anfragen
3. Nutzung eines konventionellen **invertierten Indexes** zur Indexierung und Suche

Im Folgenden skizzieren wir die dafür notwendigen Ansätze kurz. Hierbei betrachten wir lediglich die Speicherung und das Retrieval, da alle anderen Mechanismen zur Ermittlung der Annotationen und zur Verschlagwortung der Anfragen gleich sind.

6.4.3.1 Triple-Store

In ▶ Abschn. 5.4.1 hatten wird die Frage der Repräsentation von Annotationen beleuchtet und dargestellt, dass sich die implizite Beziehung zwischen einem Dokument und seiner Annotation explizit durch RDF-Tripel des Beziehungs-Typs *:Dokument :wird_beschrieben_durch :Annotation* repräsentieren lässt.

Eine Annotation kann in **RDF** als Menge von Konzepten oder Instanzen, beispielsweise als URIs in einem *rdf:Bag* Container,[10] repräsentiert werden. Dies skizzieren wir hier am Beispiel der Annotation aus ◘ Abb. 5.6:

```
@prefix mns:   <http://example.org/meta/vocab#>.
@prefix ons:   <http://example.org/ontology/vocab#>.
mns:doc_4711
   mns:wird_beschrieben_durch [
       a rdf:Bag ;
       rdf:_1 ons:Passagier ;
       rdf:_2 ons:Polizei ;
       rdf:_3 ons:S-Bahnhof_Spandau ;
       rdf:_4 ons:Bahnhof ;
       ...
       rdf:_i ons:Raub ;
       ...
       rdf:_k ons:Kopfplatzwunde ;
       ...
       rdf:_n ons:Polizeidirektion .
   ] .
```

Eine solche explizite Repräsentation von Dokument-URIs, ihren Annotationen, den URIs der annotierenden Begriffe und deren Beziehungen in einem Wissensmodell lässt sich in einem Triple-Store oder allgemeiner durch Knoten und Kanten in einer **Graphdatenbank** repräsentieren.

Eine Suche aller Dokumente, die beispielsweise die Suchbegriffe *beraubter Fahrgast Kopfplatzwunde* enthalten, kann dann – nach deren Übersetzung in das Vokabular des Wissensmodells – über folgende **SPARQL**-Anfrage realisiert werden.

---

10 Die eckigen Klammern dienen in RDF zur vereinfachen Repräsentation geschachtelter Tupel unbenannter Ressourcen, den sogenannten *blank nodes*.

```
SELECT ?d
WHERE {
    ?d mns:wird_beschrieben_durch ?b .
    ?b rdfs:member
        ons: Raub ;
        ons: Passagier ;
        ons: Kopfplatzwunde .
}
```

Aufgabe 6.1
Wie muss die Anfrage *beraubter Fahrgast Kopfplatzwunde* aufbereitet werden, um die SPARQL-Anfrage im obigen Code-Fragment zu konstruieren? Was muss hierfür vorausgesetzt werden?

Aufgabe 6.2
Geben Sie eine Möglichkeit an, wie die Repräsentation der Annotationen geändert werden müsste, um zu jedem annotierenden Begriff zusätzlich die summierte Termfrequenz aller im Dokument dafür verwendeten Bezeichnungen zu speichern.

Wie wir in ▶ Abschn. 6.2 argumentiert haben, handelt es sich hierbei um einen Retrieval-basierten Ansatz. Alle Retrieval-Ergebnisse erfüllen die SPARQL-Anfrage exakt.

Weitergehende Informationen, die in semantisch angereicherten Annotationen enthalten sind, werden hierbei nicht weiter genutzt. Insbesondere werden diese Informationen nicht zum Ranking und zur Sortierung der Suchergebnisse verwendet. Hierzu muss eine zusätzliche Funktion implementiert werden, die das Ranking auf der Basis der semantischen Ähnlichkeiten der annotierenden Begriffe berechnet.

- **Vorteile**
- Direkte Verknüpfung von Annotationen und Wissensmodell zu einem RDF-Graphen.
- Zusätzliche Auswertungen auf Basis von SPARQL-Anfragen einfach umsetzbar.

- **Nachteile**
- Performanz der SPARQL-Endpoints von Triple-Stores u. U. für produktiven Einsatz nicht ausreichend (Luczak-Rösch 2015; Friesen und Lange 2015).
- Eine zusätzliche, benutzerdefinierte Funktion wird benötigt, die bei der Berechnung des Rankings semantische Ähnlichkeiten zwischen Annotationsbegriffen berücksichtigt.

6.4.3.2 Konventionelle relationale Datenbank

Anstelle eines Triple-Stores können wir für die Speicherung und das Retrieval der Annotationen auch eine konventionelle, relationale Datenbank nutzen. Beispielsweise können wir die URIs der annotierenden Begriffe, deren Synonyme und Dokumente mit folgenden Datenbank-Relationen verwalten:[11]

---

11 Hinsichtlich der Notation orientieren wir uns an (Kemper und Eickler 2015). Prinzipiell würde es ausreichen, als Primärschlüssel die URIs der Begriffe zu verwenden. Durch die Verwendung von Integer-IDs jedoch reduziert sich der Speicherplatzverbrauch der Annotations-Relation.

6.4 · Semantische Suche

```
-- Benennung:    {ID integer, Type: text, Label: text, bezeichnet:
   integer }
-- Begriff:      {BegriffsID integer, BegriffsURI: text}
-- Annotation:   {DokumentID: integer, Begriff: integer, Nennungen:
   integer}
CREATE TABLE Benennung (
    ID       INTEGER PRIMARY KEY,
    Type     VARCHAR(11) CHECK (Type in ('preferred', 'alternative',
    'hidden')),
    Label    TEXT,
    bezeichnet    INTEGER REFERENCES Begriff(BegriffsID)
        ON DELETE CASCADE
);
CREATE TABLE Begriff (
    BegriffsID    INTEGER PRIMARY KEY,
    BegriffsURI   TEXT
);
CREATE TABLE Annotation (
    Dokument INTEGER REFERENCES Dokument(DokumentID)
       ON DELETE CASCADE,
    Begriff INTEGER REFERENCES Begriff(BegriffsID)
       ON DELETE CASCADE,
    Nennungen INTEGER,
    PRIMARY KEY (Dokument, Begriff)
);
```

Alle zur Anfrage *beraubten Fahrgast Kopfplatzwunde* passenden Dokumente können bei dieser Repräsentation mit folgender **SQL**-Anfrage ermittelt werden, nachdem die Anfrageterme entsprechend der letzten ▶ Aufgabe 6.1 verschlagwortet wurden:

```
SELECT Dokument FROM Annotation
WHERE Begriff in (
     SELECT BegriffsID FROM Begriff JOIN Benennung ON  BegriffsID =
     bezeichnet
          WHERE Label = 'Raub'
)
INTERSECT
SELECT Dokument FROM Annotation
WHERE Begriff in (
     SELECT BegriffsID FROM Begriff JOIN Benennung ON  BegriffsID =
     bezeichnet
          WHERE Label = 'Fahrgast'
)
INTERSECT
SELECT Dokument FROM Annotation
WHERE Begriff in (
     SELECT BegriffsID FROM Begriff JOIN Benennung ON  BegriffsID =
     bezeichnet
          WHERE Label = 'Kopfplatzwunde'
);
```

> **❓ Aufgabe 6.3**
>
> Setzen Sie voraus, dass die Begriffe und Benennungen in den korrespondierenden Relationen wie folgt gespeichert sind:
>
> ```
> INSERT INTO Begriff (BegriffsID, BegriffsURI) VALUES
>     (1,"URI_1"),
>     (2,"URI_2"),
>     (3,"URI_3");
> INSERT INTO Benennung (ID, Type, Label, bezeichnet) VALUES
>     (1, 'preferred', 'Raub', 1),
>     (2, 'alternative', 'berauben', 1),
>     (3, 'preferred', 'Passagier', 2),
>     (4, 'alternative', 'Fahrgast', 2),
>     (5, 'preferred', 'Kopfplatzwunde', 3);
> ```
>
> Geben Sie eine SQL-Abfrage an, mit der alle Terme und ihre präferierten Bezeichnungen ermittelt werden können. Beachten Sie, dass ein Term auch mehrfach als Benennung unterschiedlicher Begriffe auftreten kann.

Der wesentliche Punkt bei der Umsetzung auf der Basis von Datenbank-Technologie besteht darin, dass das Wissensmodell, entsprechend der Referenz-Architektur in ▶ Abschn. 6.3, offline in effiziente Speicherstrukturen übersetzt wird und die Dokumentannotationen nur noch auf interne BegriffsIDs verweisen.

Analog zur Umsetzung des Retrievals per Triple-Store im vorausgegangenen Abschnitt müssten die ermittelten Dokumente, resp. deren Annotationen zusätzlich noch durch eine Ranking-Funktion gewichtet und sortiert werden.

- **Vorteile**
- Umsetzbar mit konventioneller Technologie.
- Geringe Performanz-Einbußen bei Verwendung einer In-Memory-Datenbank.

- **Nachteile**
- Eine zusätzliche, benutzerdefinierte Funktion wird benötigt, die bei der Berechnung des Rankings semantische Ähnlichkeiten zwischen Annotationsbegriffen berücksichtigt.

6.4.3.3 Konventionelle Volltextsuchmaschine

Wie (Luczak-Rösch 2015) feststellt, kommen aus Performanz-Gründen bei semantischen Anwendungen häufig eher klassische Datenbanklösungen oder Indexierungsmechanismen zum Einsatz. Dies zeigt sich auch bei semantischen Suchanwendungen, die den Indexierungsmechanismus konventioneller Volltextsuchmaschinen, wie *Lucene* oder *Solr*, nutzen, um kurze Antwortzeiten zu erzielen (Friesen und Lange 2015; Humm und Heuss 2015; Oppermann et al. 2015; EnArgus 2017; Humm und Ossanloo 2018).

Das Prinzip einer semantischen Suche auf der Basis einer konventionellen Volltextsuche kann am Beispiel der von *Ontonym* entwickelten **semantischen Suche** skizziert werden.

Die hellen Komponenten in ◘ Abb. 6.6 stellen die Sprachen und externen Systeme dar, auf denen die semantische Suche aufgebaut wurde. Die blauen (bzw. dunklen) Komponenten wurden zur semantischen Verarbeitung des Hintergrundwissens,

6.4 · Semantische Suche

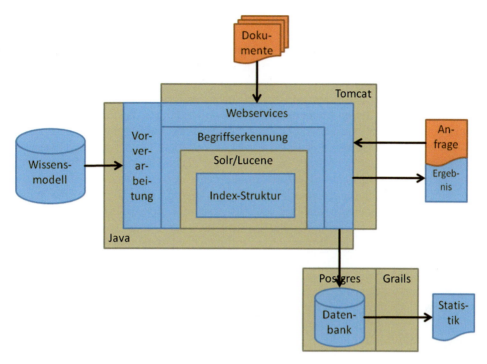

Abb. 6.6 Architektur der semantischen Suche *Ontonyms*

der Dokumente und Anfragen zusätzlich implementiert. Dokumente und Anfragen sind die von außen zugeführten Information.

Initial wird das Wissensmodell bei Änderungen oder Ergänzungen, entsprechend der Referenz-Architektur in Abb. 6.2, zur **Übersetzungszeit** einmalig in effiziente Datenstrukturen übersetzt. Dies erfolgt zweckmäßigerweise offline, da die entsprechenden Aufbereitungsschritte sehr Rechenzeit-intensiv sein können. Die zugeführten Dokumente werden anhand des in den internen Datenstrukturen repräsentierten Wissensmodells annotiert und semantisch angereichert. Die **semantisch angereicherten Annotationen** werden von der Volltextsuche entsprechend gängiger Verfahren des Information Retrievals indiziert. Analog werden die Anfragen verarbeitet, d. h. Anfragebegriffe werden auf das kontrollierte Vokabular des Wissensmodells abgebildet und entsprechend der Anfragesprache der Suchmaschine verarbeitet. Die Datenbank dient lediglich der Dokumentation und Analyse von Anfragen und ggf. auch deren Suchergebnissen.

6.4.3.4 Beeinflussung des Rankings

Das **Ranking** wird bei der Umsetzung durch eine Volltextsuche durch die Ranking-Funktion der verwendeten Suchmaschine umgesetzt. Eine Volltextsuchmaschine, wie *Lucene*, *Solr* oder *ElasticSearch*, bietet hierzu unterschiedliche Parameter zur Beeinflussung der Scoring-Funktion,[12] um

---

12 ▶ https://lucene.apache.org/core/3_5_0/api/core/org/apache/lucene/search/Similarity.html, letzter Aufruf 28.02.2020.

- die Verwendung von **Termfrequenz** und **inverser Dokumentfrequenz** zu beeinflussen, und
- Gewichtungen von Dokumenten, Dokumenten-spezifischen und indexierten Feldern und Anfragen zu verstärken (engl. boosten).

Prinzipiell ließe sich die Scoring-Funktion sogar durch eine eigene Implementierung ersetzen, um **semantische Ähnlichkeiten** in vollem Umfang in das Ranking einfließen zu lassen. Hierzu müsste jedoch bei jedem Vergleich der Anfrage mit den indexierten Dokumenten auf das Wissensmodell zugegriffen werden. Da die Anfrage aber erst zur **Laufzeit** bekannt ist, würden sich die Antwortzeiten verlängern. Sollen bei dem Vergleich noch zusätzliche **Inferenzen** durchgeführt werden, wie z. B. der Vergleich der Anfrage mit Unterbegriffen oder assoziierten Dokumentbegriffen, müsste im ungünstigsten Fall sogar mehrfach auf das Wissensmodell zugegriffen werden.

Effizienter wäre es, wenn wir die Ähnlichkeiten zur Übersetzungszeit ermitteln könnten und sie zur Laufzeit in den Annotationen der Dokumente bereits verfügbar wären. Dies erweist sich aber als problematisch, da der Volltextindex konventioneller Suchmaschinen in der Regel nicht für zusätzliche numerische Gewichtungen einzelner Begriffe ausgelegt ist. Zudem müssten wir die Ähnlichkeiten zu den zur Übersetzungszeit noch unbekannten Anfragen ermitteln. Wir müssten quasi antizipieren, für welche Anfragen ein Dokument überhaupt relevant sein kann und diese Inferenzen im Voraus durchführen.

6.4.3.5 Anreicherung von Annotationen um semantische Begriffsabstände

In ▶ Abschn. 5.3.5.3 hatten wir bereits dargestellt, dass wir die initiale Annotation, die wir bereits normalisiert und auf das kontrollierte Vokabular abgebildet haben, durch die Integration von Oberbegriffen und assoziierten Begriffen zur **Übersetzungszeit** semantisch anreichern können. Im Grunde handelt es sich hierbei um genau die erforderlichen **Inferenzen**; wir antizipieren, unter welchen zusätzlichen Begriffen ein Dokument auch findbar sein soll.

Es stellt sich jetzt noch das Problem, wie wir die semantischen Ähnlichkeiten in die Ähnlichkeitsberechnung einfließen lassen können, ohne die Antwortzeiten durch zusätzliche Zugriffe auf das Wissensmodell zu verlängern?

Hierbei können wir uns eines **Kodierungstricks** bedienen und die **semantische Ähnlichkeit** von Begriffen in einen anderen Faktor hinein kodieren, der von den Scoring-Funktionen bereits verwendet wird. Normalerweise basiert die von Volltextsuchen verwendete **Kosinus-Ähnlichkeit** auf zwei grundlegenden Faktoren, die hierfür in Frage kommen: der **Termhäufigkeit** und dem Informationsgehalt von Termen, als **inverse Dokumentfrequenz** ausgedrückt.

Das heißt, wir überführen das Problem in die Fragestellung: Wie können wir die Termfrequenz oder inverse Dokumentfrequenz so manipulieren, dass darüber auch semantische Ähnlichkeiten in die Berechnung der Kosinus-Ähnlichkeit einfließen können?

Wir erinnern uns: Die **Termhäufigkeit** gewichtet Begriffe in einem Dokument oder einer Annotation stärker, falls die Begriffe darin häufiger auftreten. Suchfunktionen folgen ja in der Regel der Heuristik: Ein Begriff, der in einem Dokument d_1

6.4 · Semantische Suche

häufiger auftritt als in einem Dokument d_2, führt dazu, dass d_1 als wichtiger bewertet wird als d_2. Das heißt, wir müssten die Termhäufigkeiten von Oberbegriffen oder assoziierten Begriffen so verändern, dass sie deren Abstand zum Ausgangsbegriff wiederspiegeln. Dies können wir offensichtlich erreichen, indem wir die Begriffe entsprechend häufiger im Dokument bzw. in der Annotation auftreten lassen. Hierbei müssen wir jedoch darauf achten, dass die Häufigkeiten der Oberbegriffe entsprechend ihrem semantischen Abstand abnehmen.

▶ **Textbeispiel**

Stellen wir uns folgende Begriffshierarchie A > B > C > D vor. A ist **Oberbegriff** von B, B von C und C von D. Diese Hierarchie stellen wir in ◘ Abb. 6.7 auf der linken Seite dar, wobei die gestrichelten Linien die unterschiedlichen Ebenen der Begriffshierarchie abgrenzen. Nehmen wir an, zwei Dokumente d_1 und d_2 sind bis auf einen Unterschied gleich: In d_1 tritt Begriff B auf und d_2 in D.

Wenn wir bei einer semantischen Suche alle Dokumente finden wollen, die den gesuchten Begriff (oder seine Synonyme) oder einen seiner **Unterbegriffe** enthalten, dann würden wir bei einer Anfrage nach A oder B erwarten, dass beide Dokumente zurückgeliefert werden. Da jedoch d_1 B enthält und d_2 nur den – entsprechend der Hierarchie weiter entfernten – Unterbegriff D, würden wir – bei einem Ranking, welches die semantische Begriffsähnlichkeit berücksichtigt – erwarten, dass d_1 stärker gewichtet wird als d_2 und somit vor d_2 ausgegeben wird. Würden wir hingegen nur nach C oder D suchen, sollte nur Dokument d_2 gefunden werden.

Diese Verhaltensweise können wir in die **semantisch angereicherten Annotationen** von d_1 und d_2 hinein kodieren, indem wir sie beispielsweise wie folgt erweitern: d_1 wird durch {A,A,A,B,B,B,B,B,B,B} und d_2 durch {A,B,B,C,C,C,C,D,D,D,D,D,D,D,D} annotiert. ◀

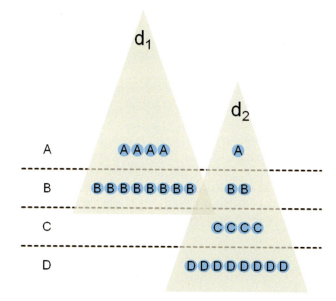

◘ **Abb. 6.7** Visualisierung des Kodierungstricks

○ Abb. 6.7 veranschaulicht diesen Trick am obigen Textbeispiel. Dreiecke symbolisieren die semantisch angereicherten Annotationen der beiden Dokumente. Die darin enthaltenen Kreise repräsentieren die annotierenden Begriffe und deren Oberbegriffe. Deren Häufigkeit wird durch ihren jeweiligen Abstand bestimmt, die entsprechend der Begriffshierachie und der semantischen Entfernung zu den eigentlichen Schlagworten B resp. D abnimmt.

Indem wir in die semantisch angereicherten Annotationen die Oberbegriffe mit einer absteigenden Häufigkeit aufnehmen, können wir sie nicht nur bei der Suche nach Unterbegriffen findbar machen, sondern auch den Abstand des Anfragebegriffs zu den Annotationsbegriffen über deren Termfrequenz in die Rankingfunktion einfließen lassen.

> **Tipp**
>
> Je nach Anwendungsgebiet und Tiefe der Begriffshierarchie des Wissensmodells ist es nicht unbedingt zweckmäßig, zu einem Oberbegriff alle Dokumente zurückzuliefern, die einen seiner Unterbegriffe enthalten (siehe Tipp in ▶ Abschn. 5.3.5.3). Einerseits würde dies – insbesondere bei tiefen und buschigen Hierarchien – zu zu vielen Treffern führen. Andererseits würden viele dieser Treffer nur eine geringe Ähnlichkeit zu den Suchbegriffen aufweisen. Es ist daher zweckmäßig, in die erweiterte Annotation nur Oberbegriffe bis zu einer definierten Hierarchiestufe vom Ausgangsbegriff aufzunehmen. Eine Begrenzung auf 3–5 Hierarchiestufen hat sich hierbei als zweckmäßig erwiesen.

Was wir am obigen Beispiel für einen Begriff gezeigt haben, können wir natürlich auch für alle annotierenden Begriffe eines Dokuments durchführen. Tritt ein Begriff mehrfach in einem Dokument auf, wird auch die Anzahl seiner Oberbegriffe um den gleichen Faktor erhöht.

Zur Berechnung der Anzahl der hinzuzufügenden Oberbegriffe kann folgende Formel verwendet werden, die als **semantische Skalierung** bezeichnet werden kann (vgl. ▶ Abschn. 3.6.1.2):

$$sf_{t,d} = \begin{cases} tf_{t,d}\left(m - p(t_e,t)\right)^k & \text{wenn } m \leq p(t_e,t) \\ tf_{t,d} & \text{sonst} \end{cases}$$

Hierbei bezeichnen: d die Annotation des Dokuments, t einen Begriff der initialen Annotation, $tf_{t,d}$ dessen absolute Termfrequenz in der Annotation, m die maximale Zahl von zu berücksichtigenden Hierarchiestufen des Wissensmodells, t_e den hinzuzufügenden Oberbegriff und $p(t_e,t)$ den semantischen Abstand zwischen dem Annotationsbegriff und dem Oberbegriff.

6.4 · Semantische Suche

> **Tipp**
>
> Da die Termhäufigkeit immer nur ganzzahlig sein kann, müssen bei diesem Trick die zusätzlichen Termhäufigkeiten der Oberbegriffe ganzzahlig sein. Da deren Häufigkeit abnehmen soll, sind wir somit auf ganzzahlige Potenzen beschränkt und können keine beliebigen semantischen Ähnlichkeiten verwenden. Es reicht jedoch aus, die semantischen Begriffsähnlichkeiten auf diese Weise nur näherungsweise und relativ zueinander zu berücksichtigen. Eine größere Genauigkeit ist nicht unbedingt erforderlich, da neben den Ähnlichkeiten noch viele andere Faktoren in das Ranking mit einfließen.

? Aufgabe 6.4
Welche Auswirkungen hat bei diesem Kodierungstrick die mehrfache Nennung ein und derselben Terme auf die Größe des invertierten Index? Begründen Sie Ihre Antwort.

? Aufgabe 6.5
Diskutieren Sie anhand des vorausgegangenen Beispiels die Auswirkungen dieser Kodierung auf die inverse Dokumentfrequenz. Ist diese noch sinnvoll nutzbar?

Indem wir die Annotationen über einen inversen Index indexieren und durchsuchbar machen, können wir durch diesen Trick bei der Umsetzung einer semantischen Suche mit einer konventionellen Volltextsuchmaschine die Semantik der Begriffe in die Suche einfließen lassen und deren Geschwindigkeit nutzen, ohne Einbußen bei den Antwortzeiten durch nachträgliches Ranking in Kauf nehmen zu müssen.

- **Vorteile**
- Nutzung konventioneller, erprobter Suchmaschinen-Technologie zur Umsetzung einer semantischen Suche.
- Zeitlich aufwändige Aufbereitungen von Ontologien können zur Übersetzungszeit vorausberechnet werden.
- Vorausberechnung einfacher Inferenzen zur Indexierungszeit der Dokumente.
- Kurze, marktübliche Antwortzeiten durch Nutzung optimierter Information-Retrieval-Technologie.
- Software-Anpassungen zur Berücksichtigung semantischer Begriffsähnlichkeiten beim Ranking nicht unbedingt notwendig.

- **Nachteile**
- Weitergehende Inferenzen, die von der Anfrage selber abhängen, nur durch nachträgliche Verarbeitung zur Laufzeit und unter Inkaufnahme verlängerter Antwortzeiten umsetzbar.

6.4.4 Hybride Semantische Suche über Annotationen und Volltext

Eine rein semantische Suche über erweiterten Annotationen hat einen gravierenden Nachteil: Es muss vorausgesetzt werden, dass das verwendete **Wissensmodell** vollständig und aktuell ist. Vollständigkeit bezieht sich hier zum einen auf die Abdeckung des Anwendungsgebiets durch das Wissensmodell, zum anderen auf die Erfassung des Sprachgebrauchs der Autoren und Suchenden. Die Aktualität bezieht sich darauf, dass das Wissensmodell kohärent zu den zu durchsuchenden Dokumenten ist. Das heißt, dass das Wissensmodell die in den Dokumenten dargestellten Sachverhalte immer richtig abbildet.

Beides ist jedoch in der Realität schwer zu erreichen. Zwar könnte man in einigen einfachen Anwendungsgebieten davon ausgehen, dass die Begriffe eines Wissensmodells vollständig bzgl. des Anwendungsbereichs sind, es ist aber kaum davon auszugehen, dass das Wissensmodell immer kohärent zu den Dokumenten ist. Insbesondere, wenn in den Dokumenten neue Inhalte und Sachverhalte auftreten, die bisher noch nicht vom Wissensmodell erfasst wurden, ergibt sich ein Problem. Da diese Dokumente nicht korrekt verschlagwortet werden können, kann eine reine semantische Suche über den Annotationen diese Inhalte oder Sachverhalte bei bestimmten Anfragen nicht finden.

Seitens des Sprachgebrauchs dürfte nach ▶ Abschn. 1.4 ebenfalls klar sein, dass eine Vollständigkeit des Wissensmodells bzgl. der von Nutzern verwendeten Bezeichnungen niemals erreicht werden kann. Es kann immer einen Nutzer geben, der den von ihm gesuchten Begriff mit einer neuen Bezeichnung beschreibt. Damit aber können diese Anfragen weder korrekt auf das kontrollierte Vokabular abgebildet, noch in den Annotationen gefunden werden, selbst wenn die Dokumente die entsprechenden Bezeichnungen bereits enthalten.

Jede semantische Suche, die ein Wissensmodell zur Übersetzung von Anfragebegriffen in das kontrollierte Vokabular des Wissensmodells verwendet und Dokumente in den Begriffen dieses Modells annotiert, steht daher vor dem Problem, dass es einige Suchanfragen geben kann, die nicht beantwortet werden können, obwohl die gesuchten Bezeichnungen in den Dokumenten selbst auftreten.

Solange sich ein Nutzer in dem indexierten Dokumentenbestand nicht auskennt, ist dies relativ unproblematisch, da für ihn die existierenden, nicht-gefundenen Dokumente – die **false negatives** – **unwahrnehmbar** sind. Ein Nutzer jedoch, der sich mit dem Korpus auskennt, betrachtet es umgehend als einen Fehler, wenn ein Dokument aufgrund eines unvollständigen Wissensmodells nicht gefunden werden kann, wenn er sich sicher ist, dass es existiert.

Um dies zu vermeiden, erweist es sich als sinnvoll, eine semantische Suche immer mit einer einfachen Volltextsuche zu einer hybriden Suche zu kombinieren (siehe ◘ Abb. 6.8). Hierfür gibt es prinzipiell zwei unterschiedliche Möglichkeiten:
1. Falls die rein semantische Suche kein Ergebnis liefert, wird eine zusätzliche Volltextsuche durchgeführt.
2. Beide Suchen, semantische Suche und Volltextsuche, werden parallel durchgeführt und die Suchergebnisse integriert.

6.4 · Semantische Suche

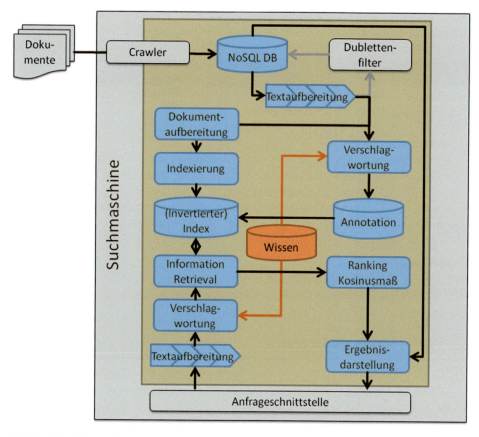

Abb. 6.8 Hybride Semantische Suche

Aufgabe 6.6

Diskutieren Sie die Vor- und Nachteile beider Lösungen.

Bei der Verwendung einer etablierten Suchfunktion, die es erlaubt, zu durchsuchende Inhalte über unterschiedliche Felder zu indexieren und diese Felder separat zu gewichten, wie z. B. *Lucene*, *Solr* oder *ElasticSearch*, können mit einer Anfrage alle Felder gleichzeitig durchsucht werden. Mit diesem Mechanismus lassen sich der Titel und der eigentliche Text eines Dokuments (ggf. auch andere Felder) separat indexieren und unterschiedlich gewichten. Die Unterscheidung unterschiedlicher Suchfelder lässt sich natürlich auch auf die Annotationen übertragen, um neben den Volltexten auch die Annotationen separat zu indexieren und zu durchsuchen. Hierdurch lassen sich bei der Verwendung der gleichen Suchfunktion mindestens die folgenden vier Felder unterscheiden und jeweils mit einem eigenen Faktor gewichten:
- Volltext des Titels
- Volltext des Inhalts
- Annotation des Titels
- Annotation des Inhalts

Unter der Annahme, dass bei einer semantischen Suchfunktion die Ergebnisse der semantischen Suche denen der Volltextsuche vorzuziehen sind, ist es zweckmäßig, erstere mit einem höheren Faktor zu gewichten. Hierdurch werden Treffer auf Basis der semantischen Suche vor den Treffern der Volltextsuche einsortiert. Im Fall jedoch, dass das Wissensmodell für die Suchanfrage unvollständig ist und somit die semantische Suche kein Ergebnis produziert, kann die Suche in den Volltexten der Dokumente dennoch einen Treffer liefern.

- **Vorteile**
- Vermeidung von Situationen, in denen Fachexperten existierende Dokumente aufgrund von unvollständigem Hintergrundwissen nicht finden können und dadurch die Akzeptanz der Suchlösung negativ beeinflusst wird.
- Finden von existierenden Dokumenten in Situationen, in denen der Sprachgebrauch von Nutzern im Wissensmodell noch nicht erfasst wurde.

- **Nachteile**
- Erhöhter Konfigurationsaufwand.
- Erhöhter Speicherbedarf durch mehrere invertierte Indexe.

6.5 Weiterführende Literatur

Klassifikationen von semantischen Suchverfahren existieren bisher lediglich auf der Basis eher oberflächlicher Charakteristika, wie des Anwendungsgebiets, genutzter Technologien oder den verarbeiteten – sprich durchsuchten – Daten.

(Dong et al. 2008) geben eine knappe Übersicht über den Stand der Forschung zu semantischen Suchmaschinen, semantischen Suchmethoden, hybriden semantischen Suchmaschinen, XML- und Ontologie-Suchmaschinen und semantischen Multi-Media-Suchmaschinen, und klassifizieren semantische Suche anhand von Einsatzgebieten, ohne detaillierter auf deren Konstruktionsprinzipien einzugehen. (Sack 2010) beschreibt semantische Suche anhand einer Multi-Media Suchmaschine für Internet-Content auf der Basis von Technologien des Semantic Web und Linked-Open-Data. (Spree et al. 2011) geben einen Überblick über den Stand der Technik semantischer Suchlösungen im WWW, der unterschiedliche Kriterien zur Klassifikation von semantischen Suchmaschinen umfasst.

(Schumacher et al. 2012; Schumacher 2017) klassifizieren semantische Suchverfahren anhand ihrer Benutzerschnittstelle, da sich aus den Möglichkeiten der Anfrageformulierung wesentliche Anforderungen an die Funktionalität und den Aufbau der Suchfunktion ergeben. Sie lassen jedoch offen, wie eine semantische Suche im Detail konstruiert werden kann.

(Bast et al. 2016) stellen ein Klassifikationsschema basierend auf den verarbeiteten Anfragen und den durchsuchten Daten vor. Dieses Schema berücksichtigt jedoch nicht die internen Konstruktionsprinzipien unterschiedlicher Formen semantischer Suche. (Tran und Mika 2012) klassifizieren semantische Suchverfahren anhand des Informationsbedürfnisses, der Art der Anfrageformulierung, der Art des semantischen Modells, der Repräsentationsform der Daten und des Rahmenwerks zur Interpretation der Daten. Diese Kriterien erlauben zwar einen detaillierten Vergleich unterschiedlicher semantischer Suchfunktionen, die Beschreibung unterschiedlicher Architekturprinzipien ist mit diesen Kriterien jedoch nur sehr oberflächlich möglich.

(Horch et al. 2013) beschreiben zwar technische Grundlagen semantischer Suche, wie Standards des Semantic Webs, Inferenzmechanismen, technische Komponenten zur Implementierung und punktuell eine kleine Anzahl von semantischen Suchmaschinen, aber auch sie lassen offen, wie eine semantische Suche gebaut werden kann.

(Jain et al. 2015) beschreiben in ihrer Vergleichsstudie unterschiedlicher semantischer Suchmaschinen die Grundprinzipien von Suchmaschinen, i. E. die Unterscheidung zwischen Indexierungs- und Anfragephase, die Unterscheidung zwischen Semantischer Suche und Semantischer Web Suche – die auch von (d'Aquin et al. 2011) herausgearbeitet wird – und unterschiedliche Architekturen von – teilweise nicht mehr existierenden – semantischen Suchmaschinen.

(Schlachter 2018) stellt eine Unterscheidung unterschiedlicher Architekturvarianten für semantische Suche im Kontext von heterogenen Informationssystemen zu *Umwelt und Energie* vor, die der Unterscheidung in diesem Buch nahe kommt. Die Architekturbeschreibungen zielen jedoch stark auf die technische Umsetzung ab und nicht so sehr auf interne Design-Prinzipien semantischer Suche.

Eine semantische Suche über Strömen von XML-Dokumenten, die auf der semantischen Struktur von XML-Markup basiert und eher einem Retrieval entspricht, wird in (Vagena und Moro 2008) beschrieben.

(Bast et al. 2013) beschreiben eine hybride Volltext- und semantische Suche für das Englische über Wikipedia-Inhalten, die im Geiste von (Schumacher 2017) sowohl Fakten über RDF-Tripeln als auch Volltextsuche kombiniert. Neben der Klassifikation konventioneller semantischer Suchmaschinen aus (Schumacher et al. 2012) unterscheidet (Schumacher 2017) zusätzlich noch hybride semantische Suche, wobei er hierunter die Kombination „traditioneller Schlüsselwortsuche oder semantisches Dokumentretrieval mit der Faktensuche, wobei diese nicht voneinander unabhängig, sondern miteinander verbunden durchgeführt werden und die Suchmaschine sowohl Fakten als auch Dokumente findet" versteht.

Literatur

(d'Aquin et al. 2011) "Semantic Web Search Engines", Mathieu d'Aquin, Li Ding, Enrico Motta, in: "Handbook of Semantic Web Technologies - Semantic Web Applications", John Domingue, Dieter Fensel, James A. Hendler (eds.), Volume 2, Springer-Verlag, Berlin, Heidelberg, 2011.

(Bast et al. 2013) "Broccoli: Semantic Full-Text Search at your Fingertips", Hannah Bast, Florian Bäurle, Björn Buchhold, Elmar Haussmann, 2013, https://arxiv.org/pdf/1207.2615.pdf (letzter Aufruf 10.4.2020).

(Bast et al. 2016) "Semantic Search on Text and Knowledge Bases", Hannah Bast, Björn Buchhold, Elemar Haussmann, Foundations and Trends in Information Retrieval, Band 10, Nr. 2–3, Seiten 119–271, 2016.

(Dengel et al. 2012) "Semantische Technologien", Andreas Dengel, Hrsg., Spektrum Akademischer Verlag Heidelberg, 2012.

(Dong et al. 2008) "A survey in semantic search technologies", Hai Dong, Farookh Khadeer Hussain, Elizabeth Chang, in: E. Chang and F.K. Hussain (eds.), Second International Conference on Digital Ecosystems and Technology, 2008, pp. 403–408, https://doi.org/10.1109/DEST.2008.4635202 (letzter Aufruf 10.4.2020)

(EnArgus 2017) "EnArgus 2.0 - Zentrales Informationssystem Energieforschungsförderung", Schlussbericht, Verbundvorhaben "01142005/1"–BMWI II C 6, 2017, https://bscw.fit.fraunhofer.de/pub/bscw.cgi/d47981406/EnArgus2_Schlussbericht_03ET4010.pdf (letzter Aufruf 10.4.2020)

(Friesen & Lange 2015) "Semantische Suche in einer digitalen Bibliothek", Natalja Friesen, Christoph Lange, in: "Corporate Semantic Web", Börtecin Ege, Bernhard Humm, Anatol Reibold (Hrsg.), Springer-Vieweg, 2015.

(Horch et al. 2013), "Semantische Suchsysteme für das Internet", Andrea Horch, Holger Kett, Anette Weisbecker, Fraunhofer IAO, Fraunhofer Verlag, 2013.

(Humm & Heuss 2015) "Schlendern durch digitale Museen und Bibliotheken", Bernhard Humm, Tim Heuss, in: "Corporate Semantic Web", Börtecin Ege, Bernhard Humm, Anatol Reibold (Hrsg.), Springer-Vieweg, 2015.

(Humm & Ossanloo 2018) "Domain-Specific Semantic Search Applications: Example SoftwareFinder", Bernhard Humm, Hesam Ossanloo, in: "Semantic Applications", Thomas Hoppe, Bernhard Humm, Anatol Reibold (Hrsg.), Springer-Vieweg, 2018.

(Jain et al. 2015) "Comparative Study on Semantic Search Engines", Ranjna Jain, Neelam Duhan, A.K. Sharma, International Journal of Computer Applications, Volume 131 – No.14, December 2015, https://www.researchgate.net/publication/290977643_Comparative_Study_on_Semantic_Search_Engines (letzter Aufruf 10.4.2020)

(Kemper & Eickler 2015) "Datenbank-Systeme", Alfons Kemper, André Eickler, 10. Auflage, Walter de Gruyter, Berlin, Boston, 2015.

(Kindermann 2016) "Einführung in die formale Semantik", Dirk Kindermann, Institut für Philosophie, Universität Wien, Skript, Wintersemester 2018/19, http://www.dirkkindermann.com/Semantik%20Einfuehrung%20Skript%20Kindermann.pdf (letzter Aufruf 10.4.2020)

(Luczak-Rösch 2015) "Die Rolle der Anfragesprache SPARQL im Kontext von Linked Data", Markus Luczak-Rösch, in: "Corporate Semantic Web", Börtecin Ege, Bernhard Humm, Anatol Reibold (Hrsg.), Springer-Vieweg, 2015.

(Manning et al. 2009) "An Introduction to Information Retrieval", Christopher D. Manning, Prabhakar Raghavan, Hinrich Schütze, Cambridge University Press, Cambridge, England, 2009.

(Oppermann et al. 2015) "EnArgus: Zentrales Informationssystem Energieforschungsförderung", Leif Oppermann, Elke Hinrichs, Ulrich Schade, Thomas Koch, Manuela Rettweiler, Frederike Ohrem, Patrick Plötz, Carsten Beier, Wolfgang Prinz, in: "INFORMATIK 2015", Douglas Cunningham, Petra Hofstedt, Klaus Meer, Ingo Schmitt (Hrsg.), Lecture Notes in Informatics (LNI), Gesellschaft für Informatik, Bonn 2015, https://www.researchgate.net/publication/284729436 (letzter Aufruf 10.4.2020)

(Sack 2010) "Semantische Suche - Theorie und Praxis am Beispiel der Videosuchmaschine yovisto.com", Harald Sack, in: U. Hentgartner, A. Meier (Hrsg.): Web 3.0 & Semantic Web, HMD - Praxis der Wirtschaftsinformatik, Nr. 271, dpunkt Verlag. Heidelberg, 2010, pp. 13–25, https://hpi.de/fileadmin/user_upload/fachgebiete/meinel/papers/Web_3.0/2010_Sack_HMD.pdf (letzter Aufruf 10.4.2020)

(Schlachter 2018) "Ein neues Konzept für die semantische Suche in heterogenen Informationssystemen zu Fragestellungen aus Umwelt und Energie", Thorsten Schlachter, Dissertation, Karlsruher Institut für Technologie (KIT), 2018, https://publikationen.bibliothek.kit.edu/1000087829/19788170 (letzter Aufruf 10.4.2020)

(Schumacher et al. 2012) "Semantische Suche", Kinga Schumacher, Björn Forcher, Thanh Tran, in: "Semantische Technologien", Andreas Dengel (Hrsg.), Spektrum Akademischer Verlag Heidelberg, 2012.

(Schumacher 2017) "Hybride semantische Suche – eine Kombination aus Fakten- und Dokumentretrieval", Kinga Schuhmacher, Dissertation, Universität Potsdam, 2017, https://publishup.uni-potsdam.de/files/40597/schumacher_diss.pdf (letzter Aufruf 10.4.2020)

(Spree et al. 2011) "Semantic Search – State-of-the-Art-Überblick zu semantischen Suchlösungen im WWW", Ulrike Spree, Nadine Feißt, Anneke Lühr, Beate Piesztal, Nina Schroeder, Patricia Wollschläger, in: Handbuch Internet-Suchmaschinen 2, Dirk Lewandowski (Hrsg.), 2011, AKA Verlag Heidelberg, https://www.haw-hamburg.de/fileadmin/user_upload/DMI-I/Mitarbeiter/Ulrike_Spree/110628aka_spree_feisst_luehr_piesztal_schroeder_wollschlaeger.pdf (letzter Aufruf 10.4.2020)

(Tran & Mika 2012) "Semantic Search - System, Concepts, Methods and Communities behind It", Thanh Tran, Peter Mika, 2012, http://sites.google.com/site/kimducthanh/publication/semsearch-survey.pdf (letzter Aufruf 10.4.2020)

(Vagena & Moro 2008) "Semantic Search over XML Document Streams", Zografoula Vagena, Mirella M. Moro, https://www.researchgate.net/publication/228802376_Semantic_Search_over_XML_Document_Streams (letzter Aufruf 10.4.2020)

Lösungen

Inhaltsverzeichnis

7.1 ▸ Kap. 2 – 230

7.2 ▸ Kap. 3 – 232

7.3 ▸ Kap. 4 – 236

7.4 ▸ Kap. 5 – 241

7.5 ▸ Kap. 6 – 244

Literatur – 246

© Springer Fachmedien Wiesbaden GmbH, ein Teil von Springer Nature 2020
T. Hoppe, *Semantische Suche*, https://doi.org/10.1007/978-3-658-30427-0_7

7.1 ▶ Kap. 2

✅ **Lösung 2.1**

Zwar bleiben bei einer Tokenisierung an Zwischenraumzeichen zusammengesetzte Begriffe erhalten, allerdings entstehen hierdurch auch Artefakte: Token die am Anfang oder Ende Satzzeichen enthalten, wie z. B. *SE,, unten)., („Echtzeit"), [Central* oder *Component (ECC)], etc.* Diese müssten in einem weiteren Verarbeitungsschritt entfernt werden.

✅ **Lösung 2.2**

```
a)     r1 = "[a-zA-ZäöüßÄÖÜ]((-|\/|\w)+)?"
       r2 = "\d+(-[a-zA-ZäöüßÄÖÜ]+|[.,]\d+)?"
b)     from nltk.tokenize import RegexpTokenizer
       tokenizer = RegexpTokenizer(r1+"|"+r2)
       # s ist ein String mit dem Textbeispiel.
       [w[0] for w in tokenizer.tokenize(s)]
```

✅ **Lösung 2.3**

a) Voraussetzung für die Erkennung von Satzzeichen als Präfix oder Suffix von Token ist die whitespace tokenization. Einige Satzzeichen können regulär nur als Präfix auftreten, hierzu zählen am Tokenanfang ein oder mehrere „"('[vor einem Buchstaben oder einer Ziffer. Als Suffix hingegen können nur ein oder mehrere .,:;?!"')'] am Tokenende stehen. Für den entsprechenden regulären Ausdruck müssen wir daher Gebrauch von look-ahead (?=) und look-backward (?<=) machen.

```
^[„\"\'(\[]+(?=\w)|(?<=\w)[.,:;?!\"\'")\]]+$
```

b) Einige korrekte Bezeichnung werden damit verändert, wie *Joop!* oder *Guess?*. Da diese Bezeichnungen sehr selten auftreten und deren Bedeutung im Wesentlichen erhalten bleibt, kann man mit diesem kleinen Makel leben. Darüber hinaus wird bei Abkürzungen der abschließende Punkt entfernt, wie *z. B.* bei *usw* oder *etc*.

✅ **Lösung 2.5**

Die Hamming-Distanz ist nur auf Zeichenketten der gleichen Länge definiert. Einfügungen und Löschungen können diese Längen verändern.

✅ **Lösung 2.6**

Die Levenshtein-Distanz gewichtet Buchstabendreher, die beim Tasturschreiben häufiger auftreten, stärker. Distanzen zwischen Worten und Abkürzungen werden sehr groß, z. B. beträgt der Abstand zwischen *Prof.* und *Professor* 5.

Lösung 2.7

```
import textdistance as td
pairs = [["buck","back"],
["Prof.", "Professor"],
["Steuerbrater", "Steuerberater"],
["Fliegenleder", "Fliesenleger"],
["Altenbereuer", "Altenbetreuerin"],
["Zerspannungsmechaniker", "Zerspanungsmechaniker"],
["Motorsägneführerschain", "Motorsägenführerschein"]]
for (wrong,right) in pairs:
    print(td.levenshtein(wrong,right), td.damerau_levenshtein(wrong,right),
        td.jaro(wrong,right), td.jaro_winkler(wrong,right))
1 1 0.8333333333333334 0.8500000000000001
5 5 0.7481481481481481 0.8488888888888889
1 1 0.9188034188034188 0.9512820512820512
2 2 0.8686868686868686 0.9212121212121211
3 3 0.9333333333333332 0.96
1 1 0.9054834054834054 0.9432900432900433
3 2 0.9538239538239539 0.9722943722943723
```

Lösung 2.8

Je größer N wird, desto länger werden die einzelnen N-Gramme. Damit wird zwar zusätzliche Sequenz-Information in den einzelnen N-Grammen kodiert und ihr Informationsgehalt steigt, die Menge der so bildbaren N-Gramme wächst jedoch exponentiell mit N. Damit sinkt die Wahrscheinlichkeit, ein und dasselbe N-Gramm in einer anderen Zeichenkette, bzw. einem Dokument nochmals anzutreffen. Die Wahl eines zu großen N ist daher nicht erstrebenswert. Für die meisten Anwendungen von N-Grammen reicht es aus, sich auf 2- oder 3-Gramme zu beschränken. (Leskovec et al. 2010) geben für die Erkennung von Dubletten von Dokumenten ein N von 5 für E-Mails und 9 für längere Dokumente an.

Lösung 2.9

Der Nachweis lässt sich leicht durch Umformung mit Hilfe bedingter Wahrscheinlichkeiten erbringen:

$$pmi(w_i,w_j) = \log_2 \frac{P(w_i,w_j)}{P(w_i)P(w_j)} = \log_2 \frac{P(w_i|w_j)P(w_j)}{P(w_i)P(w_j)} = \log_2 \frac{P(w_i|w_j)}{P(w_i)} = \log_2 \frac{P(w_j|w_{ji})}{P(w_j)}$$

Lösung 2.10

```
Wie/KOUS es/PPER zu/APPR dem/ART Brand/NN kam/VVFIN ,/$, ist/VAFIN
nun/ADV Gegenstand/NN der/ART Ermittlungen/NN eines/ART Brandkommis-
sariates/NN des/ART Landeskriminalamtes/NN ./$.
```

✅ Lösung 2.12

```
(NP Rathaus/NN), (NP Berliner/ADJA Rathaus/NN), (NP grosse/ADJA Rote/
ADJA Rathaus/NN), (NP Alex/NE)
```

✅ Lösung 2.13

Da reguläre Ausdrücke in vielfältiger Weise formuliert werden können, gibt es nicht nur eine einzige Lösung. Eine Lösung, die bereits weitere Formen von Nominalphrasen zulässt, wäre:

```
grammar = r"""
    NP: {<TRUNC>(<\$,><TRUNC>)*(<KON>|<\$\(>) (<NN>|<NE>)+}
        {(<NN>+(<ART>|<CARD>|<ADJA>)*)+(<NN>|<NE>)+}
        {<NN>+(<APPRART>|<APPR>?<ART>)+(<NN>|<NE>)+}
        {(<CARD>|<ADJA>)+(<NN>|<NE>)+}
    """
```

7.2 ▶ Kap. 3

✅ Lösung 3.1

Wenn wir davon ausgehen, dass das Vorkommen eines Terms allein durch ein Bit repräsentiert wird, müsste die Matrix $1{,}5 * 10^{10}$ Einträge umfassen. Den Speicherplatz für die Dokumentenbezeichner und die Terme einmal vernachlässigt, wäre diese Matrix mindestens 1,75 GB groß. Da jedes einzelne Dokument jedoch nur einen Bruchteil aller Terme enthalten wird, würde diese Matrix größtenteils leer sein. Viel Platz müsste für die Speicherung des Null-Wertes verschwendet werden. Solche Matrizen werden als *sparse* (dürftig besetzt) bezeichnet.

✅ Lösung 3.2

a) Zur Implementierung der Funktion eines Suffix-Wildcard-Operators müssen beim Retrieval die Knoten des Baums identifiziert werden, die direkt unterhalb des Pfades liegen, der dem Präfix-Term entspricht. Von diesen Knoten ausgehend sind alle darunter liegenden Posting-Listen zu identifizieren und deren Vereinigungsmenge zu bilden. Das heißt, der Präfix-Baum unterhalb des Präfix-Terms ist komplett zu traversieren.

b) Der Speicherbedarf für den invertierten Index würde sich verdoppeln, da zusätzlich ein separater invertierter Index realisiert werden muss, mit dem Posting-Listen über einen Suffix-Baum indiziert werden.

✅ Lösung 3.3

a) Würde lediglich ein Byte zur Speicherung der Termfrequenz verwendet werden, könnten wir pro Dokument 256 Vorkommen eines Terms repräsentieren. Für einige Dokumente könnte dies unter Umständen zu wenig sein. Dass ein Term öfter als 65.536-mal in einem Dokument auftritt, ist extrem unwahrscheinlich. Wir würden daher mit dem Datentyp 16-bit Integer auskommen und benötigen somit 2 Bytes.

b) Damit aber würde die Matrix auf rd. 27,9 GB anwachsen.

✅ Lösung 3.4

```
def optimized_AND_operator(queryTermList):
    sortedList = sorted(queryTermList,key=len)
    result = sortedList[0]
    p = 1
    while result and p < len(sortedList):
        print(sortedList[p])
        result = AND_Operator(temp,sortedList[p])
        p += 1
    return(result)
```

✅ Lösung 3.5

```
def OR_Operator(a,b):
    # a and b of type ordered list
    sortedList = []
    p1 = p2 = 0
    while (p1 < len(a) and p2 < len(b)):
        if a[p1] == b[p2]:
            sortedList.append(a[p1])
            p1 += 1
    p2 += 1
        elif a[p1] < b[p2]:
            sortedList.append(a[p1])
            p1 += 1
        else:
            sortedList.append(b[p2])
            p2 += 1
    sortedList.extend(a[p1:] if p1 < len(a) else b[p2:])
    return(sortedList )
```

✅ Lösung 3.6

```
def ANDNOT_Operator(a,b):
    # a and b of type ordered list
    sortedList = []
    p1 = p2 = 0
    while (p1 < len(a) and p2 < len(b)):
        if a[p1] == b[p2]:
            p1 += 1
            p2 += 1
        else:
            if (a[p1] < b[p2]):
                sortedList.append(a[p1])
                p1 += 1
            else:
                p2 += 1
    return(sortedList)
```

✅ Lösung 3.7

a) Der NEAR-Operator überprüft in der gezeigten Implementierung nur den absoluten Abstand beider Terme und ignoriert damit ihre Reihenfolge.

b) Um dies zu beheben, müsste die Implementierung um einen weiteren Parameter (z. B. ordered = True) erweitert werden, der die Einhaltung der Reihenfolge erzwingt. Die Zeile

```
positions.append(bp[pp2] if ap[pp1] <= bp[pp2] else ap[pp1])
```

müsste durch folgendes Code-Fragment ersetzt werden:

```
if ordered and diff > 0 and diff <= k:
    # positions are closer than k
    positions.append(bp[pp2])
elif not ordered:
    positions.append(bp[pp2] if ap[pp1] <= bp[pp2] else ap[pp1])
```

Einfacher ist es jedoch, den Phrasen-Operator durch einen eigenen Algorithmus umzusetzen, der wie der AND-Operator auch mehrfach hintereinander auf mehrere Terme einer Phrase anwendbar sein sollte.

c)
```
def Phrase_Operator(a,b):
    sortedList = []
    p1 = p2 = 0
    while (p1 < len(a) and p2 < len(b)):
        if a[p1][0] == b[p2][0]:
            positions = []
            # pp1 and pp2 are pointers on position lists
            pp1 = pp2 = 0
            # ap and bp are the position lists
            ap = a[p1][1]
            bp = b[p2][1]
            while ( pp1 < len(ap) and pp2 < len(bp) ):
                if bp[pp2] - ap[pp1] == 1:
                    # positions are closer than k
                    positions.append(bp[pp2])
                    pp1 += 1
                    pp2 += 1
                else:
                    # advance position pointers
                    if ap[pp1] < bp[pp2]:
                        pp1 += 1
                    else:
                        pp2 += 1
            if positions:
                # just if positions candidates could be found
                the document should be returned
                sortedList.append((a[p1][0],positions))
            p1 += 1
```

```
                p2 += 1
    else:
        if (a[p1][0] < b[p2][0]):
            p1 += 1
        else:
            p2 += 1
return(sortedList)
```

✓ Lösung 3.9
a. Offensichtlich ergibt eine sublineare Skalierung die Gewichtung 1 für eine Termhäufigkeit von 1, während der Funktionswert für große Häufigkeiten nach oben nicht begrenzt ist. Die Maximum-Normalisierung nimmt hingegen lediglich Werte im Intervall [a,1] an.
b. Die Erfahrung hat gezeigt, dass Terme in Anfragen in der Regel lediglich einmal vorkommen. In diesen Fällen ist die relative Termfrequenz daher gleich der absoluten Termhäufigkeit.

✓ Lösung 3.10
Der Informationsgehalt eines Zeichens ist definiert als der negative Logarithmus der Wahrscheinlichkeit, dass eine Nachricht das betreffende Zeichen enthält. Die Wahrscheinlichkeit, dass ein Dokument einen Term enthält, beträgt

$$p(t) = \frac{|\{d \in D | t \in D\}|}{|D|}$$

Entsprechend der Definition des Informationsgehalts und durch einfache Umformung folgt:

$$-\log p(t) = -\log \frac{|\{d \in D | t \in D\}|}{|D|} = \log \frac{|D|}{|\{d \in D | t \in D\}|} = idf(t,D)$$

✓ Lösung 3.11
Wenn wir davon ausgehen, dass Dokumente, die inhaltlich ähnlich zueinander oder zu einer Anfrage sind, die gleichen Terme verwenden, dann werden im Dokumentenvektor jeweils die gleichen Vektorkomponenten mit Werten belegt. Diese können sich zwar von ihrer Größe her unterscheiden, der Großteil der Dimensionen wird jedoch leer sein. Das heißt die Richtung des Dokumentenvektors wird im wesentlichen durch die belegten Vektorkomponenten bestimmt, so dass die Vektoren ähnlicher Dokumente auch in annähernd die gleiche Richtung weisen werden.

✓ Lösung 3.12
Im Fall einer Suchanfrage sind im Anfragevektor lediglich die Komponenten der Terme mit einem Wert belegt, die auch in der Suchanfrage auftreten. Alle anderen Komponenten sind 0. Für diese Komponenten ist der zu summierende Faktor $w_{i,k} q_k$ gleich 0 und kann daher gleich weggelassen werden. Das heißt, es reicht aus, über die Vektorkomponenten der Anfrageterme zu iterieren.

✓ Lösung 3.13

Loewe ist ein mehrdeutiger Term. Neben der Bezeichnung eines Raubtiers, kann dieser Term auch für ein Sternzeichen, ein Tierkreiszeichen, einen Hersteller von Unterhaltungselektronik stehen und Bestandteil von Namen wie „Gasthof Goldener Löwe" oder „In der Höhle des Löwen" sein. All diese unterschiedlichen Bedeutungen werden bei dieser Repräsentation daher durch eine einzige Vektorkomponente repräsentiert, so dass nicht mehr zwischen den unterschiedlichen Bedeutungen unterschieden werden kann.

✓ Lösung 3.14

Die Vektorkomponenten dieser allgemeinen Begriffe wären in allen Unterbegriffen mit dem gleichen Wert belegt. Beim Retrieval dieser allgemeinen Begriffe würden daher auch alle Unterbegriffe mit betrachtet, und da diese Vektorkomponenten den gleichen Wert besitzen würden, alle als gleichwertig angesehen werden. Dies könnte offensichtlich – je nach Anwendungsgebiet und Dokumentenanzahl – leicht zu sehr großen Ergebnismengen führen.

7.3 ▶ Kap. 4

✓ Lösung 4.1

Rolle/Funktion:
Bundeskanzler/in, Parteivorsitzende/r, stellvertretende/r Parteivorsitzende/r, Mitglied, Fraktionsvorsitzende/r, stellvertretende/r Fraktionsvorsitzende/r, Abgeordnete/r, Kanzler/in, Vizekanzler/in, Minister/in, Kanzleramtsminister/in, Ausschussvorsitzende/r, Bundestagspräsident/in, Vorsitzende/r, Bundestagsabgeordnete/r, Mitglied des Bundestags, Stellvertreter/in, Regierungsmitglied

Gruppierung:
Partei, Fraktion, Bundestagsausschuss, Parlament, Regierung, Koalition, Die Linke, Die Grünen, FDP, AfD, CDU/CSU, SPD, CDU, Sozialdemokraten, Christdemokraten, Bundestag, Regierungspartei, Bündnis 90/Die Grünen

Person:
Svenja Schulze, Helge Braun

✓ Lösung 4.2

In diesem Kontext können die folgenden Begriffe als Synonym betrachtet werden:
- Mitglied des Bundestags, Abgeordneter, Bundestagsabgeordnete/r
- Bundeskanzler/in, Kanzler/in
- Bündnis 90/Die Grünen, Die Grünen
- SPD, Sozialdemokraten
- CDU, Christdemokraten
- Parlament, Bundestag (sofern unter *Bundestag* die Menge aller *Abgeordneten* und nicht das *Gebäude* verstanden wird).

✓ Lösung 4.3

Fraktion ist_eine Gruppierung
CDU/CSU ist_eine Fraktion
Koalition ist_eine Gruppierung
Partei ist_eine Gruppierung

Die Linke, Bündnis 90/Die Grünen, FDP, AfD, Regierungspartei ist_eine Partei
SPD, CDU ist_eine Regierungspartei
Regierung ist_eine Gruppierung
Parlament ist_eine Gruppierung
Bundestagsausschuss ist_eine Gruppierung

✅ Lösung 4.4
Teil a)
- Mitglied ist_eine Rolle/Funktion
- Vorsitzende/r ist_eine Rolle/Funktion
- Stellvertreter/in ist_eine Rolle/Funktion
- Mitglied des Bundestags, Fraktionsvorsitzende/r ist_ein Mitglied
- Regierungsmitglied, Bundestagspräsident/in ist_ein Mitglied des Bundestags
- Bundeskanzler/in, Minister/in, Vizekanzler/in ist_ein Regierungsmitglied
- Kanzleramtsminister/in ist_ein Minister/in
- Ausschussvorsitzende/r, Fraktionsvorsitzende/r, Parteivorsitzende/r ist_ein Vorsitzende/r
- Stellvertretende/r Fraktionsvorsitzende/r ist_ein Fraktionsvorsitzende/r
- Stellvertretende/r Parteivorsitzende/r ist_ein Parteivorsitzende/r
- Vizekanzler/in, Stellvertretende/r Fraktionsvorsitzende/r, Stellvertretende/r Parteivorsitzende/r ist_ein Stellvertreter/in

Teil b)
- Die Begriffe *Vizekanzler/in, Stellvertretende/r Fraktionsvorsitzende/r, Stellvertretende/r* und *Parteivorsitzende/r* fallen unter mehrere Oberbegriffe.
- *Stellvertretende/r Fraktionsvorsitzende/r* und *Stellvertretende/r Parteivorsitzende/r* können als Teilmenge der *Fraktions-* resp. *Parteivorsitzenden* aufgefasst werden, die eine Stellvertreter-Funktion erfüllen.
- *Vizekanzler/in* ist ein *Regierungsmitglied*, das die Stellvertreterfunktion des/der *Kanzler/in* ausfüllt.
- *Fraktionsvorsitzende* sind *Vorsitzende*, die zwangsläufig durch den Fraktionsstatus Bundestagsmitglieder sind. Dies muss bei *Parteivorsitzenden* nicht zwangsläufig der Fall sein, auch wenn dem in der Realität so ist.

✅ Lösung 4.5
Teil a) Zwischen Kategorien sind folgende Beziehungstypen sinnvoll:
- *ist_Mitglied_in* ist_ein Beziehungstyp mit Quelle *Person* und Ziel *Gruppierung*
- *leitet* ist_ein Beziehungstyp mit Quelle *Person* und Ziel *Gruppierung*
- *wird_geleitet_von* ist_ein Beziehungstyp mit Quelle *Gruppe* und *Rolle/Funktion*
- *hat_funktion* ist_ein Beziehungstyp mit Quelle *Person* und Ziel *Rolle/Funktion*

Teil b) Innerhalb einer Kategorie sind folgende Beziehungen sinnvoll:
- *wird_gebildet_aus* ist_ein Beziehungstyp mit Quelle *Fraktion* und Ziel *Partei*
- *bildet* ist_ein Beziehungstyp mit Quelle *Partei* und Ziel *Fraktion*
- *wird_gebildet_aus* ist_ein Beziehungstyp mit Quelle *Koalition* und Ziel *Partei*
- *bildet* ist_ein Beziehungstyp mit Quelle *Partei* und Ziel *Koalition*
- *vertritt* ist_ein Beziehungstyp mit Quelle *Stellvertreter/in* und Ziel *Vorsitzende/r*
- *wird_vertreten_von* ist_ein Beziehungstyp mit Quelle *Vorsitzende/r* und Ziel *Stellvertreter/in*

✅ Lösung 4.6

a) Die RDF-Tripel beschreiben, welchen Namen und Geburtsnamen die Ressource *Angela_Merkel* hat, und dass diese Ressource die Funktion des Bundeskanzlers einnimmt, die die Bundesregierung leitet.

b) Die Ressource *dbr:Angela_Merkel* soll anscheinend die konkrete Person *Angela Merkel* repräsentieren. Daher ist sie, ebenso wie die beiden Zeichenketten, die ihre Benennungen darstellen, den Fakten zuzuordnen. Ebenso scheint die Ressource *dbr:Bundesregierung* die konkrete Bundesregierung zu repräsentieren. Die Ressource *:Bundeskanzler* könnte sowohl eine konkrete Instanz (den/die aktuelle/n Bundeskanzler/in), eine abstrakte Instanz (die Rolle Bundeskanzler/in) als auch das Konzept (die Menge aller Bundeskanzler) repräsentieren. Dies wird aus den Tripeln nicht genau ersichtlich. Da aber die *dbr:Bundesregierung* nicht von der Menge aller Bundeskanzler geleitet wird, scheint es sich bei *:Bundeskanzler* allenfalls um eine Instanz zu handeln. Damit aber sind auch diese Tripel den Fakten zuzuordnen.

c) Eine URI ist explizit gegeben ▶ http://dbpedia.org/page/Angela_Merkel, die andere ▶ http://dbpedia.org/resource/Angela_Merkel muss erst durch die Ersetzung des Namensraum-Präfix *dbr:Angela_Merkel* abgeleitet werden. Beide URIs verweisen auf ein und dieselbe Seite. Auf dieser Seite sind weitere Informationen zu der Instanz *Angela_Merkel* im Knowledge Graph DBpedia zu finden. Prädikate werden auf dieser Seite als Properties bezeichnet und Objekte als Values. Viele dieser Informationen sind leicht zu interpretieren, einige jedoch sind nicht einfach zu verstehen.

✅ Lösung 4.7

Teil a)
Eine oft verwendete Art der Modellierung bildet die Ober-/Unterbegriffshierarchie über Subklassen-Beziehungen ab. Da man diese Modellierung als mengentheoretische Teilmengen-Beziehung interpretieren kann, ist die Gültigkeit der Modellierung einfach überprüfbar. Diese Modellierung erfolgt ausschließlich auf Schema-Ebene.

```
:Mitglied_des_Bundestags rdf:type rdfs:Class .
:Bundestagspräsident rdf:type rdfs:Class ;
    rdfs:subClassOf :Mitglied_des_Bundestags .
:Fraktionsvorsitzende a rdfs:Class ;
    rdfs:subClassOf :Mitglied_des_Bundestags .
:Stellvertretende_Fraktionsvorsitzende a rdfs:Class ;
    rdfs:subClassOf :Fraktionsvorsitzende .
:Regierungsmitglied a rdfs:Class ;
    rdfs:subClassOf :Mitglied_des_Bundestags .
:Bundeskanzlerin a rdfs:Class ;
    rdfs:subClassOf :Regierungsmitglied .
:Minister a rdfs:Class ;
    rdfs:subClassOf :Regierungsmitglied .
:Kanzleramtsminister a rdfs:Class ;
    rdfs:subClassOf :Minister .
:Vizekanzler rdf:type rdfs:Class ;
    rdfs:subClassOf :Regierungsmitglied .
```

Alternativ ist es auch möglich, die abstrakten Rollen der *Bundestagsmitglieder* als konkrete Instanzen der Klasse *Rolle/Funktion* zu modellieren und die Beziehungen zwischen ihnen[1] auf der Fakten-Ebene auszudrücken.

```
:Rolle rdf:type rdfs:Class .
:Mitglied_des_Bundestags a :Rolle .
:Bundestagspräsident a :Rolle ;
      :ist_ein  :Mitglied_des_Bundestags .
:Fraktionsvorsitzende a :Rolle ;
      :ist_ein  :Mitglied_des_Bundestags .
:Stellvertretende_Fraktionsvorsitzende  a :Rolle ;
      :ist_ein  :Fraktionsvorsitzende .
:Regierungsmitglied  a :Rolle;
      :ist_ein  :Mitglied_des_Bundestags .
:Bundeskanzlerin  a :Rolle ;
      :ist_ein  :Regierungsmitglied .
:Minister  a :Rolle ;
      :ist_ein :Regierungsmitglied .
:Kanzleramtsminister  a :Rolle ;
      :ist_ein :Minister .
:Vizekanzler rdf:type  a :Rolle ;
      :ist_ein :Regierungsmitglied .
```

Welche dieser Modellierungen besser ist, hängt vom konkreten Anwendungsfall ab.
Teil b)

```
:ist_Mitglied_in a rdf:Property ;
      rdfs:domain :Person ;
      rdfs:range :Gruppierung .
:leitet a rdf:Property ;
      rdfs:domain :Person ;
      rdfs:range :Gruppierung .
:wird_geleitet_von rdf:type rdf:Property ;
      rdfs:domain :Gruppe ;
      rdfs:range :Rolle .
:hat_Funktion rdf:type rdf:Property ;
      rdfs:domain :Person ;
      rdfs:range :Rolle .
```

Teil c)

```
:Svenja_Schulze a :Person ;
    rdfs:label "Svenja Schulze" ;
    :ist_Mitglied_in :Sozialdemokratische_Partei ;
```

---

1   In ▶ Abschn. 4.3.4 sehen wir, dass die hier verwendete *:ist_ein* Beziehung auch über die standardisierte *skos:broader* resp. *skos:narrower* Beziehung zwischen Ober- und Unterbegriffen ausgedrückt werden kann.

```
        a :Minister .
:Helge_Braun a :Person ;
    rdfs:label "Dr. Helge Braun" ;
    :ist_Mitglied_in :Christlich_Demokratische_Union ;
    a :Kanzleramtsminister .
```

✓ Lösung 4.8

```
:Mitglied_des_Bundestags skos:prefLabel "Mitglied des Bundestags" ;
    skos:altLabel "Abgeordnete" , "Abgeordneter" , "Bundestagsabge-
ordnete" ,
    "Bundestagsabgeordneter" ;
    skos:hiddenLabel  "Bundestags-Abgeordnete" , "Bundestags-Abgeord-
neter" .
:Bundeskanzler skos:prefLabel "Bundeskanzler/in" ;
    skos:altLabel "Bundeskanzler", "Bundeskanzlerin", "Kanzler",
"Kanzlerin" .
:Bündnis_90_Die_Grünen skos:prefLabel "Bündnis 90/Die Grünen" ;
    skos:altLabel "Die Grünen" .
:Sozialdemokratische_Partei skos:prefLabel "Sozialdemokratische
Partei" ;
    skos:altLabel "SPD" ;
    skos:hiddenLabel  "Sozialdemokraten" .
:Christlich_Demokratische_Union skos:prefLabel "Christlich Demokrati-
sche Union" ;
    skos:altLabel "CDU" ;
    skos:hiddenLabel  "Christdemokraten" .
:Bundestag skos:prefLabel "Deutscher Bundestag" ;
    skos:altLabel "Parlament", "BT" .
```

✓ Lösung 4.9
Teil a)

```
SELECT ?rolle
WHERE {
    ?rolle rdfs:subClassOf* :Rolle .
}
```

Teil b)

```
SELECT ?rolle ?bezeichnung
WHERE {
    ?rolle rdfs:subClassOf+ :Rolle .
    ?rolle skos:altLabel ?bezeichnung
}
```

Teil c)

```
SELECT ?abgeordneter ?name
WHERE {
    ?abgeordneter a :Person .
    ?abgeordneter skos:prefLabel ?name .
}
```

7.4 ▶ Kap. 5

✓ Lösung 5.1

```
SELECT DISTINCT ?conceptID ?conceptLabel ?subConceptID ?subConceptLabel
WHERE {
  ?conceptID rdfs:label "Buch"@de.
  ?subConceptID wdt:P279 ?conceptID .
  {?conceptID rdfs:label ?conceptLabel} FILTER (lang(?conceptLabel)="de") .
  {?subConceptID rdfs:label ?subConceptLabel}   FILTER (lang(?subConceptLabel)="de")
}
GROUP BY ?conceptID ?conceptLabel ?subConceptID ?subConceptLabel
ORDER BY ?subConceptID
```

✓ Lösung 5.2
1. Der Großteil der gefundenen Bezeichnungen bezeichnet Unterbegriffe von Büchern.
2. Einige der Bezeichnungen stammen aus einer Fremdsprache, bezeichnen aber einen Unterbegriff korrekt.
3. Einige der Bezeichnungen bezeichnen, im Sinne von ▶ Abschn. 4.1.2, ein konkretes Buch und keine Unterklasse von Büchern. Die *SubClassOf*-Beziehung scheint in WikiData für diese konkreten Bücher falsch gewählt zu sein.
4. Bei einigen der Unterbegriffe erscheinen die gebräuchliche deutschsprachige Bezeichnung und die synonyme Bezeichnung vertauscht.

Dieses Beispiel zeigt, dass den aus *WikiData* ermittelten Bezeichnungen nicht unbedingt zu vertrauen ist. Dies liegt vermutlich daran, dass die Daten in *WikiData* teilweise manuell eingepflegt oder durch automatische Prozesse aus anderen Quellen übernommen werden.

✓ Lösung 5.3
NEAR und Phrasen-Operator können als Spezialisierungen des AND-Operators betrachtet werden, die die – üblicherweise über die gesamte Dokumentenlänge wirkende – Verknüpfung des AND-Operators auf kleinere Abstände einschränken. Der Wildcard-Operator stellt lediglich eine abkürzende Formulierung für einen OR-Ausdruck mit einer unbekannten, aber – durch das Vokabular – begrenzten Anzahl von Termen dar. Da diese Erweiterungen keine Variablen in die Sprache einführen und damit auch

keine Quantifizierung der Variablen durch Quantoren notwendig wird, bleibt die Anfragesprache aussagenlogisch und wird nicht zu einer semi-entscheidbaren Sprache 1. Stufe – wie z. B. die Prädikatenlogik – erweitert.

✓ Lösung 5.4
Mögliche Zerlegungen sind
- Abtei, Lungen
- Abt, Ei, Lungen

✓ Lösung 5.5
Ein naiver Ansatz, Rechtschreibfehler zu identifizieren, besteht darin, einen Term gegen ein gegebenes Vokabular zu vergleichen. Im schlimmsten Fall muss hierzu der Term mit jedem Term des Vokabulars verglichen werden. Schreibfehler in einem Term treten in der Regel jedoch erst nach ein paar korrekt geschriebenen Zeichen auf. Dieser korrekt geschriebene Präfix kann in einem Präfix-Baum dazu genutzt werden, die Menge der zu betrachtenden Terme einzuschränken.

Um beispielsweise die Zeichenkette *Fliesenleder* auf potentielle Tippfehler zu überprüfen, bräuchte eine Suche erst ab dem Präfix *Fliesen*, bzw. genauer *Fliesenle* starten, sofern dieser Präfix in der Datenstruktur vorhanden ist, um als mögliche Korrektur *Fliesenleger* zu identifizieren.

✓ Lösung 5.7
a) Annotationen in der Linguistik bezeichnen Beschreibungen von Eigenschaften sprachlicher Entitäten, wie z. B. Termen und Phrasen, wie Wortart, Numerus, Genus, Kasus, Kopf, etc.
b) In der Programmierung werden hierunter Metadaten im Quelltext von Programmen verstanden, die der Beschreibung des Codes dienen und über einfache Kommentare hinausgehen, wie z. B. Invarianten oder Direktiven zur Codegenerierung.
c) In der Genetik und Bioinformatik bezeichnen Annotationen Zuordnungen von funktionalen Daten zu Untersuchungsobjekten, wie z. B. die Positionen in und Funktionen von DNA-Sequenzen.
d) Im Bibliothekswesen bezeichnen Annotationen kurze, inhaltliche Zusammenfassungen von Werken.

Offensichtlich werden mit all diesen unterschiedlichen Begriffen beschreibende Metadaten bezeichnet, die insbesondere in der Linguistik, der Programmierung und der Biologie der Beschreibung von Informationen anhand bestimmter definierter Eigenschaften dienen.

✓ Lösung 5.8
Bei dem Ausdruck *S-Bahnhof Spandau* handelt es sich um den Eigennamen einer S-Bahnstation in Berlin. Da für diese in *Wikipedia* – und damit auch in *DBpedia* – keine eigene Seite existiert, kann dieser Term auch nicht als eigenständige, benannte Entität erkannt werden, so dass nur die einzelnen Teilausdrücke annotiert werden können. Dieser **false positive** Fehler scheint auf eine Unvollständigkeit von *Wikipedia* und damit *DBpedia* bzw. dem von Spotlight zugrundegelegten Konzept, das benannte Entitäten Wikipedia-Seiten entsprechen, zurückzuführen zu sein.

Die in der Meldung angesprochene in Berlin liegende *Heerstraße* wird von Spotlight fälschlicherweise mit einer in Frankfurt gelegenen Straße gleichen Namens annotiert. Bei diesem **false positive** handelt es sich somit um einen Fehler bei der **Disambiguierung**.

✓ Lösung 5.10
Bereits bei der Ableitung der initialen Annotation haben wir Synonyme durch ihren äquivalenten bevorzugten Begriff ersetzt. Wir haben damit in der Annotation die Begriffe des Dokuments in das kontrollierte Vokabular des Wissensmodells übersetzt. Besteht die Anfrage selber aus Synonymen, müssen diese natürlich auch in das kontrollierte Vokabular des Wissensmodells übersetzt werden. Dieser Übersetzungsschritt muss in der Phase der Anfrageaufbereitung erfolgen.

✓ Lösung 5.11
Wie wir in ▶ Abschn. 5.3.5.3 gesehen haben, können durch die semantische Anreicherung Annotationen durch Oberbegriffe bis zu einer festgelegten Anzahl von Hierarchieebenen und durch assoziierte Begriffe angereichert werden. Wird nun nach einem dieser Oberbegriffe oder einem assoziierten Begriff gesucht, werden automatisch beim Retrieval auch die URIs der annotierten Dokumente gefunden, deren Annotationen so angereichert wurden.

✓ Lösung 5.12
Im einfachsten Fall, sofern kein weiteres Hintergrundwissen vorhanden ist und der Nutzer noch keine Suchanfrage gestellt hat, ist die Suche nach allen unterschiedlichen Bedeutungen vermutlich die einfachste, plausibelste und sinnvollste Art, auf eine solche Anfrage zu reagieren.

Für den Fall, dass die Suchmaschine über Wissen von Begriffsbedeutungen verfügt, böte es sich natürlich an, den Benutzer direkt danach zu fragen, nach welcher Bedeutung er denn sucht, oder ihm die unterschiedlichen Auswahlmöglichkeiten zu präsentieren.

Falls ein Benutzer in der gleichen Sitzung bereits Anfragen gestellt hat, könnte man diese dazu verwenden, um die vom Benutzer intendierte Bedeutung zu ermitteln. Dies setzt natürlich voraus, dass die Anfragen gespeichert und dem Nutzer bzw. der Sitzung zugeordnet werden können.

Bei einer Suchanfrage, die aus mehreren Termen besteht, können u. U. die zusätzlichen Begriffe zur Disambiguierung herangezogen werden.

Die letzten drei Fälle erfordern, die Mehrdeutigkeit der Eingabe aufzulösen, sprich die Suchanfragen und die in den Dokumenten resp. ihren Annotationen enthaltenen Begriffe zu disambiguieren.

✓ Lösung 5.13
Bei *Klempner* kann es sich einerseits um die offizielle Berufsbezeichnung mit den Synonymen *Spengler* und *Flaschner* handeln. Andererseits kann es sich dabei auch um die umgangssprachliche Bezeichnung für einen *Gas-/Wasserinstallateur* handeln. Offensichtlich sind diese beiden Interpretationen unabhängig von der Interpretation der anderen Begriffe.

Mit *Strauß* kann sowohl ein *Blumenstrauß* als auch der *Laufvogel* gemeint sein, und mit *Leine* ein *Seil* oder der *Fluss*. Bis auf die Interpretation *Blumenstrauß/Schnur* sind alle anderen Kombinationen sinnvoll. Bei genügend umfangreichem Hintergrundwissen würden vermutlich nur die Bedeutungen *Laufvogel* und *Seil* über Beziehungsketten in

Verbindung stehen. Daraus aber eine präferierte Lesart des Satzes resp. die intendierte Interpretation der mehrdeutigen Begriffe abzuleiten, wäre gewagt.

Für eine sichere Disambiguierung dieses Satzes müssten weitere Sätze des Textes herangezogen werden.

✓ Lösung 5.14

a) Offensichtlich hängen die Textauszüge und die Hervorhebung der gesuchten Begriffe von der Suchanfrage und den darin verwendeten Begriffen ab. Zur Ermittlung des anzuzeigenden Textabschnitts muss auf den Dokumententext zugegriffen werden. Den Dokumententext erst zur Laufzeit über einen Netzzugriff zu ermitteln, verbietet sich aus zwei wesentlichen Gründen:
   1. Für jeden Treffer müsste dieser Zugriff erfolgen. Diese Zugriffe und die Aufbereitung der Dokumenttexte erfordern zusätzliche Zeit, die die Antwortzeit für den Benutzer verlängern würde.
   2. Für den Fall, dass ein Dokument nicht zugreifbar wäre, z. B. durch einen temporär nicht zugreifbaren Server oder ein HTTP timeout, könnte die Aufbereitung nicht erfolgen.

b) Bedingt durch die Abhängigkeit der Textauszüge von der Anfrage, ist es ebenfalls nicht zweckmäßig, die Textauszüge zur Übersetzungszeit im Voraus vorzubereiten:
   1. Die Vorbereitung der Textauszüge erfolgt zur Übersetzungszeit, zu der noch nicht alle Anfragen, die potentiell gestellt werden könnten, bekannt sind.
   2. U.U. müsste für jede Kombination von Anfragebegriffen ein Textauszug vorbereitet werden. Mathematisch handelt es sich hierbei um die Menge aller Kombination von k Begriffen ohne Wiederholung aus einem Vokabular der Größe n, die vorab zu ermitteln und zu speichern wäre. Der Aufwand hierfür wäre enorm.

✓ Lösung 5.15

Die eleganteste Lösung in Python basiert auf einem Slicing der Termliste:

```
" ".join(doc_3_annotated[4-3:4+6])
```

beziehungsweise verallgemeinert:

```
" ".join(doc_3_annotated[termPosition-3:termPosition+6])
```

7.5 ▶ Kap. 6

✓ Lösung 6.1

Das Synonym *Fahrgast* muss auf den präferierten Begriff *Passagier* abgebildet werden. Nach der Textverarbeitung, die den Term *beraubten* lemmatisiert, ist das Lemma *berauben* auf den assoziierten Begriff *Raub* abzubilden. Dies setzt voraus, dass im Hintergrundwissen Synonyme und assoziierte Begriffe repräsentiert werden.

✅ Lösung 6.2

Eine Möglichkeit besteht darin, anstelle der URI der annotierenden Begriffe ein Tupel, bestehend aus dem annotierenden Begriff und seiner Termfrequenz, zur Repräsentation zu verwenden. In RDF kann hierzu ein Container des Typs *Sequence* (*rdf:Seq*) verwendet werden

```
@prefix mns:    <http://example.org/meta/vocab#>.
@prefix ons:    <http://example.org/ontology/vocab#>.
mns:doc_i
    mns:wird_beschrieben_durch [
        a rdf:Bag;
        rdf:_1 [ a rdf:Seq ; rdf:_1 ons:term_1 ;   rdf:_2 tf_1 . ] ;
        rdf:_2 [ a rdf:Seq ; rdf:_1 ons:term_2 ;   rdf:_2 tf_2 . ] ;
        rdf:_3 [ a rdf:Seq ; rdf:_1 ons:term_3 ;   rdf:_2 tf_3 . ] ;
        ...
        rdf:_n [ a rdf:Seq ; rdf:_1 ons:term_n ;   rdf:_2 tf_1 . ] .
    ] .
```

Alternativ können wir auch eine Repräsentation über die Metaebene verwenden (die obigen Präfixe setzen wir voraus):

```
mns:doc_i
    mns:wird_beschrieben_durch [
        a rdf:Bag;
        rdf:_1 [ mns:term ons:term_1 ;   mns:frequence tf_1 . ] ;
        rdf:_2 [ mns:term ons:term_2 ;   mns:frequence rdf:_2 tf_2 . ] ;
        rdf:_3 [ mns:term ons:term_3 ;   mns:frequence rdf:_2 tf_3 . ] ;
        ...
        rdf:_n [ mns:term ons:term_n ;   mns:frequence rdf:_2 tf_1 . ] .
    ] .
```

✅ Lösung 6.3

```
SELECT synonym.Label as Term, preferred.Label as PreferredTerm
FROM Benennung as preferred, Benennung as Synonym
WHERE synonym.bezeichnet = preferred.bezeichnet AND
   preferred.Type = 'preferred'
```

✅ Lösung 6.4

Keine. Wie wir in ▶ Abschn. 3.1.4 gesehen haben, können die Häufigkeiten eines Terms in einem invertierten Index für jedes Dokument separat numerisch gespeichert werden. Eine mehrfache Nennung eines annotierenden Begriffs würde lediglich zu einer Erhöhung des entsprechenden numerischen Werts führen, aber keine zusätzlichen Einträge im invertierten Index zur Folge haben.

✅ Lösung 6.5

Beim herkömmlichen Information Retrieval dient die inverse Dokumentfrequenz der Bewertung der Wichtigkeit der einzelnen Terme anhand ihres Informationsgehalts. Im Korpus seltener auftretende Terme werden als wichtiger betrachtet als häufiger auftretende Terme. In Begriffshierarchien würden wir einen spezifischeren Unterbegriff, wie z. B. *semantische Suche über Annotationen* oder *Afrikanischer Elefant*, in der Regel als informativer betrachten als einen allgemeineren Oberbegriff, wie *Suche* oder *Pflanzenfresser*.

Durch den Kodierungstrick werden jedoch spezifischere Unterbegriffe in die Annotationen hinein kodiert. Hierdurch wird die wahre Häufigkeit der Unterbegriffe in den Annotationen – und damit deren Informationsgehalt – verzerrt. Hierdurch verringert sich der Informationsgehalt der spezifischen Unterbegriffe und die verringerte inverse Dokumentfrequenz dieser Begriffe macht den Effekt des Kodierungstricks teilweise wieder zunichte.

Die praktische Erfahrung hat gezeigt, dass das hieraus resultierende Ranking der Suchergebnisse nicht mehr rational nachvollziehbar und damit nicht erklärbar wird. Daher sollte bei der Verwendung des Kodierungstricks die inverse Dokumentfrequenz für das Ranking nicht verwendet werden.

✅ Lösung 6.6

Auch wenn die Antwortzeiten von Suchfunktionen oft im niedrigstelligen Millisekundenbereich liegen, besitzt Lösung 1 den Nachteil, dass sich durch sie die Verarbeitungszeit der Anfrage verlängern kann, sofern beide Suchfunktionen verwendet werden müssen. Bei der Ausgabe lässt sich hingegen einfach erklären, auf welcher Basis die Treffer ermittelt wurden.

Bei der parallelen Durchführung beider Suchen hingegen müssen die Ergebnisse integriert werden. Integrieren heißt hier, dass doppelte Treffer der Volltextsuche identifiziert und ignoriert, und dass beide Ergebnislisten anhand der Relevanz der Treffer kombiniert werden müssen. Ersteres kann effizient anhand der Dokumenten-IDs entschieden werden, letzteres setzt voraus, dass beide Ranking-Funktionen vergleichbare Werte liefern.

Literatur

(Leskovec et al. 2010) "Mining of Massive Datasets", Jure Leskovec, Anand Rajaraman, Jeff Ullman, Cambridge University Press, 2010, http://www.mmds.org/ (letzter Aufruf 10.4.2020)

Serviceteil

Web-Adressen – 248
Weiterführende Literatur – 251
Stichwortverzeichnis – 253

© Springer Fachmedien Wiesbaden GmbH, ein Teil von Springer Nature 2020
T. Hoppe, *Semantische Suche*, https://doi.org/10.1007/978-3-658-30427-0

Web-Adressen

Letzter Zugriff auf diese Adressen: 10.04.2020

Apache Jena	▶ https://jena.apache.org
Apache Lucene	▶ https://lucene.apache.org/
Apache Solr	▶ https://lucene.apache.org/solr/
BARTOC.org	▶ http://bartoc.org/
ChEBI	▶ https://www.ebi.ac.uk/chebi/
ChEMBL	▶ https://www.ebi.ac.uk/chembl/
DBpedia	▶ https://wiki.dbpedia.org/
DBpedia Spotlight	▶ https://www.dbpedia-spotlight.org/
Drools Expert	▶ https://www.drools.org
ElasticSearch	▶ https://www.elastic.co/de/elasticsearch
Empolis Service Express	▶ https://www.service.express/intelligente-suche/
Eurovoc	▶ https://eur-lex.europa.eu/browse/eurovoc.html
FaCT++	▶ http://owl.cs.manchester.ac.uk/tools/fact/
GATE	▶ https://gate.ac.uk/
Gensim	▶ https://radimrehurek.com/gensim/index.html
GermaNet	▶ http://www.sfs.uni-tuebingen.de/GermaNet/
GermaLemma	▶ https://github.com/WZBSocialScienceCenter/germalemma
German Snowball Stemmer	▶ http://snowball.tartarus.org/algorithms/german/stemmer.html
GND	▶ https://www.dnb.de/DE/Professionell/Standardisierung/GND/gnd_node.html#doc58016bodyText4
GO	▶ http://geneontology.org
HermiT	▶ http://hermit-reasoner.com
Hunspell	▶ https://hunspell.github.io/
ISO	▶ https://www.iso.org
ISO 25964-1	▶ https://www.iso.org/standard/53657.html
i-views	▶ https://i-views.com
IWNLP	▶ https://github.com/Liebeck/IWNLP
Jena	siehe Apache Jena
JSON	▶ https://www.json.org/json-en.html
JSON-LD	▶ https://json-ld.org/

Web-Adressen

jWordSplitter	▶ https://github.com/danielnaber/jwordsplitter
LanguageTools	▶ https://github.com/languagetool-org
Lucene	siehe Apache Lucene
MeSH	▶ https://www.nlm.nih.gov/mesh/meshhome.html ▶ https://www.dimdi.de/dynamic/de/klassifikationen/weitere-klassifikationen-und-standards/mesh/
Microsoft Graph	▶ https://docs.microsoft.com/de-de/graph/overview
Morfologik	▶ https://github.com/morfologik
Musipedia	▶ https://www.musipedia.org/melodic_contour.html
NCIt	▶ https://ncit.nci.nih.gov
Neo4J	▶ https://neo4j.com
NLTK	▶ https://www.nltk.org/
OdeNet	▶ https://github.com/hdaSprachtechnologie/odenet
openArtBrowser	▶ http://openartbrowser.org
Open BioPortal Annotator	▶ https://bioportal.bioontology.org/annotator
Open Graph	▶ https://developers.facebook.com/docs/sharing/webmasters?locale=de_DE ▶ https://ogp.me/
OpenLink Virtuoso	▶ http://virtuoso.openlinksw.com
OpenRefine	▶ http://openrefine.org/
OWL	▶ https://www.w3.org/OWL/
Pellet	▶ https://github.com/stardog-union/pellet
PoolParty Semantic Suite	▶ https://www.poolparty.biz/
PorterStemmer	▶ https://tartarus.org/martin/PorterStemmer/
Protégé	▶ https://protege.stanford.edu/
RDF	▶ https://www.w3.org/RDF/
RDF4J	▶ http://rdf4j.org
RDFa	▶ https://www.w3.org/TR/rdfa-primer/
RDFS	▶ https://www.w3.org/TR/rdf-schema/
schema.org	▶ https://schema.org/
SKOS	▶ https://www.w3.org/2004/02/skos/
SoftwareFinder	▶ http://www.softwarefinder.org
Solr	siehe Apache Solr
spaCy	▶ https://spacy.io/
spacy-iwnlp	▶ https://github.com/Liebeck/spacy-iwnlp
SPARQL	▶ https://www.w3.org/TR/sparql11-overview/

STTS	▶ https://www.ims.uni-stuttgart.de/forschung/ressourcen/lexika/germantagsets/
STW	▶ https://zbw.eu/stw/version/latest/about.de.html
TIGER-Korpus	▶ https://www.ims.uni-stuttgart.de/forschung/ressourcen/korpora/tiger/
TreeTagger	▶ http://www.cis.uni-muenchen.de/~schmid/tools/TreeTagger/
TopBraid Composer	▶ https://www.topquadrant.com/products/topbraid-composer/
TopBraid EDG	▶ https://www.topquadrant.com/products/topbraid-enterprise-data-governance/
Turtle	▶ https://www.w3.org/TR/turtle/
TypeScript	▶ https://www.typescriptlang.org/
UNESCO Thesaurus	▶ http://vocabularies.unesco.org/browser/thesaurus
Virtuoso	siehe OpenLink Virtuoso
VocBench	▶ http://vocbench.uniroma2.it/
W3C	▶ https://www.w3.org
WebProtégé	▶ https://protege.stanford.edu/products.php
WikiData	▶ https://www.wikidata.org/wiki/Wikidata:Main_Page
Wiktionary	▶ https://de.wiktionary.org/wiki/Wiktionary:Hauptseite
WordNet	▶ https://wordnet.princeton.edu/
Wortschatz	▶ https://wortschatz.uni-leipzig.de/de
YAGO	▶ https://www.mpi-inf.mpg.de/departments/databases-and-information-systems/research/yago-naga/yago/

Weiterführende Literatur

(Berners-Lee 1989) „Information Management: A proposal", Tim Berners-Lee, CERN, Rekonstruierte HTML-Version, https://www.w3.org/History/1989/proposal.html (letzter Aufruf 10.04.2020)

(Ege et al. 2015) „Corporate Semantic Web – Wie semantische Anwendungen in Unternehmen Nutzen stiften", Börteçin Ege, Bernhard Humm, Anatol Reibold (Hrsg.), Springer-Vieweg, 2015. ISBN 978-3-642-54885-7

(Deerwester et al. 1988) „Computer information retrieval using latent semantic structure", Scott C. Deerwester, Susan T. Dumais, George W. Furnas, Richard A. Harshman, Thomas K. Landauer, Karen E. Lochbaum, Lynn A. Streeter, United States Patent 4,839,853, http://patft.uspto.gov/netacgi/nph-Parser?patentnumber=4839853 (letzter Aufruf 10.04.2020)

(Domingue et al. 2011) „Handbook of Semantic Web Technologies – Semantic Web Applications", John Domingue, Dieter Fensel, James A. Hendler (Hrsg.), Springer-Verlag, Berlin, Heidelberg, 2011.

(Dueck 2003) Omnisophie, Gunter Dueck, Springer 2003.

(Dueck 2006) „Switsch! Mensch als Schaltkreis", Gunter Dueck, Dueck-β-Inside, Informatik Spektrum, Band 29, Heft 2, April 2006.

(Hoppe 2015) „Modellierung des Sprachraums von Unternehmen – Was man nicht beschreiben kann, kann man auch nicht finden", Thomas Hoppe, in: „Corporate Semantic Web", Börteçin Ege, Bernhard Humm, Anatol Reibold, Springer-Vieweg, 2015.

(Landauer et al. 1998) „Introduction to Latent Semantic Analysis", Thomas K. Landauer, Peter W. Foltz, Darrell Laham, (1998). Discourse Processes, 25, 259–284. http://lsa.colorado.edu/papers/dp1.LSAintro.pdf (letzter Aufruf 10.04.2020)

(Lewandowski 2018) „Suchmaschinen verstehen", Dirk Lewandowski, Springer Vieweg 2018.

(Lewis & Moscovitz 2009) „AdvancED CSS", Joseph R. Lewis, Meitar Moscovitz, Friendsof, p. 224, f., Apress 2009

(Mikolov et al. 2013a) „Efficient Estimation of Word Representations in Vector Space", Tomas Mikolov, Kai Chen, Greg Corrado, Jeffrey Dean https://arxiv.org/abs/1301.3781 (letzter Aufruf 10.04.2020)

(Novotný 2019) „Finding similar documents with Word2Vec and Soft Cosine Measure", Vít Novotný, Jupyter Notebook, 2019, https://github.com/RaRe-Technologies/gensim/blob/develop/docs/notebooks/soft_cosine_tutorial.ipynb (letzter Aufruf 10.04.2020)

(Pennington et al. 2014) „GloVe: Global Vectors for Word Representation", Jeffrey Pennington, Richard Socher, Christopher D. Manning, in „Proceedings of the 2014 Conference on Empirical Methods in Natural Language Processing (EMNLP)", Alessandro Moschitti, Bo Pang, Walter Daelemans (Hrsg.), Dohar, Qatar, Association for Computational Linguistics, https://nlp.stanford.edu/pubs/glove.pdf (letzter Aufruf 10.04.2020)

(Rüger 2019) „Ein Prototyp zur Unterstützung geschlechtergerechter Schreibweisen", Lotta Rüger, Bachelorarbeit, Hochschule für Technik und Wirtschaft, Fachbereich IV, Studiengang Angewandte Informatik, April 2019.

Stichwortverzeichnis

A

A-Box 114, 174
abwählen 159
AND 12, 73, 74, 142
ANDNOT 12, 74
ANDOR 73, 74
Anfrageerweiterung 140, 209
Anfrage-Operator 73
Annotation 98, 154, 165, 173, 174, 203
– semantisch angereichert 98, 166, 169, 219, 221
– Wortarten- 41
Assertion Component 114
Ausdrucksstärke 74
auswählen 159
auto-completion 176
Autosemantika 23, 33, 35, 153
auto-suggest 176
Auto-Vervollständigung 8, 15, 143, 175, 176
– semantische 177
– syntaktische 176

B

Bag-Of-Words 69
base namespace 123
Begriff 15, 111, 113
– assoziierter 4, 117, 166, 169–171, 181, 186, 188, 193, 208, 209
– Ober- 116, 117, 126, 166, 169, 177, 181, 188, 208, 221
– Unter- 4, 43, 116, 117, 126, 144, 171, 177, 181, 186, 188, 191, 193, 208, 209, 221
Begriffshierarchie 116, 124
Begriffskategorie 115, 117, 177, 180, 181, 209
beharrliche Dokumente 95
Benennung 111, 115
Beziehung 113, 120, 124
Beziehungstyp 114, 120, 124
Bias 51, 52, 83, 152, 158
Bi-Gramm 31, 35
χ^2-Test 34, 35
Boolesche Anfrage 73, 75, 142
Boolesche Operator 12
BOW 69
Breadcrumb 15

C

Chunk 41, 43
Chunking 41
– Nounphrase- 43, 79

class 112
compile-time 207
concept instance 112
concept type 112
conceptual search 205
Content-Management-System 102
cosine similarity 91
curse of dimensionality 95

D

DAG 87, 117
Damerau-Levenshtein-Distanz 27, 28
Dekodierung 10
Deppenaprostroph 10
Deppenleerzeichen 9
Dictionary 68
Dijkstra-Algorithmus 28
directed acyclic graph 87, 117
Disambiguierung 5, 98, 171
Disjunktion 72, 141, 145
Distanzmaß 87
Dokumenten-Management-System 102
Dokumentenstrom 212
Dokumentfrequenz
– inverse 72, 85, 220
Dokument-Term-Matrix 66
Domänenmodell 3
Drei-Schichten-Architektur 207
Dublettenerkennung 102
Dublettenfilter 103
Durchkopplung 24, 31, 146

E

Editierdistanz 27, 59, 151
Entität 20, 56
– anwendungsgebiets-spezifische 46, 145, 146, 157
– benannte 20, 32, 43, 45, 48, 161
Extranet 195

F

Facette 180
Facettierung 15, 175
Fakt 114
false negative 25, 162, 224
false positive 25, 162
Fehlertoleranz 161
Fingerprint 173
Flexion 9, 49, 59

Fluch der Dimensionalität 95
Footprint 173
formale Semantik 202
Fugenelement 148
Funktionswort 23, 43, 153

G

Gazetteer 47
Gegenstand 111
Genauigkeit 75
Genitiv-Apostroph 10, 146
gerichteter azyklischer Graphen 117
Glossar 116
Goldstandard 161
Grammatik 43
Graphdatenbank 130, 215

H

Hamming-Distanz 27
Hervorhebung 15
Homonym 98, 111, 118, 171
Hub 95
hubness 95

I

IDF 85
Index
– inverser 67
– invertierter 67, 71, 75, 93, 101, 175, 190, 215
– positioneller invertierter 78, 79, 101, 193
Indexierung 26, 102
individual 112
Individuum 112
Inferenz 120, 205, 207, 214, 220
Informationsgehalt 15
Informationstheorie 11
Inhaltswort 23, 153
instance 112
Instanz 112, 113, 120, 124
Intranet 102, 195

J

Jaro-Ähnlichkeit 28
Jaro-Winkler-Ähnlichkeit 29

K

Kanal 10
Keyword-Tool 138, 141
Klasse 112, 113, 120, 124
– Ober- 124
– Unter- 124

Klassifikation 13
k-nearest-neighbours 95
Knowledge Engineering 132
Knowledge Graph 121
Knowledge Organization Scheme 115
Kodierung 10
– phonetische 12, 54, 145, 152
Kodierungstrick 220
Kölner Phonetik 54
Kollokation 35, 145, 148, 157
Komposita 9, 43, 50, 138, 148, 157, 164
– Determinativ- 24
– Nominal- 23, 146
Konjunktion 74
Konzentration 96
Konzept 111, 112
Konzeptkranz 172
Konzept-Typ 112
Kookkurrenz 32, 35, 146, 157
Kopf 43
Korpus 9, 31, 65, 90, 94, 96, 148, 212
KOS 115
Kosinus-Ähnlichkeit 91, 92, 220
Kosinus-Maß 91, 96, 101

L

label
– alternative 117
– hidden 117
– preferred 117
Laufzeit 102, 168, 190, 207, 209, 212, 214, 220
Leerzeichen in Komposita 9, 24, 31, 146, 148
Lemma 41, 49
Lemmaselektion 49
Lemmatisierung 49, 57, 59, 187
Levenshtein-Distanz 27, 28
Lexem 49, 83
LexicalUnit 172
Linked Open Data Cloud 14, 129
Linktext 158
Literal 123
LOD-Cloud 129

M

Maximum-Normalisierung 84, 85
Metadaten 2
Metaphone 54

N

Nabe 95
named entities 45
Named Entity Recognition 45, 57
Namensraum 123, 174, 192

namespace 123
Navigation 15, 185
– Breadcrumb 186
– Facetten- 180
– multidimensionale 184
NE 45
NEAR 12, 142
NER 43, 45
N-Gram Fingerprint 31, 147
N-Gramm 31–33, 147
Normalform
– disjunktive 81
Normalisierung 53
normalized pointwise mutual information 33
NoSQL-Datenbank 103, 190, 192
NOT 142
NPMI 33, 36

O

Objekt 122
obstinate document 95
Ontologie 3, 13, 58, 118, 139, 150, 165, 172, 185
Ontologie-Editor 130
Ontology Extraction 131
Operator
– ANDNOT-Operator 74, 77
– AND-Operator 74, 75, 77, 80, 81
– ANDOR-Operator 74, 81
– NEAR-Operator 74, 75, 78, 79, 193
– OR-Operator 72, 74, 77, 81
– Phrasen-Operator 74, 89, 142, 193
– Präfix- 69
– Suffix- 69
– Wildcard-Operator 12, 69, 72, 73, 142, 150, 187
opt-in 159
opt-out 159
OR 12, 73, 74, 142
Orthonormalbasis 90
out-of-vocabulary 151
Overstemming 53
OWL 127

P

PageRank 86
Part-of-Speech-Tagging 41
Pfadlänge
– relative 87
PHONEM 55
Phonet 55
Phonix 55
Phrase 12, 43, 75, 78, 138, 142
– implizite 12, 89, 146, 148
– Nominal- 13, 24, 35, 43, 57, 89, 145, 146, 148, 157
PMI 33, 36
pointwise mutual information 33

POS-Tag 41
POS-Tagging 41, 50, 57
Posting-Liste 68, 72, 76
Prädikat 122
Präfix-Baum 68, 147, 150
Precision 75
Problem unbegrenzter Ähnlichkeit 94, 104

Q

query expansion 140
query string refinement 140

R

Radix-Tree 68, 147, 150, 168
Ranking 14, 81, 145, 219
RDF 122, 129, 215
RDFa 123, 192
RDFS 124
RDF Schema 124
RDF-Store 130
Reasoner 127, 130
reasoning 120, 127
Recall 75
Rechtschreibfehlererkennung 9, 150
Rechtschreibfehlerkorrektur 145, 149
Regel 120, 210
regulärer Ausdruck 21, 43, 144
regular expression 21
Resource Description Framework 122
Ressource 122
Retrieval 203
– Datenbank- 205
– Graph- 205
– Information 204
– Semantisches 4
– Semantisches Web 205
– Verfahren 128, 204
Rückfallebene 161
run-time 207

S

Schema 114
Schlagwort 2, 3
Schlussfolgerung 120, 127
Schreibfehler 25, 149
– -korrektur 3, 26
– -korrekturvorschläge 30
– semantische 26
Schreibmaschinendistanz 28
Search-Engine-Optimization 138
semantic ETL 131
semantic net 113
Semantic Web 121, 129, 174, 205
semantische Ähnlichkeit 15, 220

semantische Anwendung 207
semantische Distanz 15
semantische Filterung 144
Semantische Recommender Systeme 4, 205
semantisches ETL 128, 131, 207
Semantisches Netz 111, 113
Semantische Suche 3, 202, 203, 205, 218
– in Dokumentströmen 212
– durch Anfrageerweiterung 209
– hybride 224
– über Annotationen 213
– über Volltexten 4
semantische Verschlagwortung 154, 161
Semantische Web Suche 130, 205
Semiotisches Dreieck 111
SEO 138, 202
Shingle 31
Simple Knowledge Organization
    System 125
Skalierung
– semantische 222
– sublineare 84, 85
SKOS 117, 125, 139
Snippet 188
soft cosine measure 93
Soft-Kosinus-Ähnlichkeit 101, 104
Soft-Kosinus-Maß 93, 100
Soundex 54, 55
– Extended 55
SPARQL 128, 139, 202, 215
SQL 128, 215, 217
Stammformreduktion 49
Stemming 49, 52, 57, 59, 187
Stoppwort 23, 35, 43, 47, 153, 192
– anwendungsbereichs-spezifisches 23, 48, 66, 84
Student t-Test 34, 35
Subjekt 122
Suche 203
– boolesche 82
– facettierte 180
– konzeptuelle 203, 205, 207
– Volltext 205
Suchmaschine
– semantische 104
– Volltext- 103
Suchverfahren 204
Synonym 4, 5, 7, 58, 95, 104, 111,
    116–118, 126, 139, 166, 177, 186, 188,
    191, 208, 209
Synonymwörterbuch 116
Synsemantika 23, 32, 47, 57, 84, 153
SynSets 118, 172

T

Tag 3, 41, 154, 156
taggen 2
tagging 154, 156
Tagset 41
Taxonomie 13, 116, 124, 150, 165, 185
T-Box 114, 174
term 19, 57, 90
– broader 117
– narrower 117
– related 117
– top 117
Term-Dokument-Inzidenzmatrix 65, 69, 90
Termfrequenz 15, 70, 83, 85, 149, 220
– relative 84
Termhäufigkeit 70, 71, 93, 101, 220
Terminological Component 114
Termvektor 90, 92, 96, 98
Textaufbereitung 102
TF-IDF 85, 149, 157
Themenrad 183
Thesaurus 13, 58, 117, 125, 139, 144, 150, 165,
    172, 185
three tier architecture 207
Token 20
Tokenisierung 20, 57–59, 79
tokenizing 20, 145
Trefferquote 75
Trie 68, 150
Tri-Gramm 31, 36
Tripel 122
Triple-Store 130, 139, 215
type 112
typewriter distance 28

U

Übersetzungszeit 102, 190, 207, 214, 219, 220
Unabhängigkeitsannahme 70, 95
Understemming 53
Uniform Resource Identifikator 122
Unwahrnehmbarkeit 156, 163, 169, 175, 224
URI 122

V

Vektorraummodell 90
Verschlagwortung 154
– Automatische 155
– Halbautomatische 155, 159
– Manuelle 155, 156
– Semantische 155

Vokabular 90
– kontrolliertes 12, 115, 126, 145, 159, 161, 169, 171, 173

W

Web-Crawler 102, 142, 144, 207
Web Ontology Language 127
whitespace 20
whitespace tokenization 22, 192
Wildcard 74
Wissensbrowser 15, 176, 185
Wissensextraktion 131
Wissensgraph 14, 162, 172, 185
Wissensmodell 3, 47, 58, 111, 114, 130, 150, 164, 168, 173, 180, 185, 208, 224
Wissensnetz 15, 82, 111
Wissensorganisation 115
Wissensorganisationssystem 13
Wissensrepräsentation 111
Word Embedding 60
word net 118
Wort 20
Wortgruppe 43
Wortnetz 13, 58, 118, 139, 150, 172, 185
Wortstamm 49

Z

Zipf'sches Gesetz 84

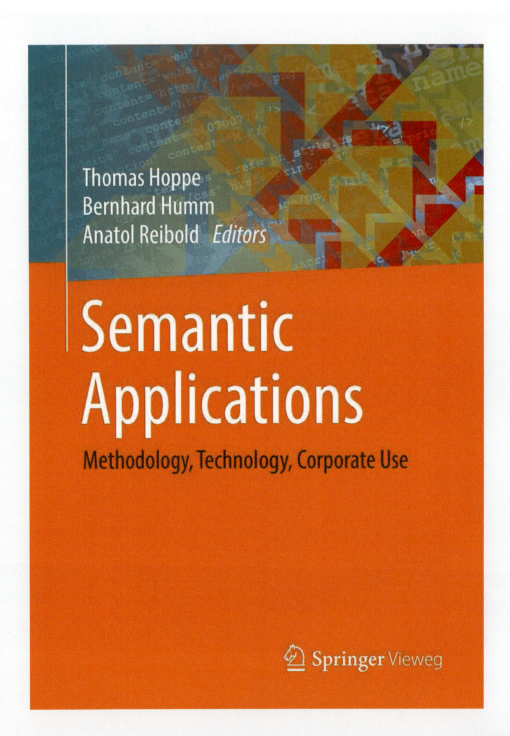

Order now in the Springer shop!
springer.com/978-3-662-55432-6